纪念抗日战争胜利七十五周年

抗战大迁徙实录丛书
编委会

抗战大迁徙实录丛书

丛书主编 潘洵

守望科学

主 编 潘 洵

副主编 高 佳

编 者 邓怡迷 向 倩 张天力

周 狄 赵淑婷 高 佳

谢若兰 程亚运

陕西师范大学出版总社

图书代号：SK20N0719

图书在版编目（CIP）数据

守望科学 / 潘洵主编. — 西安：陕西师范大学出版总社有限公司，2020.7

（抗战大迁徙实录丛书 / 潘洵主编）

ISBN 978-7-5695-0835-2

Ⅰ.①守… Ⅱ.①潘… Ⅲ.①科学事业史—史料—中国—近代 Ⅳ.①G322.9

中国版本图书馆CIP数据核字（2019）第100745号

守 望 科 学

SHOUWANG KEXUE

潘　洵　主编

选题策划　刘东风　张　炜　王勇安

执行编辑　郭永新　王西莹　胡　杨

责任编辑　王西莹　王雅琨

责任校对　张　娟

封面设计　张潇伊

图表设计　荣智广告文化

出版发行　陕西师范大学出版总社

（西安市长安南路199号　邮编710062）

网　　址　http://www.snupg.com

印　　刷　中煤地西安地图制印有限公司

开　　本　720mm×1020mm　1/16

印　　张　18.5

插　　页　2

字　　数　275千

版　　次　2020年7月第1版

印　　次　2020年7月第1次印刷

书　　号　ISBN 978-7-5695-0835-2

定　　价　88.00元

总序：气壮山河之大迁徙

潘　洵

抗日战争全面爆发前的中国，不仅经济、文化、教育、科技等十分落后，布局也极不合理，绝大多数现代工业、金融、文化、教育、科技等机构集中分布于东部沿海沿江地区。据国民政府实业部统计，战前工业主要分散在冀、鲁、苏、浙、闽五省及天津、威海、青岛、上海四市，尤其集中于长江三角洲地带的苏、浙、沪两省一市，广大中西部地区川、滇、黔、陕、甘、湘、桂七省共有工厂237家，占全国工厂总数的6.03%，稍具规模的工厂几乎没有。战前全国108所高等院校中大学42所、专科30所，大部分集中在中心城市及沿江沿海一带，其中上海与北平占1/3，而贵州、陕西则一所没有。一旦东部沿海沿江地区遭遇战争破坏，将会给中国经济、文化、教育等带来毁灭性的打击。

从1931年九一八事变，日军炮击沈阳北大营开始，到1945年抗日战争胜利，中国历经了一次史无前例的大迁徙。特别是在全面抗战爆发以后，为了躲避日寇的炮火，为了不当亡国奴，数以千万的社会精英和平民百姓扶老携幼、驮箱推车、风餐露宿，艰难地向大后方迁徙。而同时，在国民政府和社会各界的动员和组织下，各政府机关、厂矿企业、文化单位、科研机构、大中院校、金融机构等也艰难地向西迁移。抗战大迁徙，涉及地域之广、动员力量之大、跋涉路途之遥远、历经时间之长久、辗转周折之艰险、作用影响之巨大，在人类历史上实属罕见。

这场大迁徙始因于1931年日本军国主义对中国东北的侵略。东北大学成为日军侵略下第一所内迁的高等学府，在九一八事变爆发后被迫走上流亡之路，成为第一所流亡大学，揭开了抗战大迁徙的序幕，其先迁北平复课，后又迁开封、西安，最后南下四川三台继续办学。

1935年华北事变后，华北危在旦夕，华北之大，已放不下一张平静的书桌。北平的部分学校、科研及文化机构开始了国难迁徙。位于北平的中央地质调查所、故宫博物院、中央研究院历史语言研究所等陆续南迁南京、上海。

全面抗战爆发后，平津很快沦陷，淞沪会战打响，首都南京岌岌可危，政府西迁迫在眉睫。1937年10月29日，中国军队在淞沪战场上处于不利的形势，蒋介石在国防最高会议上发表《国府迁渝与抗战前途》的讲话，确定以四川为抗日战争的大后方，以重庆为国民政府的驻地。①11月16日晚，国防最高会议正式决定国民政府西迁重庆。国民政府主席林森即席辞别，于当晚乘军舰溯江而上，率领国民政府高级官员及随员800余人离开南京，首途重庆。11月20日，国民政府正式发表移驻重庆宣言："国民政府兹为适应战况，统筹全局，长期抗战起见，本日移驻重庆，此后将以更广大之规模，从事更持久之战斗。"同日，四川省政府主席刘湘电呈林森，表示"谨率七千万人，翘首欢迎"。12月1日，国民政府宣布在重庆简陋的新址正式办公。

国民政府的西迁，迅速带动中国沿海沿江和中部地区的工业、金融、文化、教育、科技等机构及民众的大规模内迁。"中华民族6000万儿女，政府官员、大学教授、工商老板、小工苦力，他们挈妇带女，扶老携幼，从海边走向大山，从莽莽林海前往黄土高原，从富饶的江南奔赴偏远的西南。他们不分老幼，不分男女，不分信仰，不分党派；为了生存，为了延续民族的血脉，为了抗击日本侵略者，走上艰苦卓绝的迁移之路。"②

为了保存中国经济命脉，支援抗日战争，上海及其他战区的民族企业家纷纷冒险犯难，将机器、设备和员工迁到武汉，继而又转移到西南内地。他

---

① 《国府迁渝与抗战前途》(1937年10月29日)，见秦孝仪主编：《总统蒋公思想言论总集》第14卷，中国国民党中央委员会党史委员会1984年版，第655—657页。

② 苏智良、毛剑锋、蔡亮等编著：《去大后方：中国抗战内迁实录》，上海人民出版社2005年版，前言第1—2页。

们长途跋涉，历尽艰辛，迁往内地恢复生产，仅1938年至1940年，内迁工厂448家，有技工12,182人，内迁后复工的308家。[①]高校内迁也是抗战大迁徙的重要组成部分，从1937年到1944年，经历三次大规模的内迁：第一次是全面抗战开始到武汉、广州会战前，内迁高校达56所，占当时全国高校总数97所的57.73%；第二次是太平洋战争爆发后，内迁高校21所，占21.65%；第三次是1944年2月至12月豫湘桂大溃败时期，原迁在此的21所高校仓促再迁，损失极大。据统计：迁校4次以上的有19所，其中4次的有东吴大学、国立戏剧学校等8所；5次以上的有浙江大学、私立贤铭学院，其中浙江大学两年5次迁徙，途经浙、赣、湘、桂、黔五省，行程5000余里；6次的有河南大学等3所；7次以上的有中山大学、山西大学等5所；8次以上的有广东省文理学院。而迁校2—3次的占绝大多数。[②]抗战期间迁移高校总计106所，搬迁次数多达300余次。内迁重庆的科学研究学术单位、文化机构也很多，如国民政府国史馆，中央广播电台，兵工署导弹研究所，中央工业实验研究所，中央农业实验研究所，国立中央研究院动物研究所、植物研究所、物理研究所，中国地质调查所，永利化工研究所，中山文化教育馆，国立编译馆，国立礼乐馆，商务印书馆，正中书局，国立中央图书馆，中央电影制片厂等100多家单位。大量报社、出版社也纷纷迁渝，当时国民党的主要大报《中央日报》《扫荡报》《大公报》等，以及共产党的《新华日报》都在重庆印行。在战时四川的“文化四坝”中，重庆就占据了“文化三坝”（北碚夏坝、市区沙坪坝、江津白沙坝）。重庆出现文化机构云集、文人荟萃的局面，大大推动了重庆文化的繁荣。随着战争的持续，大量东部、中部地区的人口也纷纷内迁，据国民政府铁道部部长、交通部部长张公权先生估计“到1940年，沿海各省逃往大后方的人民，从一亿八千万增加到二亿三千万，以致全国人口总数之一半定居于中国后方”[③]。而据陈达统计，七七事变后短短数年中，全国城乡共有一千四百二十五万人迁往后方。[④]陈彩

① 国民政府经济部：《经济统计月报》，1940年第4期。

② 季啸风主编：《中国高等学校变迁》，华东师范大学出版社1992年版。

③ 张公权：《中国通货膨胀的历史背景和综合分析》，见中国人民政治协商会议全国委员会文史资料研究委员会编：《工商经济史料丛刊》第1辑，文史资料出版社1983年版，第147页。

④ 陈达：《现代中国人口》，天津人民出版社1981年版，第93页。

章认为大后方除有组织的迁移人口外，仅难民就收容了一千余万人。[①]而陆仰渊认为迁移人口多达五千万。[②]

太平洋战争爆发后，美国好莱坞著名导演弗兰克·卡普拉根据美国国防部参谋长马歇尔元帅的要求，制作完成了反映第二次世界大战真相的系列纪录片*Why We Fight*（《我们为何而战》），其中的第六集是1944年制作上演的*The Battle of China*（《中国战事》）。该纪录片以相当长的篇幅记述了抗战期间中国大迁徙的景况：

> 三千万人被本能驱赶着向西移动，路上崎岖难行，他们没有铁路快车可搭，在二千英里没有道路的荒地中往西移动，全世界目睹人类史上最不可思议的景象之一，史上最大的迁徙。任何可以使用和搬动的东西都被中国人带上路，他们的图书馆，他们的学校，他们的医院，全都被拆下来带走。一千多家工厂的机器，重达三亿多磅，被用卡车运走，用牛车运走，以及扛在背上带走。二千多英里的路程，向西二千多英里，只要可以，他们就聚集在仅存的少数几条铁路旁，等待着，希望在前往西方的目的地时，火车能多少载他们一程，当最后的一部火车载满人和机器后，铁轨也被拔起，一个横轨接着一个横轨，一块枕木接着一块枕木，都将运往西方，不留下任何东西给敌人。每一条往西的河都载满船只，每个舢板、每个驳船，都行在水面上，运送新中国所需的工具到河岸。什么也阻挡不了他们，即使是山谷里的狭窄河流也一样，运送比生命重要的机器往西行。旅程是以英里计，以英尺计，以英寸计，流着汗水一步步披荆斩棘，没有火车、没有船、没有牛车的地方，还是有自动帮忙的勤劳人手，三千万人往西迁移，往西离开侵略者，往西离开奴役与死亡，往西寻找自由。

中国铅笔工业奠基人，有“铅笔大王”之称的企业家吴羹梅曾回忆抗战内

① 陈彩章：《中国历代人口变迁之研究》，上海书店出版社1946年版，第112页。
② 陆仰渊、方庆秋主编：《民国社会经济史》，中国经济出版社1991年版，第636页。

迁经历："那是1937年8月，我在上海经营的中国标准铅笔厂为了救亡图存，加入了内迁的行列。由于上海江运已被日寇封锁，大轮船不能通过，同时火车又多被军队征用，陆路运输也不可能，因而只好出重价雇用木船，由小火轮拖到镇江，再以江轮转驶武汉。我与全体职工在敌机轰炸、炮火连天的危险时刻，争分夺秒，随拆随运。我们将拆下的机件，装上木船，在船外以树枝茅草伪饰，掩蔽船内物资。各船沿苏州河前行，途中遇到敌机空袭，就停避在芦苇丛中，空袭过去，再继续前进，终于经镇江运达武汉。次年三四月间，武汉吃紧，再迁宜昌。后因宜昌势难久留，又不得不溯江西上。宜昌以上川江，滩多水浅，只有木船可用。其时搁在武昌待运的物资堆积如山，运输大成问题。我们与工矿调整委员会武汉办事处负责人林继庸、李景潞多次商谈，承协助租到白木船几百只，始得成行。由宜昌至重庆水路全线1300哩，沿线有险滩75处，水流甚急，须由纤夫在岸上拉纤前行，速度很慢。过滩时，因水位不平，船头被纤拉住，往上倾斜，极为危险。如逢小轮急驶而过，激起高浪，最易倾覆沉没。我厂所租的白木船被浪涌入，有两只倾覆，物资落江，损失不小。我们就这样辗转设法把工厂的设备和物资，迁到了抗战后方的重庆。"①

抗战大迁徙是一曲撼人心弦的悲歌。由于国民政府对日本侵略的严重性、紧迫性认识严重不足，直到抗战全面爆发，日寇占领平津，上海即将沦陷，决定迁都重庆前不久，国民政府才匆忙部署政府机关和工矿企业的西迁事宜，造成了很大的被动。而对大中院校、文化单位、科研机构等的迁徙，更是缺乏统筹计划和组织，大多只能各自为政。且由于时间仓促，有的直接毁于战火，有的未来得及搬迁便沦于敌手，有的搬迁计划多次变更，搬了又迁，费尽周折。当时交通极不发达，公路铁路很少，西迁主要靠长江水道，运输能力严重不足。迁徙之路还不时面临日军的狂轰滥炸。更多的人只能靠双脚行走，肩挑背驮，颠沛流离，风餐露宿，艰难西行。

抗战大迁徙是一曲气壮山河的壮歌。对于大规模的工厂、机构的搬迁，即使在和平时期也是一项复杂的工程。但广大内迁员工同仇敌忾，满腔热情

---

① 孙果达：《民族工业大迁徙——抗日战争时期民营工厂的内迁》，中国文史出版社1991年版，序言第1页。

地投入搬迁，废寝忘食，夜以继日地拆卸、包装、装车、装船、造册，无论是机器设备，还是实验器材，无论是桌椅板凳，还是文物图书，都尽一切可能搬运到大后方。无论在迁徙途中，还是在大后方重建，完全陌生的环境，持续不断的无差别轰炸，无休无止的通货膨胀，“衣”的简朴、“食”的匮乏、“行”的艰难、“住”的简陋、“活”的困苦，都没有动摇他们一路向西的意志和抗战救国的信念。

抗战大迁徙是一曲可歌可泣的赞歌。抗战的西迁，粉碎了日军威迫中国首都、要挟国民政府妥协投降的企图，特别是国民政府移驻重庆，“一则防为城下之盟，一则更坚定抗战之决心，俾便从容为广大规模之筹计，使前方将士、后方民众感知政府无苟安求和之意念，愈加奋励”。抗战大迁徙，建立了一个长期抗战的战略后方基地，对支撑长期抗战，争取抗战最后胜利奠定了坚实的基础。“播迁想见艰难甚，辛苦谁争贡献多，宝气精心应不灭，从头收拾旧山河。”[①]抗战大迁徙，也给中国西部经济、文化、科技的发展创造了一个特殊的、前所未有的机遇。不仅为国民政府正面战场的抗战提供了物质基础，也在一定程度上调整了全国经济、文化、科技布局不均的状况，带动了西部地区经济、文化和社会事业的发展，极大地促进了西部地区的现代化发展。

抗战大迁徙，实现了抗击日军侵略的重大战略转移，奠定了中华民族持久抗战的坚强基石，是一部民族解放战争史上气壮山河的壮丽史诗。

为了再现抗战大迁徙波澜壮阔的历史画卷，弘扬伟大的抗战精神，陕西师范大学出版总社与西南大学中国抗战大后方研究中心共同策划推出“抗战大迁徙实录丛书”。该丛书包括《国府西迁》《文化存续》《金融对垒》《守望科学》《烽火兵工》《工业重塑》等六卷，由长期从事中国抗战大后方历史研究的学者编著。经过多年的不懈努力，力图以学术的视野，故事化的文字，并辅之以生动的图片，全景式呈现抗战大迁徙中那些颠沛流离的生活、悲欢离合的故事、可歌可泣的事迹和不屈不挠的抗争，给广大读者提供一套兼具思想性和可读性的学术读物。

① 黄炎培为迁川工厂出口展览会的题词，1942年2月。

引 言

中国近代科学技术是伴随着西方近代科学在中国的传播而兴起的。正如著名科技史专家樊洪业所言，“中国的近代科学，不是对中国传统科学的继承，而是西方科学传播的结果”。西方科技传入中国的时间最早可以追溯到明末清初，即西方传教士进入中国。一方面，为了能够顺利开展传教工作，以利玛窦、汤若望、艾儒略、南怀仁等为代表的传教士在中国传教的过程中，介绍和传播了天文、数学、地理、物理、火器等科学技术知识。另一方面，伴随着西方近代科学在中国的传播，以徐光启、李之藻为代表的具有先进思想的中国士大夫开始接触和研究舶来的西方自然科学，并取得了令人瞩目的成就，真正意义上的近代科学在中国兴起。但西方科技在中国的传播和近代科学在中国的发展并不顺利。自雍正年间，清廷开始推行闭关自守政策，直到1840年鸦片战争前，西方科学知识的传入中断了百余年，中国的科学技术也处于发展的绝境。

西方近代科学技术再次在中国传播，则是在1840年爆发的鸦片战争以后。鸦片战争的失败，使中国人在惊叹于西方列强船坚炮利的同时，让一部分中国人从天朝上国的迷梦中清醒过来，开始重新认识西方的科学技术，并把学习西方先进科技与抵抗侵略、救国图存联系起来。林则徐发出“师敌之长技以制敌”的呼声，魏源提出“师夷长技以制夷”的主张，学习西方先进的科技知识以抵抗西方列强对中国的侵略，成为中国爱国先进分子的强烈呼声。他们开始面对全新的西方近代科学技术，或从事西方科学技术知识的翻译，或仿制西方的枪炮舰船。而“识时务者，莫不以采西学、制洋器为自强之道”，在“中学为体、西学为用”思想的指导下，掀起了一场历时三十余年的洋务运动。然而，正如时人所言，“人人有自强之心，亦人人有自强之言，而迄今仍无自强之实”，洋务运动既没有实现“自强”，也未能达成“自富”，甲午战争的失败，也宣告了洋务运动的破产。

继之而起的维新运动，突破了洋务运动时期“中体西用”的理论框架，突破了把西方科技局限于数、理、化、天、地、生及声、光、电等纯自然科学的狭小范围，把对科学技术的认识提高到一个新的更高的层次。意识到西方强大的根本原因并非仅仅是技术层面的科学应用，科学背后复杂的文化建制发挥着更为重要的作用。认识到“西学”的价值并非仅是经世致用，还具有“炼心积智”“变吾心习”“黜伪崇真”等精神方面的思想启蒙价值，从而提出了“欲开民智，非讲西学不可”的主张。

而在其后的新文化运动及五四运动时期，西方自然科学在中国的译介和传播，其规模远远超出前期。

新文化运动的兴起，真正揭橥“科学”这面旗帜并使之高高飘扬，它席卷了中国的思想界，激励了中国人冲破旧的思想樊篱，寻求科学救国的道路。陈独秀在《敬告青年》一文中指出：“近代欧洲之所以优越他族者，科学之兴，其功不在人权说下，若舟车之有两轮焉。今且日新月异，举凡一事之兴，一物之细，罔不诉之科学法则，以定其得失从违；其效将使人间之思想云为，一遵理性，而迷信斩焉，而无知妄作之风息焉。国人而欲脱蒙昧时代，羞为浅化之民也，则急起直追，当以科学与人权并重。士不知科学，故袭阴阳家符瑞五行之说，惑世诬民；地气风水之谈，乞灵枯骨。农不知科学，故无择种去虫之术。工不知科学，故货弃于地，战斗生事之所需，一一仰给于异国。商不知科学，故惟识罔取近利，未来之胜算，无容心焉。医不知科学，既不解人身之构造，复不事药性之分析，菌毒传染，更无闻焉。……凡此无常识之思维，无理由之信仰，欲根治之，厥维科学。”

在中国科学近代化的历程中，科学研究机构的建立是一个重要的里程碑。有了科学研究机构，才能组织研究人才，装置研究设备，进行较为深入的实验研究。科学机构的建立是科学体制化最为重要的前提条件与重要内容，是科学发展的基础与标志。对通过引进西方科学逐步发展起来的中国近代科学来说，科学机构体制化更是科学本土化的根本保证。

19世纪末期以前，中国的科学事业基本上停留在介绍或传播西方的科学成就上。在相当长的时期，没有独立的研究组织和科学研究机构的设置。19世纪末期，一些西方人士首先开始在中国设立研究机构，其中有1873年法国在上海建立的徐家汇天文台，1898年德国在山东建立的青岛观象台，1907年日本在东北建立的满铁中央试验所等。

中国近代科学机构的建立，与近代科学社团的发展有密切的联系。而中国近代科学社团，首先是由一批留学生建立起来的。中国近代第一个真正具有科学学会性质的团体，应当是1907年由留学欧洲的学生在巴黎成立的中国化学会欧洲支会，计划开展“划一名词、编译书报、调查、通讯”等。而真正具有一定影响的第一个近代科学社团，则是1909年由张相文等发起创办于天津的中国地学会。真正意义上的科学社团开始建立的情况是：1913年，中华工程师学会成立；1915年，中国科学社成立；1916年，中华学艺社的前身丙辰学社成立；1917年，中华森林会成立（1928年改组为中华林学会），中华农学会成立；1919年，中美工程师学会成立；1922年，中国天文学会、中国地质学会、中华化学工业会先后成立；1924年，中国气象学会、新中国农学会以及中国昆虫学会的前身六足学会成立；1926年，中国生理学会成立；1927年，中国建筑师学会、中国矿冶工程学会、中华自然科学社先后成立；1928年，中华矿学社成立；1929年，中国园艺学会、中国古生物学会成立；1930年，中国化学工程学会、中国营造学社、中国纺织学会、中国度量衡学会等成立。各类近代科学社团成立后，积极开展学术交流，发行科学期刊，举办实验演示等，对于推进科学的宣传普及和学术研究发挥了积极的作用。

中国近代的科学研究机构是在民国时期开始建立起来的，当时的一批先进知识分子认识到了科研组织对于发展近代科学技术的重要组织保障作用。中国科学社创始人之一任鸿隽就认为：“一国之内，若无科学研究，可算是知识不完全；若无科学的组织，可算是社会组织不完全。”从目前资料来看，最早建立的科研机构应当是在1912年10月，由马相伯、章太炎等仿照法兰西研究院发起成立的函夏考文苑。但其研究领域主要是一些传统学问，对后来没有产生什么影响。而真正对后来产生重大影响的科学机构，则是1913年在北洋政府工商部地质科的基础上改名成立的工商部地质调查所。到1930年，建立的主要研究机构有：中国科学社生物研究所（1922年）、黄海化学工业研究社（1922年）、河南地质调查所（1923年）、两广地质调查所（1927年）、湖南地质调查所（1927年）、江西地质调查所（1928年）、北平静生生物调查所（1928年）、中央研究院（1928年）、上海雷斯德药物研究院（1929年）、国立北平研究院（1929年）、中央工业试验研究所（1930年）、中国西部科学院（1930年）等。这些研究机构，虽然分布地域还极不平衡，力量也十分薄弱，但却迎来了中国近代科学机构创建的第一个高潮，开启了近代中国科研机构体制化的历程，对推进中国科学研究的发展产生了重要的作用。

然而，日本侵略者的炮火打破了书斋和实验室的宁静，集中了中国科学事业的东部地区相继沦陷，众多科研机构或遭受炮火摧毁，或被迫搬迁后方，日本发动的全面侵华战争彻底打乱了中国近代科学发展的历史进程，使中国科学发展进入寒冬。

科学没有国界，科学家却有自己的祖国。在抗日战争那段血雨腥风的岁月里，一位位中国科学家义无反顾，与祖国共赴危难，与科研机构一道，历经艰难险阻，迁徙到大后方。他们或从事基础研究，或从事科学调查，或研发武器装备，或从事战时保障工作，或奋力救死扶伤，或努力培养人才，在破碎的山河之上，为挽救民族危亡奉献了自己宝贵的科学智慧。

目　录

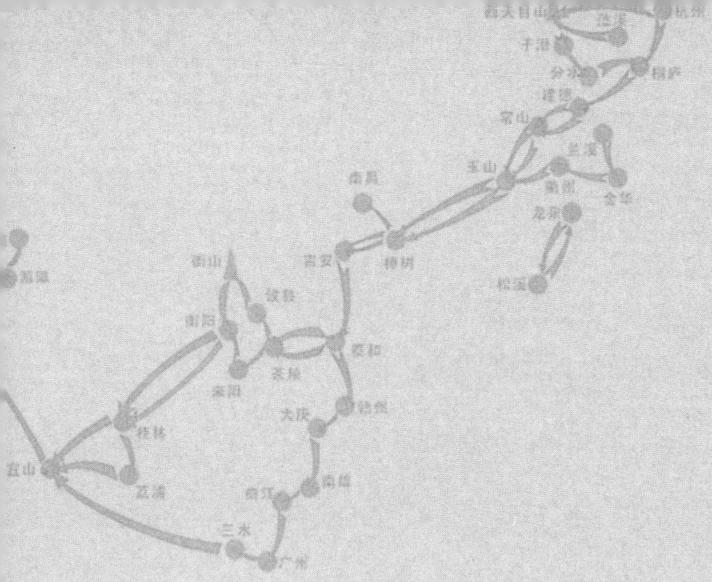

第一章

战争不期而至

1931年9月18日，日本悍然发动了震惊中外的侵华战争。1935年华北事变的发生，使中华民族面临着亡国灭种的生死危机。1937年7月7日，日军发动卢沟桥事变，标志着日本全面侵华的开始。在长达十四年的时间里，日军在中华大地上犯下了滔天罪行，给中国人民带来了无数的灾难。

战火骤临

日本侵华政策源于19世纪70年代明治维新时期。1868年3月14日，日本天皇公然宣布：要用武力征服世界。明治维新以后，日本迅速走上了军国主义道路。19世纪末，日本军国主义者竭力鼓吹“大陆”是日本的“生命线”。1927年6月，田中义一在东京召开了第一次“东方会议”，制定了《对华政策纲领》，公开宣布其拥有的巨大在华权益，特别强调了其在满蒙地区的“特殊地位”，并明确提出了根据需要采取断然自卫措施予以维护。[①]这次会议的文件就是臭名昭著的《田中奏折》，文件提出了日本对外扩张政策的总战略：“惟欲征服支那，必先征服满蒙；如欲征服世界，必先征服支那。”[②]在奏折披露后不到两年，日本就发动了侵华战争，且其侵略的方向与奏折的叙述几乎一致。很明显，《田中奏折》集中休现了其对外侵略的新方针，日本将其征服亚洲乃至世界的野心首先对准了中国，成为其以后发动全面侵华战争的既定方针。因此，九一八事变是日本侵占中国、称霸世界的一个重要步骤，亦是日本武装侵华的新开端。

---

① 中国社会科学院近代史研究所编：《日本侵华七十年史》，中国社会科学出版社1992年版，第265—266页。

② 《田中奏折》原件称《帝国对满蒙之积极根本政策》。这份秘密文件据说是爱国志士蔡智堪利用日本政党的关系，和他在日本经商多年积累的人脉，冒着生命危险潜入日本皇宫内的皇室书库，用了两个夜晚抄录完成的。在1929年末经南京《时事月报》披露以来，其真伪问题已争论了半个多世纪。历史已雄辩地证明，日本军国主义者征服中国、亚洲和世界的野心和计划，不管是否曾以《田中奏折》的方式形诸文字，也早已成为他们的基本国策——因为无论有无《田中奏折》一事，都不能改变日本军国主义的罪恶历史。

日军炮轰北大营

甲午战争以后，日本不断策划侵略中国的新阴谋。设置侵略机构、制造侵华舆论、发展军工、积极备战，加紧策划入侵中国东北。日本为侵略中国东北已做好了充分的准备。柳条湖是个人烟稀少、荒木丛生、沼泽密布的小小村落，地处沈阳北部，靠近南满铁路，距东北军驻地北大营不到2千米。9月18日晚10时30分，日本关东军在沈阳郊外的柳条湖附近故意炸毁南满铁路，反诬中国军队破坏，以此为借口，炮轰中国东北军北大营，向中国守军进攻，蓄意挑起战争。北大营6800余名官兵被日军600多人缴械，日军仅付出死2人、伤22人的代价便占领了北大营。东北军9.5万余支步枪、2500挺机关枪、650余门大炮、2300余门迫击炮、300余架飞机，以及大批弹药、器械、物资等，全部落入日军之手。日军迅速从西、南、北三面包围北大营，并占领了北大营西北角。9月19日6时30分，太阳旗插上城头，一夜之间，沈阳沦陷。

当时曾到现场的外国记者乔·毕·巴鲁回忆说：“同行的一个伙伴，调查了一具尸体，他见到的是一个没有血迹，被置放了相当长时间的尸体。”显然是在人死后被扔到那里的。柳条湖事件是关东军一手策划的阴谋，这个事实难以掩盖，就连日本政府的一些要员也供认不讳。日本官员花谷在战后回忆道：

> 十八号晚上的月亮近乎半圆，而沉于高粱园，但满天却都是星星。
>
> 岛本大队川岛中队的河本末守中尉，带着数名部下前往柳条沟去执行巡察铁路路轨的任务。河本选择了从北大营南下大约八百公尺的地点，亲自在铁轨上装设了骑兵用的小型炸弹，并点上火。这是十点多钟的事情，而与轰隆炸声的同时，被炸断的铁轨和枕木遂四散各处。
>
> 但它的规模却远比炸死张作霖时为小。因为这次的爆炸不仅不需要颠覆火车，而且不能危害正在开着的满铁线列车。为此，我们曾经请工兵计算过，知道如果是直线，就是炸断了稍微长度的一边铁轨，快速的列车虽会一时倾歪，但还是可以安全地走过去。我们根据这个安全长度，决定炸弹的数量。
>
> 与爆炸的同时，通过携带电话机马上报告到大队部和特务机关。在爆炸地点北方四公里之文官屯的川岛中队长，即刻率军南下，开始突击北大营。[①]

当时东北地区有日军1万余人，张学良的东北军人数达19万。面对日本关东军的进攻，由于奉行不抵抗政策，东北军19万人也未阻止日本的侵略，日本军队占领沈阳后，相继占领辽宁省所有城市。22日占领了吉林省，到了12月又占领了黑龙江。仅仅四个月十八天，东北全境陷落，沦陷土地128万平方千米。

九一八事变不仅是日本帝国主义以武力征服中国的开始，也是法西斯国家在世界上点燃的第一把侵略战火。它的爆发标志着亚洲战争策源地的形成和第二次世界大战序幕的揭开，同时它打破了第一次世界大战后形成的相对稳定的世界格局。

---

① 河本大作等：《我杀死了张作霖》，陈鹏仁译，吉林文史出版社1986版，第133页。

日本侵略者继占领中国东北后，为了支援和配合其对中国东北的侵略，掩护其在东北建立伪满洲国的丑剧，又于1932年1月28日突然进攻上海，“一·二八”事变爆发。日本顺利占领中国东北，鼓舞了军国主义扩张派。日本国内虽有陆海军的“北进”“南进”之争，日本政府与军部对何时发动全面侵华战争也存在分歧，但在世界性资本主义经济大危机中，侵占中国与日本扩张的既定方针是一致的。“一·二八”之役，中国军队官兵伤亡14,104人（其中伤9830人，亡4274人）；上海市民死亡6080余人，受伤2000余人，失踪10,400人；财产损失16亿元以上。日军伤亡共计3091人，约为当时在东北伤亡人数1199人的3倍。[①]

在1932年“一·二八”事变的次日，蒋介石写道，“余决心迁移政府，与倭长期作战，……政府倘不迁移，随时受威胁，将来必作城下之盟”。[②]1月30日，国民政府即发布《国民政府移驻洛阳办公宣言》，表示“政府为完全自由行使职权，不受威胁，决定移驻洛阳办公”。[③]此时国民政府迁都洛阳，乃是应急因应之策。由于首都南京靠近上海，一旦战事发生，毫无坚守的余地和希望，如果国民政府不甘屈辱求和，不想与日本作城下之盟，迁都并建立稳固的后方基地便势在必行。

九一八事变后，日本陆军中央提出《关于解决满洲事变的方针》，关东军先后起草了《满蒙问题解决方案》《满蒙共和国统治大纲草案》《满蒙自由国建设纲领》《中国问题处理方针纲要》等。这些方案的基本点是推行“满蒙自治”，成立傀儡政权。

据此计划和安排，日本一手策划了伪满洲国的成立和溥仪登基。1932年3月1日，日本侵略者假借“满洲国”政府的名义，发表了“建国宣言”，宣布“伪满洲国”成立。3月9日，清朝末代皇帝爱新觉罗·溥仪粉墨登场，就任“执政”，年号大同，定都长春，改称“新京”。

---

① 中央档案馆、中国第二历史档案馆、吉林省社会科学院合编：《日本帝国主义侵华档案资料选编：九一八事变》，中华书局1988年版，第581、635页。

② 周美华编注：《蒋中正总统档案：事略稿本》第1304，台湾“国史馆”2004年版，第97—98页。

③ 《国民政府发表迁都洛阳宣言》，载1932年1月31日《申报》。

“伪满洲国”成立后，根据事先的安排，溥仪同日本帝国主义签订了《日满议定书》这一卖国条约，使得日本侵略者在政治、军事、经济、文化各个领域全面控制了“伪满洲国”。1934年3月1日，“伪满洲国”改称“满洲帝国”，溥仪改称“皇帝”，年号康德。

日本在侵占中国东北地区以后，继续策动华北事变，以分离华北于中国本土。1933年1月至3月，日本军队又陆续占领了山海关、承德等地，并继续向华北地区进发。1933年5月31日，国民政府和日本在天津签订了《塘沽协定》，规定中国军队撤退至延庆，实际上承认了日本对中国东北和热河的占领，再次划分中国军队的非武装区。允许日本军队自由出入冀东、察北、绥东地区。1935年6月27日，日本促使国民党华北当局在北平签订了《秦土协定》，规定取消察哈尔省内一切国民党机关，国民政府第29军撤退，成立察东非武装区，担保日本人在察哈尔省的自由活动，致使中国丧失了察哈尔省的大部分主权和察哈尔省的大部分疆土。1935年7月6日，国民党代表何应钦在日本的多次逼迫之下，无奈以含混不清的非正式方式，复函了日本华北驻屯军司令官梅津美治郎提出的要求，以一种全然非正式的敷衍方式承诺了日军对中国主权的无理要

《塘沽协定》签订现场

求，取消在河北省的党政机关，撤退在河北的一切驻军，严禁在河北的抗日活动。这样，连蒋介石也承认“华北实已等于灭亡”，为日军打开了侵略中国华北的大门。[①]

① 张宪文、张玉法主编，潘光哲、欧阳哲生、张太原等著：《中华民国专题史》第2卷《文化、观念与社会思潮》，南京大学出版社2015年版，第280—320页。

备战南迁

九一八事变向全国人民敲响了警钟，特别是华北事变后，“中华民族到了最危险的时候！”越来越成为中华儿女的共识。在民族危机感逐步加深的过程中，民族责任感也迅速提高。许多爱国知识分子积极发表政见和主张，呼吁全国人民“彻底明了国难的真相！”“人人应视为与己有切肤之痛，以决死的精神，团结起来作积极的挣扎与苦斗”，广大民众和各界人士以各种形式积极投身抗日救亡运动。一部分科学家便投入备战，组织国防教育、勘察战略资源。其中中央研究院（简称“中研院”）总干事、地质学家丁文江就积极投身战略资源调查。1936年1月5日，49岁的丁文江受托为建设抗战后方基地在湖南勘察时因煤气中毒去世。随后华北事变的发生，使中国社会各界感受到全面战争的空前危机。早就在北京大学开设国防化学课程、吸引大批青年学子的著名化学家曾昭抡教授愤然写道：“在这种非常时期，科学家除了要做好本职工作、积极培养科学界的新生力量，必要的时候，也应当投笔从戎和普通人一样上战场。”许多当时已卓有建树的科学家聚集于国防设计委员会，如国防化学专门委员会的曾昭抡(北京大学教授、美国麻省理工学院化学博士)、矿冶专门委员会的李四光(北京大学地质系教授、英国伯明翰大学硕士)、边疆问题专门委员会的竺可桢(浙江大学地理系教授、美国哈佛大学气象学博士)、电气专门委员会的吴有训(清华大学教授、美国芝加哥大学物理学博士)等。

自九一八事变后，日军对平津地区虎视眈眈，华北危机日益深重。位于北平的中央地质调查所、故宫博物院、中央研究院历史语言研究所

（简称“史语所”），以及流亡在北平的东北大学等机构陆续南迁。

1933年初，榆关失守，平津震动，科学家们“在此不啻处于炮火前线，精神上激刺甚深，无法安心工作”[①]。在战事濒临的紧急情况下，地质调查所一方面为响应国民政府的要求，一方面也为了安全起见，迅速组织全所，动员迁往南京。1933年，所长翁文灏开始在南京选址。当时翁文灏要在北平主持科研工作，实际上在南京选址购地、设计建筑以及寻找承建公司等具体事情都由曾在地质调查所任职的杨公兆代为处理。整个选址修建过程并不十分顺利，从1933年初开始在南京选址购地，直至1934年10月后才基本办理好各种手续和筹集到足够费用，12月才开始在南京水晶台建设房屋。为保证建筑工程的顺利进行，翁文灏还指派燃料研究室主任金开英赴南京作为地质调查所代表专门负责建筑工程的相关事宜。1935年10月，地质调查所在南京珠江路942号落成，地质调查所即组织所中大部分图书、仪器以及研究人员南迁，北平设置分所，只留下了主要从事周口店发掘研究的新生代研究室和位于西山鹫峰的地震研究室，以谢家荣任分所所长，后由杨钟健继任。1935年冬，地质调查所总部迁往南京，将陈列室、图书馆以及实验室大部分设备均运往南京。初到南京的秦馨菱对新所印象颇深：

> 我初到时见那里建筑很整齐，楼虽不是很大，但也颇雄伟。一进门是陈列馆大楼，是个加重的大楼。其第一层办公用，第二及第三层供陈列化石及矿物岩石标本。其西为图书馆，楼下为书库，楼上办公。图书馆之南为单身宿舍，是个有大小卧室二十来间的小楼，并附有小食堂一个。陈列馆之东为东楼，有岩石室、土壤室及燃料试验室之办公室及试验室。东楼之南边为岩石、矿物及古生物标本仓库，仓库之南为两个煤气储藏罐。煤气罐之东南有一个大厂房，是燃料试验室做试验之用的。[②]

① 翁文灏致钱昌照函（1933年4月19日），中国第二历史档案馆馆藏档案，全宗号28，案卷号18733。

② 秦馨菱：《回忆地质调查所的几件事》（手稿），转引自王仰之编著：《中国地质调查所史》，石油工业出版社1996年版，第14—15页。

总部南迁之后，北平分所才正式开始开展工作。分所的机构设置与总所大致相同，但是许多部门形同虚设，只有新生代研究室和鹫峰地震台仍然正常工作。当时留在北平分所的人员除上述两个研究室的学者外，尚有王竹泉、杨杰、张兆瑾和朱钦吾等人。北平分所独立工作不久，杨钟健接替谢家荣担任了分所所长。在接任所长之前，杨钟健“原以自己兴趣在研究方面，辞不肯就”，所长翁文灏却说：“这有何难！也无何要事，只是每天查看查看签到簿就是了。”①北平分所形同虚设由此可见。留在分所的学者只好开始整理残存的图书，重新采集标本、布置陈列馆。

1932年初平津告急，在文物是否避敌南迁的问题上，各方争执不已。故宫博物院领导层内大多数人主张将文物转移，以避战火浩劫。国土沦陷，尚可收复，而文物损坏，则不可复得，而且国际上也有战时迁移文物的先例。回想1900年八国联军侵略北京，德、法将古观象台文物掠劫一空的惨痛历史，他们极力主张另寻他处。而北平军事长官宋哲元、故宫博物院兼任秘书吴瀛等人认为守护文物安全为其职责所在，故宫文物南迁，不仅文物安全难以保证，且文物一旦难以重回，北平这座文化历史名城也将名存实亡，因此纷纷抵制故宫文物南迁。针对北平各方面意见，故宫博物院理事、代理行政院院长宋子文下令将文物迁往上海，并表示“北平安静，原物仍运还”。

1933年2月5日晚，北平全城戒严，故宫博物院的首批南迁文物从神武门广场出发，由几十辆板车轮流运往火车站，沿途军警林立，全城护送，于黎明时分将文物装载完毕，由故宫博物院秘书吴瀛担任押运总负责人。6日清晨，文物列车从北平西站驶出。为避开天津，以防日军袭击，列车经平汉线南行，至郑州后再改循陇海线东行至徐州，又沿津浦线南行抵达浦口。为确保文物安全，故宫博物院通过国民政府行政院密电沿途各省军政长官沿途保护，沿途列车除特别快车外，

① 杨钟健：《杨钟健回忆录》，地质出版社1983年版，第90页。

一律让行。3月5日，第一批南迁文物安全运抵浦口，再由招商局轮船运往上海。至5月23日，故宫博物院与古物陈列所、颐和园、雍和宫等所藏文物五批共13,427箱又64包先后运达上海，其中包括书画9000余幅，瓷器7000余件，铜器、铜镜、铜印2600余件，玉器无数，文献3773箱，内含清廷各部档案、明清两朝帝王实录、起居注，以及太平天国的档案史料等。还有《四库全书》及各种善本、刻本。文物南迁上海后，存放在天主堂街仁济医院旧址及四川路业广公司。1936年8月，南京文物保存库落成，12月8日至1937年1月17日，存沪文物仍分五批全部运往南京。

同年，位于北平北海公园静心斋的中研院史语所也被迫南迁。1928年3月，史语所在广州东山柏园正式成立，由傅斯年担任所长职务，以“建立科学的东方学正统于中国”为目标。因北平藏有内阁大库档案等丰富的资料，“为接近研究之材料，便于工作之故”，史语所于1929年春迁往北平，并设址于北海公园静心斋。“因在北方之故，资助易得，材料称便”，在傅斯年的主持之下，史语所在短短几年间便“建树一种国际上之地位”①。九一八事变后，国难日急，日军侵占热河，华北陷入危机。再加上中央研究院经费紧缩，“为减少事务上之费用，增加学术上之效率”，史语所奉命南迁，于1933年4月从北平迁往上海，语言、考古二组于3月25日南下，古物、书籍分三批运往上海，所址设于上海曹家渡小万柳堂。东楼为图书室及语言组工作室，西楼楼下为史语所文牍、会计、庶务及所长办公室，楼上为考古组工作室。研究所的迁移意味着史语所研究工作的停顿，傅斯年在致杨杏佛的信函中满心遗憾地写道：“看见五年中辛苦经营之事物，在如此状态中，生来不多有如此悲观伤心的时代也。”更让傅斯年担心的是，如果久居上海，则史语所 “五年中在北平所培植之学术空气，将涣散扫地，此真大不幸者

---

① 《傅斯年代拟呈稿》，见王汎森、潘光哲、吴政上主编：《傅斯年遗札》第1卷，社会科学文献出版社2015年版，第369页。

也”[①]。小万柳堂空间狭小，部分南迁书籍、古物及档案数百箱分别存储在中研院理工实验馆及中国科学社两处，史语所历史组也因此暂缓南迁，将明清档案集中于静心斋一处。[②]傅斯年一面在上海恢复史语所的研究工作，另一方面在南京北极阁东侧建筑新所。1934年10月，南京新所落成之后，史语所从上海、北平共同迁往南京，工作直至1937年全面抗战爆发。[③]

内迁高校中比较典型的当属东北大学。东北大学是内迁高校中辗转迁移时间最长的，前后长达十五年。九一八事变后，日本南满公学堂到东北大学慰问，欲借以经费使其正常上课，但是东北大学师生悲愤拒绝，而后坐校车到北平各大学借读。至锦州沦陷后，东北交通大学学生亦南迁150人，两个学校的学生均由国立师范大学接收。成为日军兵营的东北大学无法再在沈阳办学，东北大学流亡到了北平。

随后在张学良的带领下，东北大学以西直门里陆军大学旧址为东北大学文法理工各学院的教学之所，彰仪门原北京师大研究院为东北大学教育学院院址，学生宿舍则分散各处，文法学院学生在南兵马司，理工学院学生分居于外交大楼和棉花胡同。1935年的《何梅协定》，致使华北特殊化，东北大学内外交迫，在北平也无法生存了。1936年春，学生代表宋黎等人再赴西安晋谒，请求迁校。张学良旋令王卓然结束了北平的教育学院，率文法理工学院迁于西安城外西南方的新校址。1936年2月，东北大学西迁西安，在陕西省立农林职业专科学校旧址新建校舍。先将工学院及补习班迁至西安，作为西安分校。当时文法学院已迁至开封。全面抗战爆发后，由于学校密集，日军空袭频繁，东北大学认为西安非久留之地，依然决定西迁。[④]

---

① 《傅斯年、李济致杨铨》（1933年3月15日），见王汎森、潘光哲、吴政上主编：《傅斯年遗札》第1卷，社会科学文献出版社2015年版，第370页。

② 国立中央研究院文书处编：《国立中央研究院二十一年度总报告》，国立中央研究院总办事处，1932年，第266页。

③ 国立中央研究院文书组编：《国立中央研究院民国二十六年度至二十八年度总报告》，国立中央研究院总办事处，1939年，第105页。

④ 王强编：《民国大学校史资料汇编·国立东北大学二十周年纪念册》第34册，凤凰出版社2014年版，第143—145页。

劫难来临

1931年日军发动九一八事变，侵占了整个东北三省，战火祸及东北的图书资料。当年10月，日军在哈尔滨市区开枪射击，黑龙江省立图书馆西库中弹起火，大火吞没了整个书库，许多珍善本图书被焚。在“一·二八”事变中，淞沪地区遭受破坏的16所高校中，就有12所学校的图书资料遭到了全部或部分的破坏。商务印书馆附设之东方图书馆藏书48.8万余册，善本书多为历代珍本或抄本秘本，在2月1日的炮火中即损失46.3万余册。

日军发动全面侵华战争后，对中国科学文化事业肆意破坏。“北自北平，南迄广州，东起上海，西迄江西”，蓄意破坏我国教育、科研设施，“诚所谓中国三十年建设之不足，而日本一日毁之有余也”，其毁灭我文化之野心已昭然若揭。

全面抗战爆发不久，7月29日、30日，日军连续两天轰炸、炮击南开大学。“二十九日之轰炸，仅及两三处大楼，为全部毁灭计，乃于三十日下午三时许，日方派骑兵百余名，汽车数辆，满载煤油到处放火，秀山堂、思源堂、图书馆、教授宿舍及邻近民房，尽在烟火之中，烟火十余处，红黑相接，黑白相间，烟云蔽天，翘首观火者，皆嗟叹不已。”经此浩劫，学校主要建筑物六毁其四，师生财物皆遭损失，大批珍贵图书被日军掠走。当时，有的师生站在马场道一幢五层楼房上，有的站在“土山花园”的土山上，目睹了这一惨景，个个热泪盈眶，悲愤不已。

被日军炸毁的秀山堂残迹

南开大学是抗战以来中国第一个遭难的高等学府。初步统计财产损失300万元（法币），占当时全国高等学校全部战争损失的十分之一。对于日本侵略者的恣意横行，中外人士莫不震愤。黄炎培于1937年7月31日在天津《大公报》著文《吊南开大学并急告教育当局》指出："民国二十六年七月二十九日下午，我拥有四十年文化先驱历史的南开大学，竟牺牲于从'九一八'散下的'不抵抗'种子所发荣长养出来的凶恶的敌方飞机大炮之下。……我敢正告敌人，尽你们的凶狠，能毁灭我有形的南开大学的校舍，而不能毁灭我无形的南开大学所造成的万千青年的抗敌精神，更不能毁灭爱护南开大学的中华全国亿万民众的爱国心理。"

蒋介石得知南开被炸后，十分悲愤。30日晨，教育部长亲向张伯苓表示深切慰问。当日下午，张伯苓向《中央日报》记者发表讲话："敌人此次轰炸南开，被毁者为南开之物质，而南开之精神，将因此挫折，而愈益奋励。"①

当时的北洋大学也深受战难，校园被日军强占为坦克兵营，破坏极为

① 南开大学校史编写组编：《南开大学校史（1919—1949）》，南开大学出版社1989年版，第232页。

惨重，未转移走的图书、仪器全部被日军掠走。

8月13日，日军进攻上海，复旦大学成为战区，校舍多处被炸。时费巩教授著有《母校被毁简报》：“沪战再作，江湾陷入战区，战后疮痍满目，到处皆败垣残壁，母校校舍地当要冲，亦未能幸保。战起一月后，曾有人冒锋镝回校视察，摄得照片四帧。体育馆已夷成平地，但见一片瓦砾。图书馆屋面被毁，贰层亦毁损无余。第一宿舍屋面损坏虽仅一部分，而屋内则已炸毁无余矣，第四宿舍正面侧面皆毁。兹为铸版刊出、毁损情形有如附图，此犹为六个月前之事。战时才月余，吾军犹扼守淞沪未退，今日校舍所受损失，自远不止此。最近学校当局曾托人设法回校看视，所得情报，则有不忍言者。简公堂、实中及第五第七两宿舍已俱焚毁，躯壳且不存，遑论内容。第一宿舍当初与简公堂同时建造，为宿舍中完成最早者，今亦中炮弹至多，仅至一空壳。第四宿舍水泥钢骨，为宿舍中之最精美坚固者，今亦全毁，与毗邻之体育馆同成瓦砾之场。登辉园即燕南园，亦即校园，落成曾几何时，亦已弹痕累累，此后更无胜景可寻。号称东宫之女生宿舍屋顶已经飞去。图书馆东边已毁，西边较好。全校幸尚存在之处，惟卫生处及合作社。他如校外之进步宿舍，同兴村及霞庄学圃等处，亦皆毁于炮火。总之，学校内外，尽成邱墟，无瓦全可言。”[①]

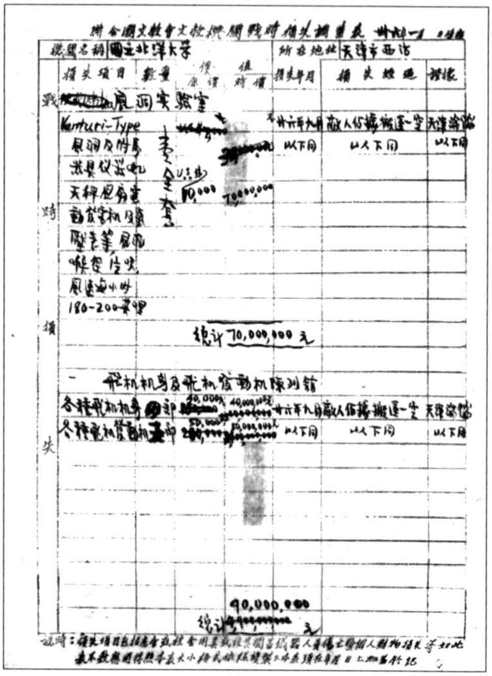

北洋大学风洞实验室损失调查表

① 复旦大学校史编写组编：《复旦大学志（1905—1949）》第1卷，复旦大学出版社1985年版，第164—165页。

8月14日，日寇开始空袭南京光华门外的飞机场和军事目标，中央大学的男女宿舍楼被炸塌。教授们8月15日阅毕试卷，分数统计好，敌机又来空袭，在图书楼的上空盘旋，“忽而听见一声剧烈的爆炸，像天崩地坍一样，屋顶上的水泥纷纷像暴雨般的掉下来”[①]，接着是敌机天天来轰炸，化学楼、大礼堂也被炸毁，其中一颗炸弹就落在图书馆书库的外面，弹坑距外墙仅三米，幸运的是图书馆没有被烧毁。

据不完全统计，抗战爆发仅三个月，就有天津的南开大学，保定的河北医学院，上海的复旦大学、同济大学，南京的中央大学，广州的中山大学等23所高校先后被炸。[②]清华大学在北平沦陷期间，被日本侵略军占为日军兵营和伤兵医院，学校遭受空前洗劫，仪器设备和家具损失达90%以上，图书损失超过半数，教学楼与实验室也受到严重破坏。[③]抗战爆发时中国共有专科以上学校108所，且集中在少数几个大城市和东南沿海沿江地区。由于日军的狂轰滥炸和掠夺焚烧，到1938年8月底，中国91所专科以上学校遭受破坏，其中25所被迫停办，因战争失业的教职工达2000人，而失学者超过2万人，占了学生总人数一半。1937年11月5日，中央研究院院长蔡元培、南开大学校长张伯苓等102人联合发表声明，揭露日本破坏中国教育机关的罪行，指出北起北平，南至广州，东起上海，西至江西都有学校被日军蓄意破坏。战后调查统计，1937年全国108所专科以上学校中，卢沟桥事变后被迫停办及先后迁移后方者达三分之二以上；至1945年8月，全国142所专科以上学校中受损者共115校，占总校数80%以上。

在黄海化学工业研究社（简称“黄海社”）南迁过程中，沦于敌手的永利碱厂和其工人遭到了日军的残酷奴役。“一九三七年以前，我在黄海化学工业研究社当分析工，日本鬼子侵占永利碱厂以后，勒令我们上工生产。谁知鬼子的军用仓库着火，硬说我们和八路军的地下工作

---

① 罗家伦：《抗战时期中央大学的迁校》，见罗久芳：《我的父亲罗家伦》，商务印书馆2013年版，第204—207页。

② 毛磊、刘继增、袁继成等编：《武汉抗战史要》，湖北人民出版社1985年版，第185页。

③ 季啸风主编：《中国高等学校变迁》，华东师范大学出版社1992年版，第20页。

有联系，把化学药品给八路军去烧仓库，就把我们所有的分析工都装在红汽车上，送到鬼子宪兵队审讯。鬼子凶如野兽，过堂时不问青红皂白，用木棒搂头盖顶往下打，直打得鲜血四溅，遍体鳞伤，以致神志昏迷，奄奄一息。鬼子问不出‘口供’，就用轧杠子、灌凉水等惨无人道的刑罚来逼‘口供’。几经生死，深知做亡国奴的痛苦和日本军国主义的野蛮残暴。当时身陷敌手，求助无门，只有拼着一死。在鬼子宪兵队押了四十余天，所受刑罚，骇人听闻。后来弄清烧仓库是日本人自己干的，拿我们做了肉囚，虽然最后得到释放，这笔仇恨却时常涌上我的心头。”①国土沦陷，山河破碎。这一时期日军对工人的残酷奴役令人震惊，也让我们看到中国民族工业发展的艰难。

淞沪会战爆发之后，上海、南京两地的中央研究院各研究所首当其冲，直接暴露在日军的空袭范围之内。8月15日，日军飞机轰炸南京，炸弹在南京考试院外钟楼鼓楼附近爆炸，中央研究院于考试院仅一街之隔，所幸无人员财产的损失。8月27日，南京又遭夜袭，两枚炸弹落在天文研究所办公处的庭院中，房屋倾塌过半，三名工友殉难，一杨姓职员负伤。②

1937年12月，南京沦陷，中国科学社生物研究所因人力、物力不足，仅只将小部分书籍标本迁运到内地，留下三四位看守人员，照顾生物研究所并保管价值连城的书籍、仪器和标本。③1938年日军在占领生物研究所之后，迅速抢运走该所未来得及转移的标本资料，将生物研究所的图书、标本、仪器设备抢掠一空，并于1月和11月，将研究所三幢研究楼全部烧毁。生物所与博物馆在南京陷落时被毁，因为生物研究所曾经……抢了日本岸上谦吉一批人的上风，所以引起仇恨，被烧得特别干净。④据目击者云：“十二月十一日南京失陷，是夜即有日军驻于所

① 陈调甫：《永利碱厂奋斗回忆录》，见《化工先导范旭东》，中国文史出版社1987年版，第69—70页。

② 国立中央研究院文书组编：《国立中央研究院民国二十六年度至二十八年度总报告》，国立中央研究院总办事处，1939年，第33页。

③ 《如何能容忍重新武装日本？——中国科学社的控诉》，载《科学画报》1951年第2期，第38页。

④ 《中国科学社三十五周年纪念启事：我们的启事》，载《科学》1949年第11期，第322页。

内，至一月十二日渠在五台山瞭望，忽见文德里火光冲天，惨不忍睹。翌日调查，生物实验馆新厦、北楼及白鼠实验室均已化为灰烬，南楼虽存，亦已破坏不堪。十余年惨淡经营，尽付东流。”[①]“而所有附近的政府衙署和其他学术机构却安然无恙”。[②]由此可见，日军的虎狼之心。

科学仪器、图书、实验基地等都遭到严重损失和破坏。如中国测验学会的设备在日本轰炸南京时被全部炸毁[③]；中央研究院物理所曾在南京紫金山建地磁观测台，日军攻占南京后，被全部拆毁，据估计，其修复费需达1.4亿元[④]；南京沦陷后，大量的文献、文物被掠走：原中央研究院被劫汉籍33,319册，国学图书馆被劫汉籍167,923册，古物8件，历代名人字画464幅，原国立中央博物馆筹备处被劫汉籍1365种（不知册数），文物1679件，图书文物设备167件，中山文化教育馆被劫汉籍58,735册，古物186件。[⑤]这只是其中的一小部分，从此不难看出日本侵华对中国科学文化所带来的巨大灾难。

---

① 《科学新闻：中国科学社生物研究所被毁》，载《科学画报》1938年第7期，第274页。

② 张孟闻：《回忆业师秉志先生》，载《中国科技史杂志》1981年第2期。

③ 中国第二历史档案馆编：《中华民国史档案资料汇编》第5辑第2编《文化》（2），江苏古籍出版社1998年版，第318页。

④ 孙宅巍：《抗战中的中央研究所》，载《抗日战争研究》1993年第1期。

⑤ 严绍璗：《日本中国学史》第1卷，江西人民出版社1991年版，第609页。

国府迁渝

重庆战时首都地位的确立，是国民政府定四川为抗日战争后方基地的必然结果。而四川作为抗战后方基地，则是在1935年前后四川局势发生重大变化后逐步形成的。

1931年九一八事变后，特别是1932年“一·二八事变”爆发后，国民政府曾将中原和西北地区作为对外战争的后方基地。在“一·二八事变”爆发后的第三天，国民政府即发布《国民政府移驻洛阳办公宣言》。国民政府迁都洛阳，只是应急之策，在敌人强大的空军、海军和陆军炮火的攻击下，设于南京的政府毫无坚守的余地和希望。通过宣言我们可以了解，中日战势中，日本的企图和国民政府的对应策略。在此刻不但需要将首都迁到稳固的地方，而且建立大后方基地势在必行。因此，1932年3月1日至6日，国民党在洛阳召开四届二中全会，决议：一、以长安为陪都，定名西京。二、以洛阳为行都。三、关于陪都之筹备事宜，应组织筹备委员会，交政治会议决定。同时，国民党四届二中全会还通过了“开发西北案”，决定将“陕、甘、绥、宁、青、新各行省全境及外蒙西部、唐努乌梁海、科布多、阿尔泰等处”纳入“开发范围，在不妨害各地方政府行政之施行，特由中央政府划出建设事业之一部，用中央之政治及经济力量以经营之”，并“于国民政府行政院直辖之下，设西北拓殖委员会……负一切事务进行之责”。之后，国民政府即加强了对西安及西北的建设，并取得了一定成绩。由此可见，在“一·二八”事变后，当时的南京国民政府是以西安为陪都、以西北为战略后方准备对日作战的。

1935年3月2日，蒋介石由汉口飞抵重庆，4日，在四川省党务特派员办事处扩大纪念周会上做《四川应作复兴民族之根据地》的讲话，“就四川地位言，不仅是我们革命的一个重要地方，尤其是我们中华民国立国的根据地。无论从哪方面讲，条件都很完备。人口之众多，土地之广大，物产之丰富，文化之普及，可以说为各省之冠，所以自古即称天府之国，处处得天独厚。”“四川同胞对于革命的成败与国家民族兴亡存灭的责任，非常重大。”[①]在蒋介石游历四川及西南诸省的同时，四川及西南地区的建设也被正式提上了议事日程，在行政、军政、财政等方面，逐步实行了改革和统一，大规模的交通建设也全面展开。所有这些，在客观上为日后国民政府迁都重庆奠定了一定的基础。可以肯定的是，全面抗日战争爆发后，国民政府做出西迁重庆的决定，与蒋介石关于四川是民族复兴之根据地的思想有着密切的联系，是这一思想在新的战争形势下的进一步发展和必然结果。

全面抗战爆发后，首都南京的安全问题，开始引起国民党高层的关注。7月20日，由庐山匆匆返回南京的蒋介石下发手令：“各院、部、会实施动员演习及准备迁址办公。”7月27日，蒋介石兼任院长的行政院召集各部、会举行会议，就迁址办公问题做出决议：“(一)第一步各机关办公地点疏开，即假定敌机轰炸或敌舰开炮时，各机关在城内或城外，准备民房秘密办公，并先登记负责人和电话号数等，以资联络。(二)万不得已时，则迁移他处办公(如衡阳)。凡须永久保存之重要文件，先行迁地保管，至各机关之实行迁移，则须候命实施。”[②]

随着平津等重要城市的陷落与华东局势的紧张，国民党高层也越

---

① 高素兰编注：《蒋中正“总统”档案：事略稿本》第30册，台湾2008年版，第32、34页。

② 蒋顺兴、孙宅巍主编：《民国大迁都》，江苏人民出版社1997年版，第184—185页。

来越感到迁都是一个紧迫的任务。军事委员会于8月4日举行卢沟桥事件第二十五次汇报会，主持会议的军政部部长何应钦即要求与会者对战时政府所在地加以慎重、周全地考虑，并讨论是否以武汉为宜。8月6日，国民政府有关部门曾提出“大战爆发后，如首都遭受敌人空军之激烈袭击，则迁往衡阳衡山”。虽然如此，直到上海八一三事变爆发前夕，国民党中央对迁都虽有考虑，但在“政府究竟应迁往何处”的问题上，仍未做出最后决定。8月14日，国防最高会议成立后的第一次会议甚至做出决定，“外侮虽告急迫，为稳定军心、民心，政府仍应暂时留驻首都，不必迁移”。

8月13日，日军大举进攻上海，淞沪抗战爆发。当天晚上，蒋介石即对四川省政府主席刘湘转呈的建议中央迁川、长期抗战的意见“甚表嘉许”。嗣后不久，他又明确告知国民党内的高级幕僚何廉等，“我们将迁都四川重庆”，并令何廉“以此为基础计划同各部开会商议”。[①]迁都重庆之议由蒋介石提出，虽然此时尚未正式做出迁都的决定，但国民政府内获知内情的高级官员，均已开始做西迁重庆的准备工作了。

10月下旬，淞沪战事急转直下，日军不仅突破了中国守军防线，向沪西包抄推进，而且日机更加频繁疯狂地轰炸南京，首都南京危在旦夕。政府已不能正常办公，转移国都已迫在眉睫。10月29日，在中国军队在淞沪战场处于不利，南京日益受到威胁的紧急情况下，国防最高会议主席蒋介石召开国防最高会议，做了题为《国府迁渝与抗战前途》的讲话，强调“军事上最重要之点，不但胜利要有预定计划，即挫败亦要有预见的打算。不但胜利要立于主动地位，就是退却也要有主动地位。然后一时的挫折，不致有全盘溃退之虑，而可以把握最后的胜利。今天我们主动而退，将来可以主动而进”[②]。报告指出，在全局主动退却后的时期，“四川为抗日战争的大后方”，并提出应

① 蒋顺兴、孙宅巍主编：《民国大迁都》，江苏人民出版社1997年版，第185—186页。
② 李守孔：《八年对日抗战真相》，台北正中书局1979年版，第121页。

择定“重庆为国民政府驻地”。10月30日，国民政府举行国务会议，商定了迁都重庆的具体事宜。11月12日，上海沦陷，首都南京岌岌可危。11月16日，国防最高会议第五次会议决定：“国民政府及中央党部都迁重庆。军事委员会迁移地点，由委员长酌定；其他各机关或迁重庆，或随军委会设办事处，或设于长沙以南之地点。”当晚，林森率国民政府文官、参军、主计三处的官员，乘坐“永绥”号军舰离开南京驶向重庆。11月20日，国民政府公开发布《国民政府移驻重庆宣言》，内称：

> 自卢沟桥事变发生以来，平津沦陷，战事蔓延，国民政府鉴暴日无止境之侵略，爰决定抗战自卫。……为国家生命计，为民族人格计，为国际信义与世界和平计，皆已无屈服之余地，凡有血气，无不具宁为玉碎不为瓦全之决心。国民政府兹为适应战况，统筹全局，长期抗战起见，本日移驻重庆。此后将以最广大之规模，从事更长久之战斗。以中华人民之众，土地之广，人人抱必死之决心，以其热血与土地凝结为一，任何暴力，不能使之分离，外得国际之同情，内有民众之团结，继续抗战，必能达到维护国家民族生存独立之目的。[①]

其中阐明了迁都重庆，继续抗战，争取国家民族生存独立之决心。12月1日，国民政府开始在重庆新址正式办公，国民党中央党部也于12月7日开始办公。但自1937年11月到1938年10月武汉失守，国民政府中枢机构主要集中于武汉，此时的武汉实际上处于中国战时首都的地位。武汉失守后，国民政府的党、政、军所有机关全部迁到了重庆。12月8日，蒋介石率军事委员会办公厅、委员长侍从室及其他有关军事人员迁驻重庆办公。不久，其他各军事机关也相继迁抵重庆。直至此时，国民政府迁都重庆才得以最终完成，重庆也才成为名副其实的中国战时首都。

① 《国民政府移驻重庆宣言》，载《四川省政府公报》1937年第100期。

重庆国民政府旧址

国民政府迁都重庆，一方面粉碎了日军威迫中国首都，要挟国民政府妥协投降的迷梦；另一方面，带动了中国沿海和中部地区工厂、企业、高校、文化机构等大规模内迁，给中国西部经济、科技、文化的发展创造了一个特殊的、前所未有的机遇。与此同时，国民政府迁都重庆，建立了一个长期抗战的战略后方基地，为支撑长期抗战，争取抗战最后胜利奠定了坚实的基础，起到了后方基地的作用。据不完全统计，从1937年8月工厂开始内迁到1940年底内迁基本结束，内迁的厂矿达639家，其中经国民政府工矿调整处协助内迁的有448家，闽浙两省自行内迁的191家，拆迁机器材料总重量约12万吨，资本总额在1亿元以上。[①]同时，内迁还刺激并推动了重庆、成都等西南城市的近代化进程，带动了西部地区的经济发展。其他如文化、教育及人口的内迁，对后方地区的社会文化的发展也有极其重要的影响，改变了西部地区文化教育的不平衡状况，推动了大后方地区文化

① 虞和平主编：《中国现代化历程》，江苏人民出版社2001年版，第634页。

教育事业和社会事业的发展。总之，抗战时期的内迁，对西部不发达地区的发展的影响是深远的，对整个中国的社会、经济、文化事业的不平衡格局也做了相对的调整，尽管不符合常规，却在某种意义上造就了历史的进步。[①]

① 潘洵主编：《抗战时期西南后方社会变迁研究》，重庆出版社2011年版，第158—167页。

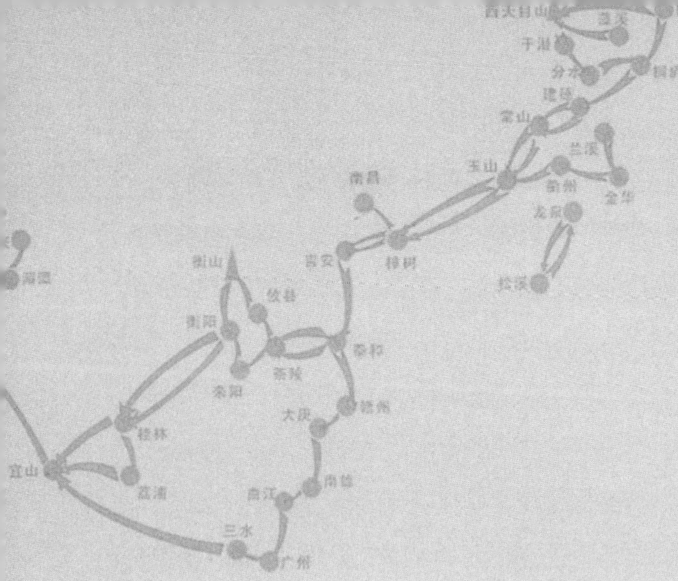

第二章

行难居不易：中央研究院的西迁

中央研究院是民国时期中国的最高学术研究机关。早在1937年7月全面抗战爆发之前，随着中日关系日渐恶化，中央研究院院长蔡元培及代理总干事傅斯年等人就未雨绸缪，成立中央研究院长沙工作站筹备委员会，负责在长沙建立临时工作站，以备不时之需。中央研究院的内迁筹备工作便逐步开始了。

迟疑莫决的因应

1927年4月17日，国民党中央政治会议第七十四次会议在南京举行，李石曾提出设立中央研究院案。1928年6月9日，中央研究院第一次院务会议在上海东亚酒楼召开，宣告该机构正式成立，蔡元培出任首任院长。中央研究院“为中华民国最高科学研究机关”，宗旨为“实行科学研究，并指导、联络、奖励全国研究事业，以谋科学之进步，人类之光明”。中央研究院成立后，先后建立了物理、化学、工程、地质、社会科学、天文、气象、历史语言、动植物、心理等研究所，各项研究事业快速发展。

全面抗战爆发之前，随着华北战云密布，中日关系持续恶化，北大、清华、南开三所高校率先着手南迁，遵照教育部指令在长沙成立临时大学。中研院院长蔡元培及代理总干事傅斯年等人未雨绸缪，部分研究所也颇具先见之明，开始筹备内迁事宜。1937年5月，地质研究所所长李四光因调查第四纪冰川的工作需要在庐山姑塘镇建成工作站，将研究所一部分迁往该处，并计划在中英庚款董事会的资助下建设白石陈列馆，该工作站成为日后地质研究所内迁的临时基地。6月，物理研究所也进行了小规模的内迁，将所中无线电部分的仪器与机器由上海运往桂林。7月底，史语所考古组组长李济也着手对历次发掘器物和各种器材进行打包装箱。

院长蔡元培利用其在政界、学界的人际网络为中研院内迁想办法。8月4日，蔡元培致函江西省政府主席熊式辉：以时局紧张，所有重要图

中央研究院院长蔡元培

书、仪器承允代觅房屋保存，兹派文书主任王显廷先行押运一批前来，希派员协同料理[①]。次日，蔡元培又致函江西省立农业院院长谢惠元：值兹国难严重之际，敝院图书仪器标本等得乘贵院借广厦存储，度藏藉免留沸首都使遭受危险之虑。云情厚谊，没齿难忘[②]。与此同时，中研院重要图书、仪器、标本、古物等共计296箱运往南昌江西农业院保存。[③]13日，中研院部分图书、仪器、标本等456箱委托太古公司吴淞轮由南京运往长沙工作站，蔡元培特意致函相关部门"准予免税并转饬金陵间等沿途关卡予以通行便利"。代理总干事傅斯年多方求助，向湖南省政府主席何键及湖南省教育厅厅长朱经农借得房屋四十九间，又联络美国大使馆租赁湖南圣经书院长沙韭菜园及南岳校舍部分房屋，用于筹备长沙工作站，为此后中研院的大规模内迁提供了一个临时基地。[④]

但从总体而言，由于对抗战局势缺乏预见，中研院内迁路线、内迁目的地的选择有很大的被动性、盲目性和随意性。其内迁始终为抗战局势所左右，因抗战局势的恶化而进行被动迁移。诚如吴学周所言，在中研院此次大规模内迁过程中，"当局态度之迟疑莫决，反复无常"[⑤]，缺乏整体规划，统一布局。1937年底及1938年初两次院务会议，虽然就内迁目的地做出了指示，但是具体内迁路径仍然由各研究所自行决定。

---

① 《中央研究院长沙工作站及南岳工作分站筹设组织经过报告及有关文书》，中国第二历史档案馆馆藏档案，全宗号393，案卷号1484。

② 《中央研究院长沙工作站及南岳工作分站筹设组织经过报告及有关文书》，中国第二历史档案馆馆藏档案，全宗号393，案卷号1484。

③ 《中央研究院及气象、历史语言等研究所图书仪器迁运汉口、长沙等地的有关文书》，中国第二历史档案馆馆藏档案，全宗号393，案卷号2269。

④ 《傅斯年致蔡元培》，见王汎森、潘光哲、吴政上主编：《傅斯年遗札》第2卷，社会科学文献出版社2015年版，第619—620页。

⑤ 王庆祥、园欣、李秀芬选编、整理、注释：《吴学周日记》，长春市政协文史和学习委员会，1997年，第1页。

这也正是中研院内迁盲目性和随意性的原因所在。正如傅斯年后来所说，“中研院此次全无一定方针，弄得七零八落，物理一所尚分三处，而物理、化学、工程三所本在一处，今反分裂。中研院事，以蔡先生（蔡元培）年老而远处香港，诸事自当由总干事负责，但是朱先生（朱家骅）诸事不管”，致使院中一筹莫展。

最明显的是位于上海白利南路的中研院物理、化学、工程研究所，由于战前未做任何准备，战事发生后，内迁线路受阻，根本无法进行内迁。8月下旬，上海三所正常科研工作已告暂停，转而从事多项与军事有关的服务工作。如化学与物理研究所合作制造水雷引信，化学所为上海抗敌后援委员会制造饮水消毒剂、开展毒气侦察等，工程研究所则致力于军事工程事宜。9月中旬，傅斯年致函物理研究所所长丁燮林，说明上海对外交通之困难：

> 上月（8月）初，情形照常，上月末则上海至此（南京）尚有一小路，今则此小路已不甚适用，只有香港与海防矣。自上海如何运至海防到内地，大有问题也。……一个半月中情形，刻刻变动，故上月初易办之事，上月末难办，上月末难办者，今则或竟不能办矣。[①]

时至此时，中研院上海各所自陆路内迁已成泡影。随着沪战局势恶化，物理、化学、工程所于10月份陆续迁入法租界，并于11月中旬正式宣告停办。“一切文卷、仪器，工厂全成品、未成品、材料，以及一部分机器、仪器迁入保存，迨至沪西陷落，所有重要仪器、机器、图书及家具均已移入租界，分别存藏，存于理工实验馆中者，仅少数家具及不能拆卸之装置等项而已。”[②]

① 《傅斯年致丁燮林》，见王汎森、潘光哲、吴政上主编：《傅斯年遗札》第2卷，社会科学文献出版社2015年版，第621—622页。

② 国立中央研究院文书组编：《国立中央研究院民国二十六年度至二十八年度总报告》，国立中央研究院总办事处，1939年，第9—10页。

暂别金陵的初步内迁

中研院大规模的内迁，是在八一三淞沪会战爆发之后开始的。淞沪会战爆发后，日寇开始轰炸南京，几乎是天天狂轰滥炸，国军节节败退，甚至望风遁逃，南京危急。此时的中研院内迁已如箭在弦上，不得不发。但院长蔡元培时在香港，总干事朱家骅诸事不管，内迁工作主要由代理总干事、史语所所长傅斯年主持。傅斯年一边大骂政府无能腐败，国军是一群饭桶；一边操持中研院和史语所的迁移，任务十分繁重。器材、图书、文物、资料、标本、档案，需要数以千计的木箱装盛。兵荒马乱，连定做木箱的木材加工厂的工人也纷纷逃难。傅斯年拖着疲惫的身躯到处奔波，催促家具厂打造木箱，跑上级部门要钱，跑运输部门索求车皮。位于南京的历史语言、天文、气象、地质、心理、社会科学、动植物研究所的内迁工作便如火如荼地展开了。除气象研究所计划迁往汉口，地质研究所计划迁往庐山，其他各研究所均按计划迁至长沙。由于交通工具紧缺，难以全部内迁，各所自行选择将来研究所必需的较为重要的图书、设备，无法内迁的物品或就地储存，或委托其他机构代为运输，陆续运往内地。各研究所在南京都有工作人员留守负责善后事宜。8月22日，史语所助理员芮逸夫抵达长沙，代表中研院与教育部代表舒楚石、钟舒余办理接收事务。在长沙、南岳两处所接收的办公大楼、宿舍可供中研院120人生活与工作。25日，天文、气象、历史语言、心理、社会科学、动植物六所所长奉院令组织中央研究院长沙工作站筹备委员会。除气象所因迁往汉口未参加，天文所因人数较少未派代表，史语所代表梁思永、社会科学所代表朱炳南、心理所所长汪敬熙、动植物所所长王家楫加入委员会并负责各所事务，梁思永、汪敬熙、王家楫担任筹备委员会常务委员。9月1日，中研院长沙工作站正式成立。[①]

与此同时，中研院南京各研究所的内迁工作也在积极进行。7月15日，史语所召开所务会议，决定将该所图书、仪器、标本一律装箱，分运江西南昌省立农业院及长沙工作站。[②]8月中旬，史语所内迁物品已装箱完毕，其中最珍贵的中西文图书、杂志及善本书籍共60箱运往江西省立农业院保存，其余1033箱由史语所人员押运，于9月4日与20日分两批安全运达长沙，内计第一组109箱，第二组53箱，第三组240箱，第四组129箱，图书322箱，文书、会计、庶务三处档案8箱，出版品164箱，其他物品8箱。[③]但部分殷墟出土的人骨、兽骨及陶片等，因运输工具有限，暂留原址保存。史语所研究人员也陆续踏上内迁之路。8月22日，助理员芮逸夫首先抵达长沙，助理员王湘、石璋如、胡福林，事务员那廉君，专任研究员梁思永、董作宾于23、24日先后到达长沙。

1937年12月，傅斯年率史语所同人岑仲勉、全汉升、王崇武等在湖南圣经学院合影

① 《中央研究院长沙工作站及南岳工作分站筹设组织经过报告》，《中央研究院长沙工作站及南岳工作分站筹设组织经过报告及有关文书》，中国第二历史档案馆馆藏档案，全宗号393，案卷号1484。

② 中央研究院历史语言研究所四十周年纪念特刊编辑委员会：《中央研究院历史语言研究所四十周年纪念特刊》，中央研究院历史语言研究所，1968年，第10页。

③ 《中央研究院长沙工作站及南岳工作分站筹设组织经过报告》，《中央研究院长沙工作站及南岳工作分站筹设组织经过报告及有关文书》，中国第二历史档案馆馆藏档案，全宗号393，案卷号1484。

至10月23日，史语所共35人抵达湖南圣经学院。[①]

天文研究所于7月下旬起筹备迁移，第一批装载重要书籍及全部杂志14箱运往南昌，其他次要书籍及星图共9箱运往长沙。中研院代理总干事傅斯年要求天文研究所把古代天文仪器运往后方，至少也要把它们运放到安全地点。陈遵妫研究员回忆：客观条件不允许我们遵从他的意图行事。我们希望搬出的仪器设备是能在后方重新装起进行观测，而像那笨重的古代天文仪器没有力量顾得了。因此，我们开会讨论，决定了搬运的三个原则。第一，小件仪器全部搬走。第二，笨重仪器无法搬运但将其宝贵部分，如大赤道仪的镜头等拆卸装箱。第三，天文典籍珍本和整套的杂志等全部装箱运走。除子午仪外，其他仪器都按照这些原则进行。为此就影响了我们同傅斯年的关系。当时紫金山早已被划入要塞区域，抗战军兴，登山交通，更受限制。只得暂迁城内办公。1937年8月15日上午迁往城内大光路尚书巷陈展云住宅附近，赁屋办公。下午南京就遭首次空袭，在其附近落下一弹，房屋大受震动。翌日迁将军巷七号我住宅办公。8月27日晨前，南京又遭夜袭，有二弹适落庭中，房屋倾塌过半，死工友三人，伤职员一人。独存放子午仪的木箱适未被炸，未受损坏。翌日运回山上，放在所长宿舍楼下，办公地点改在赤壁路余所长住宅。在搬运仪器图书原则商定之后，高均首先回家，装箱之后，陈展云到杭州，同爱人一起回昆明原籍。龚树模也回家乡。这些被疏散人员每人发给三个月薪金。当时决定由我和李鉴澄二人押运贵重仪器乘船前往南岳圣经学院中央研究院工作站集合。我于8月23日离南京，李因回家探亲，回到南京时，船已开走，他独自乘船西上。这时留南京办公的只剩余所长、李铭忠、杨惠公、殷葆贞四人。[②]由于赤道仪、子午仪、小赤道仪等较为笨重，仅将镜头、转仪钟、齿轮等较为贵重而且便于搬运的部件拆下装箱。大小赤道仪部分箱件及其附属仪器如莫氏光

① 《中央研究院长沙工作站及南岳工作分站筹设组织经过报告》，《中央研究院长沙工作站及南岳工作分站筹设组织经过报告及有关文书》，中国第二历史档案馆馆藏院档案，全宗号393，案卷号1484。

② 陈遵妫：《陈遵妫回忆录》，载《中国科技史料》1981年第1期。

度计等，都运往南京城内所长余青松住宅保存，子午仪部分箱件则保存于将军巷33号天文研究所办公处。该处于8月26日被日机轰炸，仪器安然无恙，后又搬回山上储存。天文钟一分为二，母钟留在紫金山上地窖内，子钟保存于天主堂内，便于南京校时之用。太阳分光仪、变星仪及附件罗氏光度计、闪视镜等装置较为简便，全部装箱运往长沙。[①]天文所以陈遵妫、李鉴澄二人为先遣队，押运已经装箱的仪器10箱（变星仪6箱，罗氏光度计1箱，闪视镜1箱，太阳分光仪1箱及玻璃片1箱）搭乘轮船经武汉于9月1日抵达长沙。紫金山天文台所有房屋及无法搬运的古代天文仪器委托给陵园管理委员会看管。大小赤道仪、比较仪器、测量光度计等设备因搬运困难，无奈之下捐赠给金陵大学，由该校运往重庆。所长余青松与研究员李铭忠，助理员陈展云、龚树模，事务员殷葆贞等五人留守南京，直至12月南京沦陷前夕方才撤离。[②]物理研究所在南京紫金山山腰建有地磁观测台，于1937年11月中旬苏州等地沦陷后撤往长沙。

地质研究所一部分已于5月份由所长李四光迁往江西九江姑塘镇。8月13日淞沪会战爆发，南京防空司令部以情形紧急为由，限该所于三日内全部迁出，过时不准出入，并将地质研究所房屋悉数征用。事发仓促，为了使苦心经营所积累的图书、仪器、珍贵标本不致毁于一旦，李四光带领地质所人员“竭三日夜之力，将全部书籍仪器及业经鉴定之标本，扫数运往庐山”[③]，由其学生张祖还与许杰二人负责将重要图书、仪器40余箱由南京经九江转运至姑塘镇芦林40号暂存。所长李四光借用旧海关房屋设工作站，修筑化验室一所，并由中英庚款董事会资助在鄱阳湖白石嘴修建庐山地质冰川材料陈列馆等永久性建筑，想必也没有迅

① 《天文研究所报告》，《中央研究院长沙工作站及南岳工作分站筹设组织经过报告及有关文书》，中国第二历史档案馆馆藏档案，全宗号393，案卷号1484。

② 江晓原、吴燕：《紫金山天文台史稿：中国天文学现代化个案》，山东教育出版社2004年版，第90页。

③ 国立中央研究院文书组编：《国立中央研究院民国二十六年度至二十八年度总报告》，国立中央研究院总办事处，1939年，第25页。

速离开此地的打算。[①]由于时间仓促，人力有限，一部分未经鉴定的标本及大部分出版物，一时未及迁出，保存于北极阁地窖中。[②]

气象研究所所长竺可桢因担任浙江大学校长一职，所长职务由研究员吕炯代理，所内事务长期由吕炯与涂长望二人办理。竺可桢虽身在杭州，也时刻心系气象所内迁大计。7月23日、25日，竺可桢接连致电涂长望，建议将重要设备酌量迁移，并选择部分图书、仪器运往江西省立农业院储存。[③]8月3日，竺可桢亲自拜访金陵女子文理学院校长吴贻芳，商谈借该校校舍作临时办公之用。[④]9日，竺可桢致函吕炯、宋兆珩，嘱托二人"将暂时不用书籍、仪器以及其他物件托由总办事处运湘"，"观测及天气预报工作仍在所中进行"，"统计工作如必要时可移金陵女子文理学院"，并将大批图书、仪器运往南昌、长沙两地。[⑤]气象所原位于南京北极阁，因地势较高，目标鲜明，随着日军对南京的轰炸愈演愈烈，气象所于8月21日将研究、行政、统计及天气预报等机构迁至金陵女子文理学院文学馆暂避。气象所内部就内迁一事各持己见，天气预报员卢鋈、幺枕生等主张留在南京，无线电员何清隐、樊翰章等则要求迁往武汉，代理所长吕炯则以身体不适为由回无锡老家养病，将气象所事务全部托付予涂长望。一时间，气象研究所群龙无首。8月底，气象所梁实夫、萧望山、蔡秉久、杨鉴初、余树声、李祥璠、朱翠芳、吴其瑞、杜清寰等人先后离职，涂长望说服其余同事分批行动，组织张宝堃、何元晋、樊翰章、王毅、陈士毅、钱逸云、赵海、陈五凤、陈俊玉、曾树荣、金咏深、宋兆珩12人押运图书、仪器120余箱于9月2日启程前往汉口，4日抵达，租赁扬子街广东银行四楼为临时办事处。幺枕生、卢鋈、陈学溶、曾广琼4人加入航空委员会，薛铁虎、

① 王世儒编：《蔡元培日记》，北京大学出版社2010年版，第516页。

② 国立中央研究院文书组编：《国立中央研究院民国二十六年度至二十八年度总报告》，国立中央研究院总办事处，1939年，第25页。

③ 《致涂长望电稿》（1937年7月23日），《致涂长望函》（1937年7月25日），见竺可桢：《竺可桢全集》第23卷，上海科技教育出版社2013年版，第431—432页。

④ 李玉海编：《竺可桢年谱简编》，气象出版社2010年版，第43页。

⑤ 《致吕炯、宋兆珩函》（1937年8月9日），见竺可桢：《竺可桢全集》第23卷，上海科技教育出版社2013年版，第442页。

李恒如、郭晓岚、徐延煦留守南京继续进行气象观测及绘图工作。[①]气象研究所在江西省立农业院所存图书、仪器39箱，也于10月初由金咏深运赴汉口。[②]

动植物研究所与社会科学研究所于7月中下旬开始筹备内迁。动植物所重要书籍、仪器、标本分三批内迁。第一批32箱于7月底运往南昌江西省立农业院，第二批58箱于8月初由南京运往长沙，存放于长沙工作站，第三批为研究急需的仪器、图书、药品24箱，于8月底由动植物所助理员朱树屏运至长沙。[③]社会科学研究所于7月22日起筹备内迁，首批图书、仪器30箱由俞德复、刘俊青二人负责押运，于8月16日乘太古公司吴淞轮前往长沙。社会科学所先后挑选较为珍贵且日常研究工作所需的图书、部分剪报及历年搜集所得明清档案180余箱，除23箱运往南昌外，大部分于9月23日前运抵长沙。11月12日，上海失守，南京告急，社会科学所留京部分人员结束工作，因时间仓促、交通工具缺乏，仅挑选较重要的书籍40箱，于12月底运抵长沙。内迁图书共计18,227种，40,000余册，其中中、日文书籍6378种，约27,000余册，西文图书11,849种，13,000余册，损失较少。人员方面，8月22日，社会科学所派事务员韩启桐赴长沙接洽，所长陶孟和离京赴陕未到长沙，社会科学所事务由朱炳南负责主持，除少数人员留守南京外，其余大部分人员于9月下旬陆续到达长沙。[④]

心理研究所于8月20日整理较重要的图书、仪器27箱运往长沙，另挑选一部分运往汉口。虽保存至抗战胜利，但是因仪器潮霉锈蚀，已无

---

① 温克刚主编：《涂长望传》，当代中国出版社1997年版，第145—147页；《致宋兆珩函》（1937年9月10日），见竺可桢：《竺可桢全集》第23卷，上海科技教育出版社2013年版，第458页。

② 《致九江海关函稿》（1937年10月6日），见竺可桢：《竺可桢全集》第23卷，上海科技教育出版社2013年版，第490页。

③ 《动植物研究所报告》，见《中央研究院长沙工作站及南岳工作分站筹设组织经过报告及有关文书》，中国第二历史档案馆馆藏档案，全宗号393，案卷号1484。

④ 《中央研究院长沙工作站及南岳工作分站筹设组织经过报告及有关文书》，中国第二历史档案馆馆藏档案，全宗号393，案卷号1484；《国立中央研究院社会科学研究所工作报告（1937年7月至1938年12月）》，《社会科学研究所工作报告》，中国第二历史档案馆馆藏档案，全宗号393，案卷号1374（1）。

法使用。其他未及内迁之仪器借给南京其他机构使用，于南京沦陷后散失无存。[①]所中部分人员暂时遣散，6人停薪留职，9人先后到达长沙。[②]

随着中研院内迁长沙，各所物资、人员陆续抵达，湖南圣经学院已是人满为患。从8月22日至9月23日，中研院职员62人陆续到达长沙，长沙房舍不敷分配，于是另行组织南岳工作分站。9月24日，天文所、动植物所、史语所人类学组7人以及心理所迁往南岳，社会科学所工业、贸易、金融、财政、行政五组赴南岳工作，经济史、人口、统计三组仍留在长沙。9月25日、10月1日，长沙工作站、南岳工作分站正式开始办公，长沙方面由梁思永负责，南岳由汪敬熙、王家楫负责。至10月26日，中研院职员抵达长沙及南岳，其中“天文2人，史语25人，心理8人，社会22人，动植物5人，在长沙者41人，在南岳者31人”，中研院总办事处也于11月间经汉口迁往长沙。至此，中研院南京七所的内迁初步告一段落。[③]

---

① 国立中央研究院编：《国立中央研究院概况（中华民国十七年六月至三十七年六月）》，国立中央研究院办事处，1948年，第332页。

② 《心理研究所报告》，《中央研究院长沙工作站及南岳工作分站筹设组织经过报告及有关文书》，中国第二历史档案馆馆藏档案，全宗号393，案卷号1484。

③ 《中央研究院长沙工作站及南岳工作分站筹设组织经过报告及有关文书》，中国第二历史档案馆馆藏档案，全宗号393，案卷号1484。

战火中的一路向西

淞沪会战爆发后，中研院南京各研究所陆续踏上内迁之路，奔赴华中各地。此时的中研院，上自院长蔡元培，下至各研究所工作人员也许都未曾料想到中国抗战形势会急转直下，也未曾预料到中国军队会在华北、华东各战区节节溃退，因此中研院并没有制订长远的内迁计划和整体的内迁布局，甚至没有明确的内迁目的地。1937年8月26日，6架日机轰炸南昌，江西省立农业院被炸，中研院在此处所存内迁物资幸无损失。[①]中研院内迁长沙不久，日机接踵而至，自11月24日起频频轰炸长沙。12月，南京局势危在旦夕，日军飞机频频袭扰华中各地，武汉、长沙等地危如累卵，中研院内迁各研究所立足未稳，被迫另寻他处。13日，中研院在长沙召开临时院务会议，史语、社会科学、心理、天文、物理、化学、工程各所所长或内迁主要负责人均参加会议，会议除就各所经费支配、职员薪给标准及疏散办法等事项进行安排之外，还决定将史语、工程、化学、天文研究所迁往昆明，动植物、社会科学、心理研究所迁往广西阳朔，地质、物理研究所（地磁台）迁往广西桂林。[②]此次临时院务会议为中研院内迁指明了方向，各研究所重新踏上内迁之路，向西南各省进发。1937年底及1938年初中央研究院内迁西南主要有

① 《函询存置南昌之物拟他运否及运费与王毅侯先生商洽由》，《中央研究院及气象、历史语言等研究所图书仪器迁运汉口、长沙等地的有关文书》，中国第二历史档案馆馆藏档案，全宗号393，案卷号2269 。

② 《中央研究院临时院务会议》，中国第二历史档案馆馆藏档案，全宗号3，案卷号3001；中央研究院八十年院史编纂委员会编：《追求卓越：中央研究院八十年》第3卷，中央研究院，2008年，第16页。

以下三条路线：一是沿长江而上至重庆；二是从湖南长沙走陆路到达广西的桂林、阳朔，或者经广西到达云南；三是经香港地区、广东至广西桂林，或经广西、越南至云南昆明。

气象研究所即是通过第一条路线内迁至重庆，费时费力较少。内迁汉口之初，竺可桢曾计划将气象所一分为二，天气预报部分迁往武昌，研究部分迁往长沙与清华大学地学系气象所合作。9月下旬，竺可桢曾亲自致函清华大学校长梅贻琦称，“顷敝所以首都迭遭敌机袭击，工作不便，爰于月之四日迁抵汉皋，租屋办公。惟是武汉为军事要地，且赁屋应用租金昂贵，难以久持。闻贵校长沙新厦瞬将落成，弟未审在此非常时期敝所仍能与贵校气象组合作否？”[①]12月19日，竺可桢又提出与清华合作的三个条件，即“（一）清华借相当屋宇与所中，所中予清华以借阅书籍之便利，但须遵守本所图书规则；（二）本所图书须另辟一室储藏，不得与清华书籍相混合；（三）本所图书须由本所指定之人员管理，其薪水由清华担任半数”[②]。此时，中研院于12月13日决定迁往内地，清华大学也有行将解散之说，气象所迁往长沙与清华大学合作之议遂告作罢。国民政府也于11月下旬西迁重庆，各中央机关纷纷效仿，气象所于是决定改迁重庆。其内迁之盲目性可见一斑。1937年12月底，气象所研究人员21人及其图书、仪器搭乘民生公司轮船陆续前往重庆，租赁通远门兴隆街19号为临时办公地点。3月初，气象所又改租重庆曾家岩中四路139号颖庐二楼为所址。关于永久所址一事，竺可桢在汉口与卢作孚面谈，因四川北碚有西部科学院及中国科学社，学术空气较为浓厚，希望将来迁往此处。[③]

中研院长沙五所及迁往庐山的地质研究所经第二条路线内迁广西、

① 《致梅贻琦函稿》（1937年9月约下旬），见竺可桢：《竺可桢全集》第23卷，上海科技教育出版社2013年版，第482页。

② 《致吕炯、宋兆珩函》（1937年12月19日），见竺可桢：《竺可桢全集》第23卷，上海科技教育出版社2013年版，第528页。

③ 《致吕炯函》（1938年1月31日），见竺可桢：《竺可桢全集》第23卷，上海科技教育出版社2013年版，第537页；国立中央研究院文书组编：《国立中央研究院民国二十六年度至二十八年度总报告》，国立中央研究院总办事处，1939年，第36页。

云南等地，是中央研究院此次内迁的主力队，也是内迁路线最为复杂、历程最为艰辛的一支。地质研究所于11月中旬从庐山出发，途经武汉、长沙迁往桂林。因运输工具缺乏，历时甚久，多方接洽，最终在湖北省建设厅黄石港象鼻山铁矿管理处运输科科长邱捷及铁矿管理处处长谢光远的帮助下，雇得木船两艘。因木船载重有限，不能全部迁移，李四光将所有物资一分为二，常用的书籍、地图、仪器（化验工具及运输不便之药品除外）运往桂林，不常用的参考书、旧杂志及标本，在庐山寄存。[①]李四光带领地质研究所沿长江而上，顺风行驶时，木船尚可使帆前行，逆风时，就只能由船工拉纤。李四光夫人许淑彬女士后来回忆道："船重流急，工人们打着雄壮的号子，向前倾着身子，在水边或浅滩上一步一步地前进。仲揆看到这个情景，感到船工们太辛苦了，自己不能坐在船上看着，就脱掉鞋袜，跳下船去。……投身在船工的行列之中，向前倾着身子，一步一步地前进。"[②]12月中旬，李四光一行抵达长沙，又溯湘江而上，途经衡阳，于1938年1月到达桂林，在桂林环湖东路与中研院物理研究所（磁学研究部分）共租一栋两层楼房做办公之用，姑塘工作站及庐山办事处于12月上旬撤销。

动植物、社会科学、心理研究所自1937年12月下旬从长沙出发，于1938年1月下旬抵达距离广西桂林南一百余里的阳朔县。三所将所址设立于阳朔县中山纪念堂，并设立桂林办事处以便于联络。[③]各研究所物资众多，分两批起运，水陆并进，至1938年8、9月间全部运达。[④]由于交通工具严重缺乏，无奈之下心理研究所将全部图书借给西南联大，由该校运往昆明，直至1941年春由西南联大交还，运回桂林雁山。[⑤]

史语所兵分数路迁往昆明。赵元任带领语言组人员于1938年1月12

---

① 国立中央研究院文书组编：《国立中央研究院民国二十六年度至二十八年度总报告》，国立中央研究院总办事处，1939年，第25页。

② 许淑彬、李林：《石迹耿千秋——回忆李四光》，上海文艺出版社1978年版，第27页。

③ 竺可桢：《竺可桢日记》，科学出版社1989年版，第212页。

④ 《国立中央研究院社会科学研究所工作报告（1937年7月至1938年12月）》，《社会科学研究所工作报告》，中国第二历史档案馆馆藏档案，全宗号393，案卷号1374（1）。

⑤ 国立中央研究院编：《国立中央研究院概况(民国十七年六月至三十七年六月)》，国立中央研究院办事处，1948年，第332页。

日从长沙动身，由于广西省省政府主席黄旭初的帮助，经桂林、柳州、龙州、谅山、河内，于1月底率先抵达昆明，租赁拓东路663号作为办事处。因而李济率史语所大部队押运图书365箱，于12月下旬从长沙出发，在桂林因交通工具短缺而短暂停留，再到龙州，经镇南关，到越南凉山，然后搭火车经河内转窄轨火车于1938年3月11日到昆明，历时三个多月。史语所石璋如等人则乘客车，经桃源、安顺、曲靖于4月到达昆明。因拓东路楼房不敷分配，历史、语言、人类学组留在该处，另租用昆明城北青云街靛花巷3号楼房一部分供考古组使用。[①] 7月1日，史语所租赁靛花巷3号楼房全部，于是将所有人员集中于该处工作，另租竹安巷4号平房一院，全部用作职员宿舍。[②]青年研究员劳干在给傅斯年的信中写道：

> 学生等三月十二日到滇……此次千里长途运公家要物来此，李启生、高晓梅诸君费力甚大，梁（思永）先生尤卖力气，生等亦随料理，不敢分一、三组畛域，也不敢辞事物工作也。惟房屋至今无着落，故一切均未进行……好在宿舍现已整理完毕，学生等及那廉君用煤油箱作书桌工作，亦示范动作堪适用。此地天气甚为暖和干燥。空气清澄，惟每日在外吃饭，稍感生活不安定。

由于内迁经费有限，傅斯年以为“国家到此地步，有书便当大家公用，总比弃之长沙为妥”，便将160箱图书、古籍借给西南联大，由该校运往昆明。[③]其余图书、文物等分存重庆、长沙等地。其中中文图书12万册、西文图书8000余册、杂志200余册、拓片1万余份由张政烺与潘实君运往重庆。张、潘二人在长沙乘坐怡和公司轮船，沿湘江而

① 杨步伟：《杂记赵家》，中国文联出版社1999年版，第308—313页。

② 国立中央研究院文书组编：《国立中央研究院民国二十六年度至二十八年度总报告》，国立中央研究院总办事处，1939年，第49—50页。

③ 《傅斯年致李济》，见王汎森、潘光哲、吴政上主编：《傅斯年遗札》第2卷，社会科学文献出版社2015年版，第648页。

下，经洞庭湖、汉口、宜昌，于1938年3月运抵重庆。[①]部分图书寄存在长沙，1939年11月第一次长沙会战之时，在兵工署俞大维及军政部长何应钦的帮助下运出，而部分存放在湖南圣经学院的文物则全部损失。[②]

天文研究所于1937年12月28日从南岳迁往桂林，于次年4月18日离桂，经谅山、河内乘滇越铁路列车，于25日抵达云南昆明。[③]陈遵妫回忆：1938年4月25日抵达滇越铁路昆明车站时，昆明气象测候所所长陈秉仁（一得）全家都到站迎接我们。他们已经替我们租好办公和私人住的房子，备好家具，买好碗碟。当时真使我们不胜感激。抵昆明后，先在小东城脚20号办公。1939年夏迁凤凰山天文台办公后，该处作城内办事处和人员进城住宿之用。1944年迁庆云街为通讯处。[④]

至1938年3月，中研院南京各研究所已基本内迁到预定地点，而位于上海的物理、化学、工程研究所却仍然避居于法租界。1937年12月长沙临时院务会议决定三所内迁昆明之后，物理研究所丁燮林，化学研究所潘履洁，工程研究所马光辰、韩埔华经香港前往昆明与云南方面接洽，向云南地方当局表明三所内迁昆明之意，并设法解决房屋、运输等内迁事宜。理、化、工三所的昆明之行取得了较为满意的结果。蔡元培虽身在香港，但对三所内迁也甚为关心。据《蔡元培日记》1937年12月25日记载：马光辰自昆明来，言滇主席及经济委员会缪君（缪云台）甚欢迎工程研究所迁滇之举，且愿量力相助。[⑤]1938年1月14日又记载：潘君（即潘履洁）曾与云南经济委员会金龙章通信，知该会欢迎化研所迁滇。[⑥]1月25日又记载：午后巽甫、丕可（即

① 张政烺口述，张永山整理：《我在史语所的十年》，见杜正胜、王汎森主编：《新学术之路》下册，中央研究院历史语言研究所，1998年，第535—536页。

② 中央研究院历史语言研究所大事纪编辑小组编：《中央研究院历史语言研究所七十年大事纪》，中央研究院历史语言研究所，1998年，第14页。

③ 国立中央研究院文书组编：《国立中央研究院民国二十六年度至二十八年度总报告》，国立中央研究院总办事处，1939年，第34页。

④ 陈遵妫：《陈遵妫回忆录》，载《中国科技史料》1981年第1期。

⑤ 王世儒编：《蔡元培日记》下册，北京大学出版社2010年版，第528页。

⑥ 王世儒编：《蔡元培日记》下册，北京大学出版社2010年版，第532页。

物理、化学研究所所长丁燮林和庄长恭）来……昆明建设厅张厅长（即张西林——作者注）极欢迎理、化、工三所迁滇，愿以金碧公园拨借。[①]鉴于工程研究所在钢铁、陶瓷、纺织等领域的经验和成果，云南经济委员会缪云台向龙云力荐将该所迁来昆明，并愿意提供内迁昆明所需经费，但希望借助工程研究所的技术力量及设备仪器，以其在上海时所建立的钢铁试验场为蓝本建设一座新型钢铁厂，双方一拍即合。[②]昆明地方政府盛情相邀，对身处上海法租界愁云密布的各研究所人员来说，可谓一场及时雨。

1938年2月28日，蔡元培在香港召开中研院院务会议。总干事朱家骅及各研究所所长均参会，会议决定："（一）地质、动植物、心理、社会科学四所，既在桂林、阳朔开始工作，不必再徙昆明。（二）气象所及总办事处准在重庆，天文所至昆明。（三）历史语言所在昆明，与第一临时大学合作。（四）物理、化学、工程三所之仪器、书籍、杂志、机器等，迁移较易及适于在内地工作者，迁昆明；其不能迁者，在上海保存。"[③]1938年2月，院务会议对各研究所内迁事宜进行了布置，由于南京各所内迁已基本告一段落，因此本次会议的重点在于解决物理、化学、工程研究所的内迁问题。1938年3月2日，物理、化学、工程三所驻滇临时办事处在昆明成立，由化学所研究员潘履洁担任办事处主任。至此，上海三所内迁终于有了眉目。

上海各研究所的内迁筹备事宜迅速开展。鉴于与淞沪会战前夕情况不同，此时只能选择走海路，乘坐外国轮船经香港迁往内地。将全部家当内迁势必难以进行，各研究所只能选择将来研究所必需的图书、仪器及贵重物件随所内迁。物理、化学、工程研究所内迁大致沿第三条路线，经香港到达广西或经越南抵达云南。物理研究所所长丁燮林计划在昆明筹建地磁观测台，并将已从南京迁至桂林的地磁台再迁往昆明。由

① 王世儒编：《蔡元培日记》下册，北京大学出版社2010年版，第534页。

② 中国人民政治协商会议西南地区文史资料协作会议编：《抗战时期内迁西南的工商企业》，云南人民出版社1989年版，第73—74页。

③ 王世儒编：《蔡元培日记》下册，北京大学出版社2010年版，第541页。

于昆明观测台建筑非一朝一夕可以完成，丁燮林决定先测定桂林各地的各项地磁数据，将来逐步测至昆明，使研究工作不至于停顿。物理所无线电研究部分及仪器加工厂的设备仪器于6月中旬迁出上海，经香港于8月初抵达桂林。丁燮林带领物理所工作人员于1938年7月间到达昆明，将办事处设于昆明圆通街。由于交通运输困难，磁学研究部分所需仪器如电磁铁、感应电炉、显微照相机等设备以及物理所杂志200余册直至10月份方运抵昆明。[①]仪器工厂及部分未及内迁的图书、仪器则迁往租界储存。

工程研究所选取“必备图书仪器及化验室与玻璃试验室等设备，于6月底以前由沪运出”，其余主要设备如“材料试验机，钢铁试验场电炉，及其附连之机件，金工场及陶瓷场之机器并热处理与锻钢之设备等，尽量拆卸装运”，总计700余箱，由外国轮船运出上海。所长周仁也于6月份率职员数人抵达昆明，以昆明石桥铺杨庆火柴厂旧址为基地建设临时玻璃试验厂，设所址于小西门大观楼外彩云里7号。工程研究所棉纺织染实验馆设备，由经济部借用，并于1938年7月至9月间将大部分机器及全部仪器、图书由上海经香港运往桂林，此后，工程研究院将机器原价售予经济部。[②]

化学研究所内迁主要由吴学周统筹全局。该所图书、仪器、药品众多，先后分数批运往香港，由研究员邢其毅负责接收及保存。吴学周挑选图书35箱，将来工作必需的普通仪器7箱、特别仪器6箱，分别由万国旅行社和兴华公司运往香港。此后，化学研究所又有60余箱图书及仪器陆续运往香港，未及运走的物资存于上海震旦大学和中法大学，并以这两所大学的名义陆续从上海发往香港，总计140箱。其中图书、杂志65箱，药品6箱，仪器69箱，仅为该所资料、仪器的一部分。吴学周等化学研究所职员也于1938年7月初乘船离开上海，在香港稍作停留，又于8

① 国立中央研究院文书组编：《国立中央研究院民国二十六年度至二十八年度总报告》，国立中央研究院总办事处，1939年，第9—10页。

② 国立中央研究院文书组编：《国立中央研究院民国二十六年度至二十八年度总报告》，国立中央研究院总办事处，1939年，第21—23页。

月初离港，经海防转滇越铁路于12日抵达昆明，化学研究所其他人员也于8月间陆续到达昆明。设所址于昆明灵光街51号。[①]内迁图书、仪器至1939年3月前后才运抵昆明。[②]

中研院总办事处于1937年11月由南京迁至湖南圣经学院。1938年2月由长沙迁至重庆，设于曾家岩隐庐。1939年春迁至上清寺聚兴村8号。1940年再移牛角沱河边的生生花园内。1944年春，该院在国府路337号自建建筑完工，遂迁此。

---

① 国立中央研究院文书组编：《国立中央研究院民国二十六年度至二十八年度总报告》，国立中央研究院总办事处，1939年，第17页。

② 国立中央研究院文书组编：《国立中央研究院民国二十六年度至二十八年度总报告》，国立中央研究院总办事处，1939年，第17页。

无差别轰炸下的千回百折

中研院各研究所及其工作人员跋山涉水、不远万里从灯火辉煌的南京、上海迁往西南腹地，希冀寻得一块安身立命之地，继续开展科学研究。1938年史语所内迁昆明之初，代理总干事傅斯年认为“昆明天气既佳，大可为长居之计……弟意在昆明可以作长久想，倭贼也到不了那里”[①]。对于各所内迁一事，傅斯年则认为“迁桂者应在桂安居，不作再迁之计。如其不能，便即行迁滇，勿稍留恋。不可先展开再搬家，既住下又思走。总之，此次一搬便搬到底，如不以桂为妥，即行赴滇。在滇、在桂，一经住下，便扔去再搬之思想，积极恢复工作”[②]。然而，这终归只是傅斯年的美好愿景。随着抗战局势的风云变幻及日军对中国大后方城镇无差别轰炸的愈演愈烈，桂林、重庆、昆明各地接连被炸，中研院部分研究所也未能幸免。日军的大规模轰炸打破了中研院内迁科研人员短暂的宁静，各研究所为免遭损失，专心进行科学研究，或向郊区疏散，或另寻去处。

广西方面：1938年7月31日，日军轰炸桂林，位于桂林环湖东路的地质研究所与物理研究所办事处在轰炸中坍塌过半。地质研究所被炸后，李四光将地质所迁到桂林乐群路四会街12号蜀园，并亲自设计、建造了两排木房作为办公室和宿舍，“在大门口的房檐下挂一个大灯笼，

① 《傅斯年致李济》，见王汎森、潘光哲、吴政上主编：《傅斯年遗札》第2卷，社会科学文献出版社2015年版，第648页

② 《傅斯年致李济》，见王汎森、潘光哲、吴政上主编：《傅斯年遗札》第2卷，社会科学文献出版社2015年版，第644页。

上书'抗战到底'四个大字"。[1]1938年底，广州、武汉相继沦陷，桂林频繁遭遇空袭，科研工作难以开展。地质、物理以及位于阳朔的心理研究所又经柳州迁往三江县丹洲工作站。1939年10月中旬，广西省政府所建设的桂林科学实验馆在桂林良丰雁山村落成，地质、心理研究所均与该馆合作，将办事处陆续从丹洲迁入科学实验馆。物理研究所则继续留在丹洲工作站。[2]

1943年，王家楫（第一排左一）与动植物研究所人员合影

位于广西阳朔的动植物与社会科学研究所则分别迁往重庆北碚与昆明。为便于运输，两所在柳州、六寨、贵阳三地联合设立办事处，分段办理物资的运输及存储事宜。[3]动植物研究所于1939年1月从广西阳朔出发，途经贵阳、遵义、江津，于同年5月抵达四川北碚。[4]社会科学所于1938年12月初将内迁物资分批运往昆明。部分重要图书、资料于12月底

① 陈群、张祥光、周国均等：《李四光传》，人民出版社1984年版，第126页。

②《地质研究所工作报告》，中国第二历史档案馆馆藏档案，全宗号393，案卷号1368。

③《国立中央研究院社会科学研究所工作报告（1937年7月至1938年12月）》，《社会科学研究所工作报告》，中国第二历史档案馆馆藏档案，全宗号393，案卷号1374（1）。

④ 国立中央研究院编：《国立中央研究院概况（民国十七年六月至三十七年六月）》，国立中央研究院办事处，1948年，第161页。

便已运达，大部工作人员也于1939年3月中旬陆续抵达昆明，所址设在昆明青云街竹安巷4号。六寨、贵阳两地的运输事务于同年5月、11月先后办理完毕，除不常用的图书数十箱保存于贵阳清华中学外，其余全部运抵昆明。[①]

昆明方面：1938年9月28日，日军首次轰炸昆明。据中研院天文研究所研究员陈遵妫回忆：李铭忠和我的眷属都避在大西门外第一苗圃深林中，正好落下炸弹，当场李的妻女二人，我的继母和弟弟二人被炸死，我的妻女二人被炸伤，翌年也相继病死。[②]李铭忠顿觉生无可恋，从此离开天文学界。有此前车之鉴，中研院昆明各研究所陆续向昆明郊外疏散。新迁入昆明的社会科学研究所率先进行疏散。1939年2月，社会经济史、统计两组转移至龙泉镇落索坡村，农业组也于同年5月迁往此处，又在落索坡村附近的黑龙潭租赁寺庙一间，工业、金融、贸易、行政、财政各组于10月中旬全部前往落索坡村工作，竹安巷仅留少数事务及统计人员办公。[③]史语所于11月1日起向昆明城北11千米的龙泉镇龙头村疏散，将考古组安置在龙头书屋，历史、语言、人类学组以及图书馆安置在响应寺，作为史语所的研究基地，同时租用龙头村一王姓人家大院安排眷属。随着史语所工作稳定，人心安定，傅斯年、李济、董作宾等人先后购地盖屋，傅斯年亲自为董作宾题赠“平庐”二字，取其安定之意，也体现了其追寻安定之心。[④]化学与工程研究所在昆明东北郊外的凤凰山合建草屋数间，在敌机轰炸时作为职员疏散之处。[⑤]

① 《国立中央研究院社会科学研究所二十八年度报告》，《社会科学研究所工作报告》，中国第二历史档案馆馆藏档案，全宗号393，案卷号1374（1）。

② 陈遵妫：《陈遵妫回忆录》，载《中国科技史料》1981年第1期。

③ 《国立中央研究院社会科学研究所二十八年度报告》，《社会科学研究所工作报告》，中国第二历史档案馆馆藏档案，全宗号393，案卷号1374（1）。

④ 陈存恭、陈仲玉、任育德访问，任育德纪录：《石璋如先生访问纪录》，中央研究院近代史研究所2002年版，第201—211页。

⑤ 王庆祥、园欣、李秀芬选编、整理、注释：《吴学周日记》，长春市政协文史和学习委员会，1997年，第67—68页。

昆明龙头村史语所善本书室

重庆方面：身处重庆闹市的气象研究所也饱受轰炸之苦，被迫疏散。1939年1月15日，日机轰炸重庆，造成200余人死伤，曾家岩气象所附近也有炸弹落下。[①]竺可桢认为曾家岩不可久居，“重庆一至夏季，云雾大减，敌机必大肆轰炸”。鉴于昆明是中研院天文、化学、工程各所群集之地，北碚有动植物研究所，两处学术气氛较为浓厚，便于各研究所取长补短、互通有无，竺可桢因之主张将气象所迁往昆明或北碚。[②]中研院总干事任鸿隽以及气象所代所长吕炯因院中经费有限、迁滇困难重重，主张就近迁往北碚。[③]1939年5月“五三”“五四”大轰炸过后，气象所无暇思索，就近迁移，在北碚测候所赵鹏飞的帮助下，陆续将总务、气候及高空等部分迁至北碚租屋办公。嗣后由卢作孚协助解决电力等问题，又于同年10月

① 《致宋兆珩函》（1939年1月下旬），见竺可桢：《竺可桢全集》第23卷，上海科技教育出版社2013年版，第651页。

② 《致任鸿隽函稿》（1939年4月11日），见竺可桢：《竺可桢全集》第23卷，上海科技教育出版社2013年版，第673页。

③ 《致黄逢昌函》（1939年7月30日），见竺可桢：《竺可桢全集》第23卷，上海科技教育出版社2013年版，第710页。

将无线电广播与天气预报部分迁往该处。1939年12月，气象所在北碚近郊水井湾象山购买基地5亩，陆续建成办公室、图书馆及职员宿舍等五幢，命名“象庄”，并于1941年元旦迁到此处，结束了三年多居无定所的局面。[①]

北碚气象研究所

抗日战争进入相持阶段后，为破坏中国后方经济，打击中国军民的抗战士气，迫使国民政府投降，日军对中国战时首都重庆进行了大规模的无差别轰炸，并逐步扩展到整个大后方，昆明、桂林等大城市均成为日军轰炸的重要目标。特别是欧洲战场展开后，日军伺机南进，1940年6月，英国封锁滇缅公路，昆明形势愈发紧张。同年8月，国民政府建议昆明各中央文化教育机关立即疏散。社会科学所严仁赓、彭雨新以及史语所芮逸夫在川南四处联络，希望能“搬到一个在地图上找不到的地方”，最后决定在四川南溪县李庄镇门官田、板栗坳张家大院分别设置新所。9月下旬，社会科学所将所有图书资料等分为常用、贵重及不常用三类，分别装箱。自10月中旬起，陆续将

① 《气象研究所工作报告》，中国第二历史档案馆馆藏档案，全宗号393，案卷号1372。

常用图书分批运往四川，工作人员除部分留守昆明或准备押车外，其余全部离昆赴川，并于11月初抵达李庄。因“运费无着，运输受种种统制，而现在李庄之所址狭小，存放不易种种原因”，社会科学所运往四川之图书不到全部之一半，其余大部分存放于贵阳花溪及昆明郊外的黑龙潭、落索坡两处。[①]史语所为此专门成立特别小组，由李芳桂负责，因李与路政管理人员熟识，路线及检查站稽查等事宜便于交涉。[②]傅斯年还亲自致函川滇公路管理处，“请电令川滇公路所属沿路关卡，对于本所迁川租用之卡车家车一体放行，勿予稽留”[③]。图书、文物的运输由利国运输公司负责，史语所特别组织的搬家小组，分批次出发，每批次多少车、每车装载货物种类、箱子数量都有详细清单，并有专人押运。职员家属乘坐租用的有篷客车，负责押运物资的人乘坐无篷货车。迁移大军从昆明出发向云南东北行进，经曲靖、宣威、赫章等地至蓝田坝，由民生公司趸船运至宜宾，再由木船转运到木鱼石卸货，然后转运上山送往板栗坳。在迁往宜宾途中，因民生公司趸船倾覆，大批古籍及文物泡水，紧急借用了宜宾明德小学开箱晾晒，史语所人员亦自嘲如唐僧取经，到这里遇到河，猪八戒在这里晒经。[④]史语所耗时三个月，舟车劳顿，几经辗转，终于从龙泉镇迁到南溪县李庄镇板栗坳，其存于重庆沙坪坝的图书也陆续运往该处。[⑤]史语所和社会科学研究所终于在此安定下来，直到抗战胜利。此为中研院又一次较大规模的内迁活动。同时，同济大学、中央博物院、营造学社也迁往李庄镇。

---

① 《国立中央研究院社会科学研究所二十九年度报告》，《社会科学研究所工作报告》，中国第二历史档案馆馆藏档案，全宗号393，案卷号1374（1）。

② 陈存恭、陈仲玉、任育德访问，任育德纪录：《石璋如先生访问纪录》，中央研究院近代史研究所2002年版，第224页。

③ 岱峻：《李济传》，江苏文艺出版社2009年，第163页。

④ 陈存恭、陈仲玉、任育德访问，任育德纪录：《石璋如先生访问纪录》，中央研究院近代史研究所2002年版，第231页。

⑤ 陈存恭、陈仲玉、任育德访问，任育德纪录：《石璋如先生访问纪录》，中央研究院近代史研究所2002年版，第224—231页。

四川南溪县李庄镇板栗坳张家大院

身处昆明的物理、化学、天文研究所也一度萌生另寻去处的打算。1940年9月，中研院总干事任鸿隽召集昆明各研究所所长商讨迁移事宜，因考虑到各研究所在昆明已建有实验室等建筑，“值此昆明尚未极度紧张之际，原有工作因未便即行停止，故全部迁移或未能及时进行。但恐时势演变莫测，将来昆明若果遭受危险，留昆设备除十分重笨未能迁运之机件外，必以极大的努力求其运出以资保存”。各所均以为“此次不迁则已，如欲迁移，似应择一较为稳定而尚可继续工作之地点，如川西一带，若青神、犍为等处为宜，虽运输费用较多，但迁移之后，设备既可保存，工作亦能继续”。同时决定优先运输整套杂志、善本图书等，非急需的贵重仪器次之，图书、仪器及药品最后运输。[①]物理、化学、天文研究所随即成立中央研究院物理、化学、天文研究所四川工作站筹备处，聘请韦乐忍为三所赴川勘定迁移地址专员兼工作站筹备处主任，同时派人接洽车票、运输车辆等事宜。[②]10月15日，化学所代理所

① 《工程、历史语言等研究所图书、仪器内迁的有关文书》，中国第二历史档案馆馆藏档案，全宗号393，案卷号2273。

② 王庆祥、园欣、李秀芬选编、整理、注释：《吴学周日记》，长春市政协文史和学习委员会，1997年，第92页。

长吴学周问计于傅斯年，傅斯年把“运输上之困难，商家汽车受后方勤务部统制之严密诸情形”详加说明，但称“只要努力去做，总不至没有办法的。现在本院的迁移费，预备向政府要到百二十万的目的。汽车的统制，虽甚困难，史语所与社会所已得到一百二、三十吨，我要替物理、化学、天文三所要一百吨，在11月或12月内或者可以办到”[①]。由于院中经费有限，傅斯年致函代理院长朱家骅（1943年3月，蔡元培病逝由朱家骅代理院长职务。同年9月18日国民政府正式任命朱家骅为代理院长），称“物理、化学、天文等所，亦皆由（有）好书好东西，今日以迁移费之十倍亦买不来”，并希望朱家骅向蒋介石言明“内迁虽费实省”。其接洽结果，据吴学周所说，“闻前朱先生（朱家骅）有一电，谓物理、化学、工程、天文四所可不迁移。……朱谓联大蒋校长（蒋梦麟）谒总裁，总裁因迁移之困难，允可与不迁，故物理、化学、工程、天文既有房子在昆，亦可不迁”[②]，将来昆明紧急，有迁川之必要时，再行迁移。[③]

物理、化学、天文研究所内迁四川的计划因此胎死腹中。为工作便利起见，仅将物理研究所昆明部分于1940年11月陆续迁往桂林良丰，并在桂林科学实验馆附近的雁山西坡购地87亩用于地磁台建设。[④]同时将留在上海的仪器工厂设备于1941年初运抵桂林，在桂林四会街12号设厂，部分机器于同年4月装置就绪，却于同年8月4日再次被日机轰炸。此后，物理所奉命与英国在香港合办军用光学器材厂，所长丁燮林带领工厂主任及应用光学部分人员先后赴港，一部分仪器、材料、书籍也用于充实该厂设备。物理研究所分处上海、桂林、昆明的局面方告结束。[⑤]

---

① 王庆祥、园欣、李秀芬选编、整理、注释：《吴学周日记》，长春市政协文史和学习委员会，1997年，第97页。

② 王庆祥、园欣、李秀芬选编、整理、注释：《吴学周日记》，长春市政协文史和学习委员会，1997年，第98—99页。

③ 王庆祥、园欣、李秀芬选编、整理、注释：《吴学周日记》，长春市政协文史和学习委员会，1997年，第103页。

④ 《物理研究所工作报告：1942年8月》，《中央研究院物理研究所工作计划》，中国第二历史档案馆馆藏档案，全宗号393，案卷号2741。

⑤ 《物理研究所工作报告：1941年1月至1943年12月》，《中央研究院物理研究所工作计划》，中国第二历史档案馆馆藏档案，全宗号393，案卷号2741。

豫湘桂战役中的撤离

1944年6月，在世界各地反法西斯战争捷报频传之际，中国战场却遭遇了豫湘桂战役的惨败。中日双方激战长沙、衡阳之际，桂林告急，中研院桂林各研究所被迫再次筹备迁移。因交通工具短缺，经费所剩无几，地质、物理、心理研究所在锡业管理处及平桂矿务局的协助下将职员、眷属疏散至广西八步。7月底，中研院院长朱家骅电令桂林三所迁往贵州安顺、贵阳，迁移费由资源委员会拨付。各所立即分头行动。地质研究所在贵州矿产勘测团乐森寻的帮助下在贵阳乐湾万松阁设立办事处。物理所派人前往独山、贵阳、安顺预先布置。心理所因人力不足，将全部物资托付予物理所运输。8月7日，物理、心理二所的图书、仪器、机械等物资由湘桂铁路局调拨车皮两节运离桂林，职员、眷属随所西行，于15日到达广西金城江。物理所所长丁燮林于物资离桂后飞往重庆负责与各方接洽。经多方联络，由锡业管理处与资源委员会运务处将11吨物资从金城江运至贵阳；其余155箱约40吨物资搭载黔桂铁路局美军军火列车向贵州进发，历时二十余日仅前进28千米。此时，日军已迫近金城江，黔桂铁路局人员全部撤退，物理所押运者不得不弃车而去，列车被中国军队炸毁，所载物理、心理所物资损失殆尽，物理所大部分图书、磁学仪器、工厂机器、金属实验室、无线电器材等均有损失。这是中研院抗战时期内迁途中所遭受的最为严重的损失。

11月初，物理、心理二所又奉令迁往四川北碚，物资、职员及眷属于1944年底先后到达，借用北碚中研院气象、动物、植物研究所[1]房屋作为二所临时住所。1945年2月，物理、心理所向资源委员会借款购买北碚果园房屋为所址，“一面修理房屋，装置设备；一面开箱整理图书、仪器，清查损失”，于同年7月布置就绪。[2]

地质研究所人员虽也备受艰辛，但搬迁堪称顺利。该所于6月初整理仪器、图书、标本等重要物件，在黔桂铁路工程局的协助下由桂林往西运，于8月初抵达贵州都匀。李四光于6月27日出发，携夫人许淑彬、女儿李林及研究所人员乘火车沿黔桂铁路到达贵州独山。由于交通堵塞无法前行，在一位远房亲戚的帮助之下，李四光一行经过二十多天奔波到达贵阳。9月初，日军大举进攻广西梧州，地质所派人前往桂林，将未及搬运的贵重标本及部分物资装车，于11月初运抵贵阳。其间，地质所修葺办事处房屋，办公室、图书室、实验室、储藏室至11月中旬相继布置完毕。时值日军进逼贵州独山，贵阳局势紧张，“交通极端困难，除少数而极端拥挤之难民疏散车辆外，北行车辆几见绝迹”。经交通部材料运输处协助，李四光带领地质所职员和自己的家属乘难民疏散车前往重庆，仅携带少数贵重仪器，大部分图书、仪器存于万松阁办事处。李四光一行经遵义、桐梓、綦江于11月底到达重庆，借用重庆小龙坎四川省地质调查所陈列室作为办事处，并在附近租赁民房为职员住所，存于贵阳的物资也于1945年初陆续运达重庆。虽然“办公室面积过小，颇行拥挤，两寄宿之房屋则尤为狭隘，且甚黑暗潮湿，空气复不易流通，至不合卫生之条件”，但是地质所人员终于结束了为期近半年的颠沛流离，寻得一块立足之地。[3] 此为中研院最后一次较大规模的迁移。

纵观抗战时期中研院的艰难内迁历程，始终都为抗战局势所左右，各研究所迫于日军的轰炸或抗战形势的变迁进行了一而再、再而三的迁

---

① 动植物研究所于1944年5月一分为二，原所长王家楫担任动物研究所所长，聘请罗宗洛担任植物研究所所长。

② 《中央研究院物理研究所1941年、1945年及1947年至1948年工作报告》，中国第二历史档案馆馆藏档案，全宗号393，案卷号85（2）。

③ 《地质研究所工作报告》，中国第二历史档案馆馆藏档案，全宗号393，案卷号1368。

移。中研院各研究所及其科研工作者，克服日机轰炸、经费短缺、交通工具缺乏等诸多困难，历经艰辛，跋山涉水，从南京、上海辗转江西、湖南、湖北、广西以及香港等地，陆续迁往云、桂、川各省。先后经历了1937年7月至1938年8月全院整体内迁；1939年前后各研究所的局部疏散与史语所、社会科学所向四川宜宾李庄的再次迁移；以及1944年豫湘桂战役时桂林各研究所再迁重庆北碚的三次大规模内迁活动。“此次战事，吾华民族受亘古未有之打击，前途茫茫，曷堪设想。我等得度安逸生活，内心实属惭愧。……以后生活若何，不胜惶恐”。[①]吴学周此番感慨，可谓内迁科学工作者真实心境之写照。值此国家存亡绝续之际，国家前途，个人命运，遥不可期。

中研院绝大多数研究所在不同时期内一迁再迁，其目的有二：其一，寻找安全的去处；其二，继续进行科学研究。抗战时期中研院的内迁，确实达到了以上两个目的。

抗战时期中研院内迁使该院战前苦心经营所积累的珍贵图书、仪器基本得以保存，各研究所工作人员，绝大多数都跟随着中研院的内迁脚步，在抗战烽火中继续进行科学研究。然而，中研院各研究所在内迁途中均遭受了不同程度的损失。据统计，全面抗战爆发后的两年中，中研院因日机轰炸所造成的损失，达72万元之巨，其中器具5849件，约值27万多元；图书65,800册，约值19万元之多；仪器、古物316件，约值26万元之多。[②]内迁途中因各种原因所造成的损失更难以估量。1940年11月11日，史语所在内迁李庄途中，所乘民生公司趸船倾覆，所载“历代拓片、善本图书、殷墟器物、骨骼及人类组材料、仪器等140箱”全部落水，“拓片、善本粘凝成饼”，所长傅斯年闻之“如丧考妣”。虽经紧急晾晒，但善本图书损失仍达10%—20%，部分珍贵拓本虽可揭开，

---

① 王庆祥、园欣、李秀芬选编、整理、注释：《吴学周日记》，长春市政协文史和学习委员会，1997年，第10—11页。

② 《1946年度第一次院务会议记录》，中国第二历史档案馆馆藏档案。转引自孙宅巍：《抗战中的中央研究院》，载《抗日战争研究》1993年第1期，第142页。

但已成“落水本”。[①] 1944年秋，物理与心理研究所自桂林迁往北碚途中，与美军合装黔桂路车物资40吨全部损失。心理研究所仪器仅存显微镜5架及小型仪器若干，书籍、杂志仅存五分之一；物理所十余年积累所得图书、磁学仪器、工厂机器、金属实验室设备、无线电器材等大部分均告有损。[②]而一些未及搬迁的设备，不幸沦于敌手，几乎被破坏殆尽。物理、化学、工程研究所位于上海的理工实验馆，因被敌伪用作“市政府”，“所有实验室之实验台、水汀、水电设备，几全部拆毁，伤心惨目，蓄电池经多年未用，恐已完全毁坏”，“恐非巨量金钱与长久时日，不能修复”。[③] 南京沦陷后，天文研究所在紫金山天文台有大量笨重但珍贵的古代天文仪器未能内迁，尽毁于战火之中。心理研究所存在南京的物资全部遗失，“存汉口者虽幸得保存，但八年间潮霉锈蚀，多已不堪应用”[④]。

---

① 《傅斯年致李方桂、石璋如》，见王汎森、潘光哲、吴政上主编：《傅斯年遗札》第2卷，社会科学文献出版社2015年版，第867页。

② 《中央研究院物理研究所1941年、1945年及1947年至1948年工作报告》，中国第二历史档案馆馆藏档案，全宗号393，案卷号85（2）。

③ 《京沪接收报告》，中国第二历史档案馆馆藏档案。转引自孙宅巍：《抗战中的中央研究院》，载《抗日战争研究》1993年第1期，第143页。

④ 国立中央研究院编：《国立中央研究院概况（民国十七年六月至三十七年六月）》，国立中央研究院办事处，1948年，第332页。

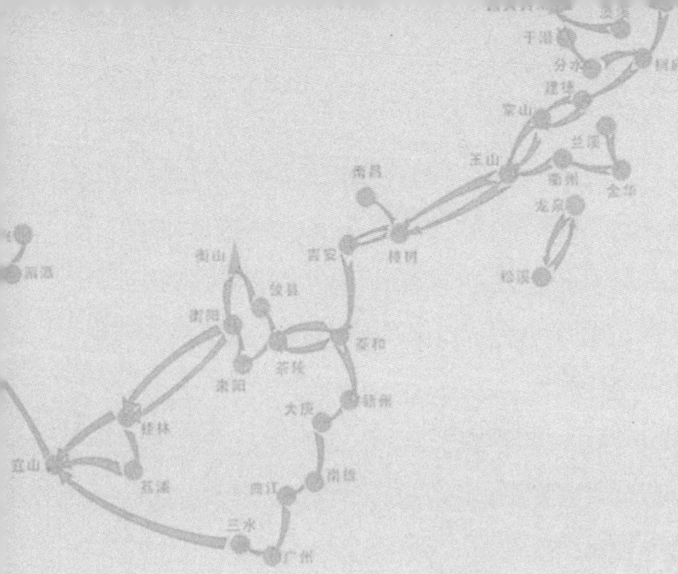

第三章

撤一步算一步：北平研究院的西迁

北平研究院是国民政府继中研院之后设立的又一综合性科研机构。1927年南京国民政府成立伊始，教育委员会委员蔡元培、张静江、李煜瀛等人便向国民党中央政治会议提出筹建“国字号”学术研究机构。时值大学区制改革，国民政府即设北平大学研究院作为北平大学的一部分。一年后，大学区制被废除，此时有人提议将北平大学研究院作为中研院之分院，未获准。1929年9月9日，北平大学研究院更名为国立北平研究院。

短暂的“黄金时期”

李煜瀛

国立北平研究院为隶属于教育部之独立学术研究机关，李煜瀛被任命为院长。11月，聘李书华为副院长，襄理院务。

李煜瀛（1881—1973），字石曾，河北高阳人，晚清大臣李鸿藻之子。1902年，随清廷驻法公使孙宝琦赴法留学，深受拉马克进化论和克鲁泡特金互助论影响，所以北平研究院从创办伊始就特别注重和其他学科团体的合作。留法期间，李煜瀛曾创办巴黎豆腐公司、留法俭学会、华法教育会、中法大学等，为中法文化交流做出了重要贡献，也使得北平研究院成为留法学生群体的阵地。李煜瀛一生活跃于政界、教育界、外交界，曾参与辛亥革命。1924年，他当选国民党中央监察委员，与蔡元培、张静江、吴稚晖并称为国民党的“四大元老”。历任北京大学、北平大学、北平师范大学校长，主持北平研究院只是李煜瀛诸多事业中的一项。抗战期间，他多从事外交活动，院务悉由李书华打理。1948年任总统府资政，1956年定居台北。

李书华（1889—1979），字润章，河北昌黎人。1912年参加李煜瀛组织的赴法勤工俭学，1918年获图卢兹大学理学硕士学位，1922年获法国国家理学博士学位。回国后历任北京大学、中法大学、北平大学教授，1928年参与创建北平研究院并任副院长，直至1949年。抗战时期，北平研究院在李书华的领导下，撤退至大后方，保存了中国近代科学的火种。1948年，李书华任中研院院士，中华人民共和国成立后赴巴黎大学、德国汉堡大学任教，1953年移居美国。

李书华

北平研究院最初采用院—部—所（会）三级编制。部一级单位即达十个，分行政和学术两组，行政方面为总办事处，下设三部，学术方面分为七个部，部以下再设立各研究所和研究会，机构庞杂。1935年5月，“为力求办事敏捷及增加工作效率起见”[1]，北平研究院进行了改组，取消了“部”一级编制，并进行了人事调整。全面抗战爆发前，北平研究院一共有物理学、生物学、化学、镭学、药物学、动物学、植物学、史学[2]、地质学九个研究所和经济研究会、字体研究会、水利研究会、海外人地研究会四个研究会以及之前就成立的博物馆、测绘组和自治试验村三个附

国立北平研究院院徽

① 《本院组织变更概略》，载《国立北平研究院院务汇报》1935年第6卷第5期。

② 1936年7月，史学研究会进行改组，分为历史、考古两组，组长分别由顾颉刚与徐炳昶担任。

属机关。

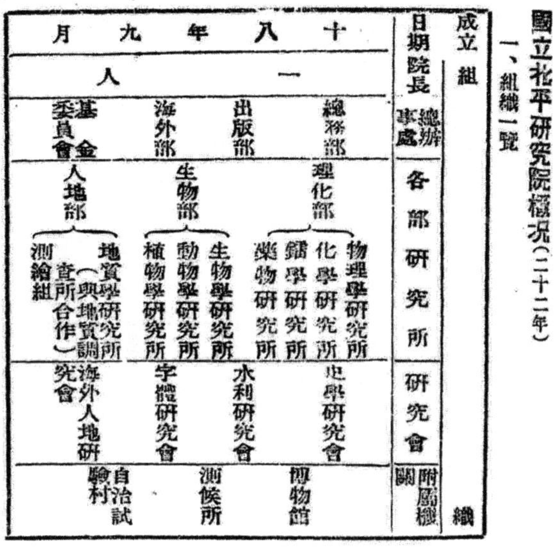

北平研究院初期组织构图

资料来源：张梓生、章倬汉主编《第二次申报年鉴》，申报年鉴社1934年，第1133页。

至1949年，北平研究院被新中国的中国科学院接收，短短二十年，却结下了累累硕果，为中国近现代科学事业做出了重大贡献。其中，1930年到1937年可谓北平研究院发展的“黄金时期”。在这期间，北平研究院从无到有，科研成绩突出，共发表论文400余篇。

北平研究院各所历年发表论文数量（篇）表[①]

所名	1930	1931	1932	1933	1934	1935	1936	1937	总计
镭学\物理学	—	—	3	6	9	22	17	8	65
化学	—	—	—	—	9	6	6	5	26
药物学	—	—	2	3	5	7	4	6	27
生理学	2	4	3	2	13	15	19	11	69
动物学	1	2	4	4	11	6	16	6	50
植物学	—	8	1	7	21	22	19	1	79
史学	7	2	9	4	4	5	41	15	87
总计	10	16	22	26	72	83	122	52	403

① 刘晓：《国立北平研究院简史》，中国科学技术出版社2014年版，第72页。

■ 北平研究院各所历年发表论文数量（篇）柱状图

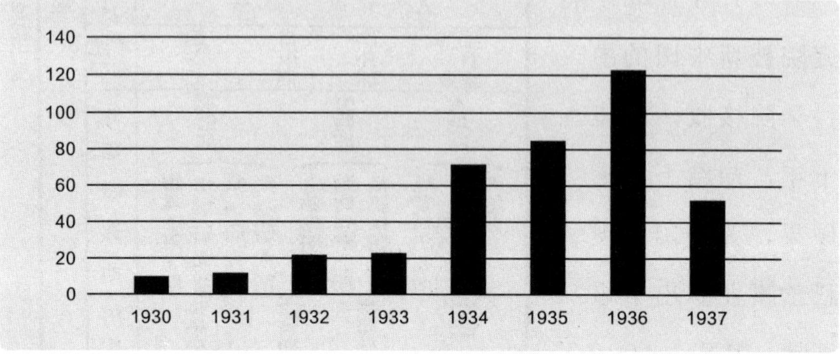

然而，这种良好的发展势头，却因日本发动全面侵华战争而被迫中断。为继续进行科学研究，北平研究院被迫卷入内迁大潮，分别迁往上海、西安、昆明，继续从事科学研究，并创造了不少成绩。

严重局势下的思患预防

九一八事变后，日军步步紧逼，华北局势动荡不安。1933年，长城抗战失败，日军占领古北口等要塞，平津危急。北平研究院为保存本院的资料、仪器，预防在战乱中断研究，开始转移部分研究人员以及图书资料和仪器。

> 五六年以前，因北方情形日趋严重，为思患预防计，遂先将植物学研究所图书标本仪器及工作人员全部迁往陕西。史学研究所大部亦迁陕。药镭两所及理化一部分图书仪器南迁。地质学研究所亦随地质调查所南迁。迁出各部分，仍照常工作，此卢沟桥事变以前之大概情形也。①

此时政府也在筹备西迁，但尚无明确地点，只能撤一步算一步。七七事变前，北平研究院利用与其他机构的合作关系，将镭学、药物学两研究所迁往上海，史学、植物学研究所大部分图书、标本、仪器，及工作人员迁往陕西，地质学研究所也随地质调查所南迁长沙。

药物学研究所成立于1932年，战前仅有赵承嘏一名专任研究员兼主任，朱任宏、梅斌夫和张泳泉三名助理员。但其研究工作十分突出，发表论文达26篇，均有赵承嘏署名，在北平研究院中实属难得。1935年夏，《药物研究所丛刊》出版。张昌绍先生在评价近代中药研究历史时也认为20世纪30年代“最重要而足以代表本年代特色的，当

---

① 国立北平研究院昆明办事处：《民国二十九年三十年国立北平研究院工作报告》，载《高等教育季刊》1942年第2期。

推赵承嘏氏的化学研究。……发表论文，质量俱属上乘，而三十年代尤为赵氏收获最丰之十年”[①]。1933年4月，赵承嘏率药物学所两名助理员将化学研究所仪器迁到上海中法大学药学专修科所在地。药学专修科成立于1929年，属中法大学系统。1936年，药物学所搬到福开森路（今武康路）395号一幢四层楼房，这是李石曾等人创办的“世界社”的房产。抗战期间，因位于法租界，又得到法庚款资助，药物学所得以继续从事研究，仍旧对国产药材如细辛、三七、钩吻、大戟、黄藤、莱虫药、常山等加以化学及药理之研究。其中对黄藤、莱虫药两种药材的研究系司法行政部法医研究所委托。但随着1941年12月太平洋战争爆发，日军占领法租界，药物学研究所在上海的工作不得不暂停，赵承嘏留在上海，经费无着落，只得与光明药厂合作方能为继。

镭学研究所是1932年1月在物理研究所所长严济慈推动下，受居里夫人的专业性指导，与中法大学合作成立的专门研究放射性物质和X射线的机构。镭学研究所位于北平东皇城根42号的北平研究院理化大楼内。它是我国最早从事原子物理研究的专门机构，实现了我国原子物理从无到有的突破。作为一个在中国新生的领域，所长严济慈曾言“能做出结果，写成论文，在国际有地位的杂志上发表出来，就是最大的收获，也是唯一的希冀”[②]。严所长先后聘请了郑大章、陆学善来所，他们成为所中得力干将。镭学所在短短的四五年时间里，发表了20多篇论文，其中三分之二以上的论文发表在国外一流的学术刊物上，成绩不菲。眼见局势紧张，1936年，研究所迁往上海福开森路（武康路）395号，与药物学所一起，在法租界内继续从事研究工作。

史学研究所于1933年迁陕，与陕西省政府合作，组成陕西考古会，连续对陕西丰镐、大邱、雍、阿房宫、陈宝祠等遗址进行调查。考古会

① 张昌绍：《三十年来中药之科学研究》，载《科学》1949年第31卷第4期。

② 张逢、胡化凯：《北平研究院镭学研究所的研究工作（1932—1948年）》，载《中国科技史杂志》2006年第27卷第4期。

在宝鸡发掘斗鸡台周墓，并在西安发掘唐中书省遗址，主要目的是解决周秦初期的文化问题。

植物学研究所于1929年成立，抗战前的主要工作是调查采集植物并开展分类学研究。植物所刚成立不久，所长刘慎谔先后聘林镕、夏纬瑛、孔宪武、钟观光、郝景盛等入所，这些人大多成了中国植物学研究的佼佼者。刘慎谔又筹划、参与了中法联合西北科学考察、中瑞西北科学考察，足迹遍布陕西、甘肃、新疆等地。1931年，植物所创办《国立北平研究院植物学研究所丛刊》，同年出版了《中国北部植物图志》。刘慎谔在抗战之前短短几年间发表了30余篇论文，且质量上乘，在中国植物学研究领域实有开创之功。

刘慎谔

刘慎谔（1897—1975），字士林，山东牟平人。他出身农民家庭，家境贫寒，幼年在四伯父的私塾中读书，考入济南第一中学，毕业后考入保定留法高等工艺学校预备班。1919年，刘慎谔以勤工俭学的名义赴法留学十年，先后在郎西大学农学院、孟伯里埃农业专科学校学习，后获得克来孟大学理学院硕士学位，巴黎博物院植物学研究所博士学位。刘慎谔一生为植物学研究鞠躬尽瘁，1928年，刘慎谔受李煜瀛之邀，带着他在法国采集的两万余号标本和百余册图书毅然回国，就职于北平研究院。抗战前，他即将植物所大部分迁往陕西，并设法在西安筹建临时办事处，以期作为北平研究院内迁之所。中华人民共和国成立后，刘慎谔担任东北农学院农林植物调查研究所所长，直至逝世。

1936年10月月底，刘慎谔携带植物所首批书籍和标本到陕西，随行者有孔宪武、王振华、沈家康、傅坤俊等。刘慎谔与时在陕西武功的西北农林专科学校（现西北农林科技大学前身）合作创办西北植物调查所，双方签订《国立北平研究院与国立西北农林专科学校合组中国西北植物调查所简约》。11月18日，西北植物调查所举行成立典礼，正式宣告成立。

西北植物调查所成立典礼留影

西北植物调查所的成立是互利共赢的。一方面，由于日军全面侵华的脚步加快，国民政府为加强大后方建设，决计开发大西北，因而成立了西北农林专科学校，以辛树帜为校长。该校成立之初，尤感在西北自然环境中欲求农林发展，须选育抗旱植物，此任务非凭借专业研究机构和人员不可。另一方面，北平研究院处于日军威胁之下的北平，许多文化教育机构都在做迁往后方之准备，且西北一直是植物学所关注的区域，若能在西北设立一分支机构，不仅于调查有便利，还可以壮大研究队伍。[①]于是，刘慎谔与辛树帜一拍即合。西北植物调查所在刘慎谔的带领下取得了不少成果，主要的研究工作一是到四川、甘肃、陕西等地区进行植物采集与栽培；二是与岭南大学、贵州农业改进所、兰州科学教育馆、中国西部科学馆交换标本上万余号；三是继续进行应用方面的

① 胡宗刚：《北平研究院植物学研究所史略（1929—1949）》，上海交通大学出版社2011年版，第66页。

研究，如西北牧草研究、四川森林研究、西北药材研究、病菌食用菌研究等。[①]

西北农林专科学校教学楼，其第四层为西北植物调查所所址

战前组织这几个研究所迁离出北平，虽然不是北平研究院的统筹谋划，但也体现了研究院及各所负责人的远见卓识，不仅减少了战乱带来的人员和财产损失，还为后来其他各所的内迁提供了先决条件，更先行带动了大后方的科学事业的发展。特别是植物学研究所在刘慎谔的带领下，在社会、经济剧变之际，与西北农林专科学校精诚合作，创办了西北植物调查所，合约一签就是十三年，其追求学术之精神成为一段佳话。

① 北平研究院文书处编：《国立北平研究院抗战及复员期间工作概况（1937—1947）》，国立北平研究院总办事处，1947年，第36—37页。

李书华被困北平与西安临时办事处的筹建

1937年七七事变爆发，平津被日军迅速占领。其时，北平研究院院长李煜瀛远在重庆参与国是，肩负全院之责的副院长李书华因抗日活动影响被困北平，得东交民巷法国医院医生贝熙业照顾，避居于此。

> 我素主张坚决抗日。抗日即是反抗日本军阀。因为日本军阀侵略无止境，欲吞并我全国，非全国起而反抗，别无他法。因此敌军占领北平后，对我的行踪极为注意，曾令伪警察到八面槽椿树胡同二十三号我家中查询。时我妻万贞元女士与二女一男仍居家中，答以不知去向。嗣贞元携子女迁往锡拉胡同居住，后来又搬往天津。[①]

此时的北平研究院群龙无首，北平的其他教育文化机构都积极准备南迁，北平研究院无甚动静，教育部误认为“该机构将自行解散”[②]，所以“院中经费亦因战事停拨数月”[③]。远在陕西的西北植物调查所刚刚起步，经费停发，无疑使得刘慎谔多年经营之事业有付之东流之虞。他旋即采取行动，与迁至西安的史学研究所之徐炳昶一起策划成立西安临时办事处，推徐炳昶为主任。关于西安临时办事处一事，几乎不见史籍记载，通过档案所藏刘慎谔之往来书信，方可见其事原委。成立临时

---

① 李书华：《20世纪中国科学口述史——李书华自述》，湖南教育出版社2009年版，第121页。

② 胡宗刚：《北平研究院植物学研究所史略（1929—1949）》，上海交通大学出版社2011年版，第73页。

③ 国立北平研究院总办事处编：《国立北平研究院概况（民国十八年九月至三十七年八月）》，1948年。

办事处之后，刘慎谔托人与教育部等有关部门接洽，报告西安现况，希望研究院事业得到延续。从刘慎谔致生理所所长经利彬的书信，可知事情之原委：

惟本院经费自九月份起已有命令停拨（机关在平，不能工作，当然在停拨之列）。而润章（即李书华——编者注）坐困北平，自以为无法，即听其自然，忘却院长之职务。盖北平虽沦陷，而往来北平者仍不乏人，己身即不能离平，何故不能派遣或委托代表在外进行经费及迁移事宜，加以旭生（即徐炳昶——编者注）在陕，崔敬伯先生早至南京，而润章兄并无一字委托，他人皆无权过问。误事之甚，莫过于此。弟与旭生皆出于万不得已，本所谓亡君有君之原则，假托润章之意，“矫旨”在西安成立“北平研究院西安临时办事处”，推旭生为主任，一面托人在南京疏通，一面呈请教部备案（教部呈内称：有六所均早迁出，三所尚在路中），一面托使馆设法使润章出险，一面并函催在平化、生、动三所所长来陕或派遣代表来此，筹划工作地点。然电报不通，函件亦不敢明言，亦不悉吾兄接到此函否？总之，现在迁出之几所，以弟之观察，均宜暂时设立西安，以俟时局平静之后，再筹商他往。盖各所如十分分散，教部易于借口就地归并。现在谈不到深远之计划，只求暂时能敷衍而已，未悉兄意如何？但如有一所能分往云南，为将来之准备，或亦不可。但似仍宜以分所名义分出为主要名义，仍以集中西安为佳，此则可以强固总办事处势力。所见如何，请示知并请早日来陕，就商大局。吾人皆在研究院服务多年，而于研究院之存亡与否，决不能以自身有办法，即袖手任其自然演变也。惟一兄住址不详，请兄促其前来是盼。[①]

上述书函道出了刘慎谔对于此事经过的不满，称其“误事之甚，莫过于此”，接着表明了成立西安临时办事处确系“矫旨”，属于越权行为，但实属“万不得已”之举，最后承认目前之举尚不属“深远之计划”，只是“暂时能敷衍”教部即可，希望其他各所都能迁往西安，以保得研究院周全。

1937年10月，李书华方脱离困境，刘慎谔获知后，立即于11月5日呈函至李书华，在信中报告了设立西安临时办事处之经过。

兹先将最近之经过略为陈述如下：研究院七月份经费已由旭生在京交涉领出，同时由旭生先生转来教部公函，称吾院经费自九月份起停拨（最近又改自十月份起停拨，而九月份则以七折计），外人或以平津失守，吾院不及迁出，自在停拨经费之列，不然中央研究院与吾院为同样性质，而吾院之经费虽云有限，工作成绩并不在彼等之下，何故彼方则能迁往四川继续领款耶？弟等有鉴于此，因在西安与旭生先生筹商再三，以为吾人供职吾院有十年之历史，决不忍坐视其消灭而不顾。然欲请示吾兄意见，又苦于音信不通，出于万不得已，乃决定“矫旨”（假称吾兄示意），在西安组织北平研究院西安临时办事处，推定旭生先生为主任，主持一切。于是一面函请教部备案，并声明史学、植物、地质、药物、镭学五研究所早已在外工作，物理有岳颉恒（劼）先生在陕进行迁移事宜，其余化学、动物、生物三所人员，亦均动身来陕，刻在途中；一面分函报告在京沪各研究所并促化学、动物、生物三所之所长派人来陕接洽迁移事宜；一面又函请张、蔡诸翁诸先生从旁设法挽救，此中经过大致如此。[②]

① 《刘慎谔致经利彬》（1937年10月30日），中国第二历史档案馆馆藏档案，全宗号394，案卷号435。

② 胡宗刚：《北平研究院植物学研究所史略（1929—1949）》，上海交通大学出版社2011年版，第75页。

同时，刘慎谔提议李书华设法向最高层蒋介石进言保存北平研究院，且已拟具好说辞。

时至今日，拙见以为应在南京先设法，从旁进行，而欲此事发生最大效果，必须从旁觅得有力可靠之人，直接与委员长解释，措辞理由如下：研究院以每月三万元之经费（不及一专门学校之费用），惨淡经营十年，已得国际上之地位，而日本学术界素以大亚细亚研究为范围，且惊讶之，以为中国今日竟能自行研究矣。此仍近自东洋回国之多数学生耳闻日本教授亲指研究院刊物而言。对方之感想如此，益使吾人兴奋，向前迈进。今如停办吾院，是不啻自杀。盖研究院之经费有限，维持本非难事，若一旦弃之，全功瓦解，其耗费之财力与人力，当有不可思议者。是故，欲省反费，欲进反退。夫以研究院为中国近来数一数二之研究机关，弃之固易，而建设为难。欧美各国之著名研究机关，皆有数十年至数百年以上之历史，故有卓绝之成绩出现。吾人今方急起直追，而思有所贡献于国家，如今日放弃，是又退回十年矣。①

刘慎谔言辞恳切，讲明北平研究院虽成立方近十年，研究经费也极少，在如此艰难环境下，却还能“急起直追”，达到欧美国家数十年甚至数百年才能达到的成绩，在一些研究领域甚至在国际社会上也有发言权，北平研究院的良好发展势头不能因战乱而废止。如今若放弃，不仅之前所做之努力白费，再建亦难上加难。最后还力邀李书华来陕主持大局。

对于刘慎谔的行为，李书华又将作何表态呢？他于11月22日回复道：

弟于本月八日抵沪，本拟即行赴京，接洽本院经费，不意京沪直接交通被阻，欲搭船由南通前往，数日均未能购得船

① 胡宗刚：《北平研究院植物学研究所史略（1929—1949）》，上海交通大学出版社2011年版，第76页。

票。近来政府机关均已西迁，只好稍迟再行西上。弟为经费事曾与教部王部长去一详函，并说明本院现在工作情形。嗣后复函大意谓：北平研究院决定迁西安，并经呈准行政院，共经费应与平津国立校院一体发给。讵九月底国防会议决议停发，事前避免与主管部接洽。中央图书馆、中央博物院及北平研究院均在停发之列。事后部中同仁之愤愤，与兄正相同也。现已一再向财部交涉索取八、九两月经费，以资维持，将来善后容详商云云。八月份经费七成，按南京中国农工银行萧绢亭先生信，谓已代领，全数汇津转平。弟已电津，请将一部分汇沪，以便转发各部分，尚未得回音。九月份经费亦尚无消息，近日局势愈紧，中研院物化工三所本设在上海，近日奉令结束。在此情形之下，恢复本院经费恐难进行，弟当努力为之，但如果做不到时，恐亦无其他善法。植物所近况如何，念念！祈示知为盼。植所有农专一部分经费，想尚可维持也。[①]

不难看出，李书华只道经费问题一筹莫展，对于西安临时办事处则只字未提，对此事态度究竟如何，材料所限，不得而知。后来刘慎谔与李书华在经营西北植物调查所和在昆明恢复植物研究所时多有龃龉，刘慎谔多次提出辞职，许是由此心生芥蒂。

后经李书华几番周旋与交涉，教育部终于在1938年2月，同意维持北平研究院，但经费减半下发，能有这样的结果，刘、李都表示满意。但是，北平研究院并未如刘慎谔所愿迁至西安，而是迁至昆明。4月，李书华辗转到达云南，在昆明设立北平研究院昆明办事处。8月起，所属诸研究所多数也相继迁入昆明等地，北平研究院遂得保全。“平津沦陷以后，在平各项工作停顿，同时院中经费亦因战事停拨数月。……二十七年四月间北平研究院在昆明设立办事处。物理学、化学、生理学、动物学、史学各研究所陆续迁滇。图书仪器因事前早有准备，均已

① 胡宗刚：《北平研究院植物学研究所史略（1929—1949）》，上海交通大学出版社2011年版，第77页。

迁出陆续运滇。其抗战前由平迁出各部分，则始终照常工作从未停顿，亦属幸事。”[①]

不久，刘慎谔将西安办事处往来公函移交昆明，并函告李书华与教育部接洽转接事宜，“此后如有函件，直寄昆明，勿再往西安，如此即作取消西安办事处之手续可矣”[②]。存在了几个月的西安临时办事处随即关门。

西安临时办事处昙花一现，教育部拨给研究院的经费减半，加之此前所得中法教育基金委员会之款项受关税摊存影响，于1939年起亦停拨，研究院日益拮据，西北植物调查所人员薪津只能按七成发放，许多研究工作难以继续。为此，刘慎谔一面精打细算，节省开支，一面四处恳请支持，多方寻求合作。先是两次向中英庚款董事会申请经费均未果，后联系经济部部长翁文灏，欲与经济部合办农林植物研究所，结果也是石沉大海。但还是有几项成功的，如1939年与甘肃科学教育馆合作调查西北植物状况，与陕西省农业改进所合作，整理鉴定农改所历年采集之西北森林植物标本，计有144科，7437张；1940年与国立西康技艺专科学校农林科合作，调查西康省宁属植物状况；1941年与陕西黄龙山垦区合作，调查该区植物状况，共获得标本千余号。北平研究院迁往昆明后，刘慎谔也跟着在昆明着手恢复植物调查所，由林镕、王云章先后任调查所所长。但所内因宗派之争，不如刘慎谔在任时和睦如一家，调查所日渐式微，生存极为困难。

① 国立北平研究院总办事处编：《民国二十六年至二十八年国立北平研究院工作报告》，1939年。

② 胡宗刚：《北平研究院植物学研究所史略（1929—1949）》，上海交通大学出版社2011年版，第78页。

北平研究院西迁昆明

1937年10月，李书华逃脱监视，翌年3月，李书华与严济慈等约20人南下香港，乘法船经越南海防，由滇越铁路坐火车到达昆明，筹划迁院事宜。4月，北平研究院办事处正式设于昆明黄公东街10号，该处房屋系富滇新银行缪云台行长帮忙向该行租用。所属诸所陆续迁往昆明。[①]最初迁到昆明的只有物理、化学、动物、生理以及史学几个研究所。其他各所如药物学所、镭学所、植物学所则随战事的逼近，再陆续迁滇。地质学所则随实业部地质调查所内迁至北碚。原设附属机构经济研究会、水利研究会、字体研究会、人地研究会和测候所、博物馆、测绘所等机构亦因经费紧缩而停办。

关于各所迁移的具体过程，史载多一笔带过，语焉不详。笔者在搜罗各方史料基础上，对迁移的大致经过一一做了梳理。

全面抗战爆发时，物理研究所所长严济慈正在巴黎，无法主持该所内迁事宜，便派遣正在外留学的钱临照立即回国。钱临照未及犹豫，旋即购船票返回国内。8月中旬，钱临照船抵达香港时才得知上海已有战事，外轮已不能在黄浦江靠岸。无奈之下，钱临照由香港到广州，经粤汉铁路抵达汉口，改乘江轮直达南京，又转乘火车到达无锡。历经两月的旅途颠簸，才回到阔别已久的无锡老家，可谓一波三折。钱临照唯恐耽误内迁大计，在家稍事部署，即赴上海北平研究院镭学研究所。李书

① 李书华：《20世纪中国科学口述史——李书华自述》，湖南教育出版社2009年版，第123页。

华等人经商议，决定派钱临照前往北平设法将物理研究所的仪器运出平津转往大后方昆明。钱临照从上海乘船经青岛、塘沽抵达天津后辗转到北平，与旧同事盛耕雨和吕大元一起商量仪器设备的转移。若干年后，钱临照对于当年物理所撤离北平之事仍然记忆犹新：

> 我们从小取灯胡同的后门进到所里，看到实验室里仪器完好，设备如初，心中方安定下来。接着要考虑如何做木箱装仪器。仪器大小不一，木箱子又不能明目张胆地在外面木匠铺订做，正在一筹莫展时，想到物理所与中法大学之间有后门相通，人员往来较为隐蔽，我便找到了物理所原先的木工魏师傅，由他领头在中法大学的后院制作木箱。待完工后，我们几个年轻人（那年我31岁）将众多仪器由所里运到那里装箱，大大小小约五六十箱，除仪器外，还装了一些图书、期刊。①

一波未平，一波又起，困难接踵而来：如此大宗的木箱该如何避开敌伪人员的眼睛运出北平城？所谓“自助者，天助之”，经一位中法大学友人的介绍，钱临照在一家由“白俄人”办理的运输公司的帮助之下，顺利将大大小小五六十箱仪器运出北平，运往天津。嗣后，北平研究院化学研究所也如法炮制，将全部仪器运出北平城，辗转运往昆明。②物理、化学两研究所所址设在黄公东街10号和登华街42号，并于大西门外西车站附近由云南教育厅所拨约20亩地皮，准备建筑临时研究院。1940年秋，昆明屡遭轰炸，研究院乃将办事处及物理、化学两所大部由城内迁至黑龙潭。

动物学研究所是北平研究院最早成立的研究机构之一，陆鼎恒担任所长，他也将资料等从北平装船，经越南转运至昆明，所址在滇池边上的苏家村。

生理学研究所原名生物学研究所，全面抗战爆发后，所长经利彬将图书仪器26箱、丛刊5包存放于西什库天主堂遣使会印书馆。在迁滇过程中，仪器、图书及各项设备损失惨重，所中人员也减少，仅部分人员

---

①② 钱临照：《国破山河在　昆明草木春》，见钱临照著、朱清时编：《钱临照文集》，安徽教育出版社2001年版，第628页。

到达昆明，与动物学研究所在西山附近苏家村自造草房十余间，作为研究室。后来由于经费紧张，两所合并为一所。

史学研究所于1929年11月成立，原设于中海怀仁堂西四所，是北平研究院唯一的人文科学方面的研究所，1936年7月改组为史学研究所。全面抗战前，史学研究所一部分人员及图书迁往西安，与陕西省考古会合作。七七事变后，徐炳昶及顾颉刚均离开北平，所中书籍、古物、文献等由职员暂行督守，所址被敌伪编审会占据，研究所迁往定阜大街，旋又被伪食粮公社占据。1938年随院迁滇，所址最初设在昆明近郊黑龙潭附近的落索坡，条件简陋，又多无书籍可凭，研究工作难以进行。[①]对于迁徙的经过，史学研究所的《本所纪事》中记述道：1938年4月初，伪组织竟派人接收本所，并将本所历年所积的古物及书籍完全运去。是年冬，徐炳昶、顾颉刚两先生陆续到昆明。1939年3月，借得北郊黑龙泉观地址，工作人员陆续来滇，始又开始工作。[②]

鉴于北平研究院已迁至昆明，刘慎谔欲在昆明恢复植物学所。1938年底，刘慎谔将植物学所从北平运出的图书，以及托阎玫玉在国外所购之书运至昆明，为在昆明设植物所打前站，并嘱托留德归国的郝景盛在昆明与研究院交涉。郝景盛虽多方努力，但成效甚微，这从郝景盛致刘慎谔函中可见一斑。

士林夫子大人尊鉴：

久未接手示，因盼吾师来滇，故亦未作书，但昨闻经（系经利彬，引者注）先生云，吾师或不来此，生将近况略为吾师陈之。

生在滇工作已廿月，自己虽欲作成绩，但经济与人力，均不易作成。主要原因，政治太黑暗，有钱不肯为国家做事，只想向自己腰包中拿。生忍之又忍，总思能为国家多种一株

---

① 张维华：《张维华自传》，见晋阳学刊编辑部编：《中国现代社会科学家传略》第6辑，山西人民出版社1985年版，第234页。

② 《附录一：本所纪事》，载《史学集刊》1944年第4期，第100—101页。

树，即多点生产，然瞻望前途，若常留此，当无希望；同时昆明生活程度无理由飞涨，每月入不敷出，自去年迄今，亏两千余元，是以生决意摆脱他去。现在中央大学及农林部两处活动，如一变不成，生即赴重庆，若不成，再在他处活动。

关于研究院方面，因去岁吾师与李院长不愿生与院方脱离关系，故生在院方为兼职研究员。当时有人主张付生月薪四五十元，理由谓生妻节俭，移用即可。生觉好笑，亦未言语，后吾师来函谓与建设厅方面薪金凑过二百元。当今春大家增薪时，生以生活困难，亦略法增加。又有人谓宜按薪金比例数增加，即为生加十余元。昆明工人每月工资尚在百元以上，为生加十余元，亦属可笑。但生迄今未作何语。至领薪时，增廿元即月领百元，生以兼职除裸子植物稿，及采些标本外，对院方工作颇少，亦觉惭愧，若以后在学校时间较多，工作或可多作也。以上所述皆较琐碎事，从未对他人言过，因欲为吾师面陈，今吾师不来，故略言之。

院方已接教部命令迁川，云章兄事，最好早决定，阎玫玉先亦来信关心斯事。越南方面吃紧，我方决定兵来将挡。去岁因管荒山事，请吾师寄下之五百元，迄今未作报告。生曾托法籍刘秉政君在宜良办理荒山，结果刘某携款而逃；又与昆明绅士沈某合股经营农场，望能有所获。主要作物除虫菊与洋芋，本可发展，但滇人不可靠，且治安不好，物品成好时，即由附近村人夜间抢去，几乎出人命。是以不继续再作下去，不过生决定再作他种事业，吾师之款仍加入作资本，想吾师亦同意也。

草此，敬祝

道安

生　景盛　拜　一月卅日[1]

① 《郝景盛致刘慎谔》（1941年1月30日），中国第二历史档案馆馆藏档案，全宗号394，案卷号447。

至1941年，刘慎谔亲自到昆明主持工作，筹建过程中与李书华意见有分歧。李书华认为植物学所设于昆明之后，西北植物调查所应立即停办，除少数人来昆外，其余大部人员应就近改归西北农学院。[①]但由于刘慎谔的坚持，西北植物调查所依旧在办，只是昆明植物学所经费有限，为开展在云南的调查工作，只有寻求合作的道路，至第二年略有头绪，继续得云南省建设厅支持，研究院每月出资三五百元，建设厅每月出资三百元，以做标本采集经费。刘慎谔先后聘请了简焯坡、匡可任、孙万祥为研究人员，植物所初具规模。

地质学研究所是北平研究院与农矿部地质调查所合办的机构，实际上是一个机构，两块牌子。1935年，地质学研究所随同北平地质调查所由北平迁往南京，仍留一部分人员在北平。全面抗战开始后不久，北平研究院中断了对地质学研究所的经济支持，实际上地质学研究所已脱离了北平研究院。[②]1937年11月，该所再迁至长沙，1938年7月复由长沙迁至四川北碚。

关于在上海的镭学及药物学两所，在上海失陷后，由于运输困难，两所无法随军西撤，只得以中法大学名义留在法租界内继续工作。当时镭学研究所所长严济慈在昆明，上海方面工作由郑大章、陆学善和钟盛标负责，其间，镭学所的另一部分人员辗转入滇，迁到昆明北平研究院物理所继续工作。1941年，太平洋战争爆发，日本向美英法等国宣战，日军随即占领法租界，镭学所和药物学所的研究工作基本停了下来。1942年4月，钟盛标奉命前往昆明，陆学善也因要避免引起敌伪注意，避居苏州。1944年7月，在汪伪政权的褚民谊指使下，侯祥川接管镭学研究所和药物学研究所，陆学善被迫带领杨承宗等研究人员撤离。在这期间，“中国放射化学的奠基人”郑大章由于工作劳累和生活困难，心脏病发作得不到及时治疗，不幸于1941年去世。[③]

郑大章，1904年生于安徽省合肥县东乡撮镇，1922年考入巴黎大

---

① 胡宗刚：《北平研究院植物学研究所史略（1929—1949）》，上海交通大学出版社2011年版，第124页。

② 刘晓：《国立北平研究院简史》，中国科学技术出版社2014年版，第155页。

③ 郭保章：《中国放射化学的奠基人郑大章》，载《中国科技史料》1997年第18卷第3期。

学理学院，1929年入巴黎大学镭学研究所，成为师从居里夫人学习放射化学的第一位中国研究生。1933年底，获得法国国家理化博士学位后随即回国，并应时任北平研究院物理研究所所长严济慈的邀请，筹建镭学研究所。北平沦陷后王揖唐担任伪“华北政务委员会委员长”时，力邀郑大章担任“华北政务委员会”的“教育部长”，郑大章断然拒绝，毅然离开日伪控制的北平转移到上海。到上海后，不仅进行科学研究的条件更为困难，而且经济上也陷入困境，加之他借寓苏州，来回奔波，工作又一贯勤奋，长期得不到充分休息。苏州沦陷后，郑大章心脏病复发，无好医药，终致不幸于1941年逝世，终年37岁。

北平研究院虽迁移出北平，远离了战争前线，但在后方的日子并不太平。1937年底，日军即派飞机轰炸陕西。1938年初，西北植物调查所将其标本、图书，装载了两辆卡车，运至汉中沔县（今称勉县），存于该县武侯镇武侯祠，而留存在武功的，仅临时研究所需之标本和书籍而已。西北农林专科学校派员在武侯祠看守，并负责整理和提取资料。西

汉中勉县武侯祠今貌

北农林专科学校还在沔县设立办事处，并筑有250米长之防空洞，可供研究人员办公。存于此间物品，直至抗战胜利之后才随武功之物品一起运回北平。

1938年8月28日起，昆明也遭到日机轰炸，宁静的后方春城再无宁日。特别是1940年秋，日军对昆明进行了连续11天的大轰炸。北平研究院将总办事处及物理、化学两研究所迁至昆明北郊黑龙潭附近，自行购地筑房作为研究室、办公室及职员宿舍。史学研究所迁至黑龙潭附近租民房做研究室及宿舍。生理与动物两研究所则迁至昆明西山附近，自行购地建筑草房做研究室及职员宿舍。[①]

---

① 李书华：《20世纪中国科学口述史——李书华自述》，湖南教育出版社2009年版，第123页。

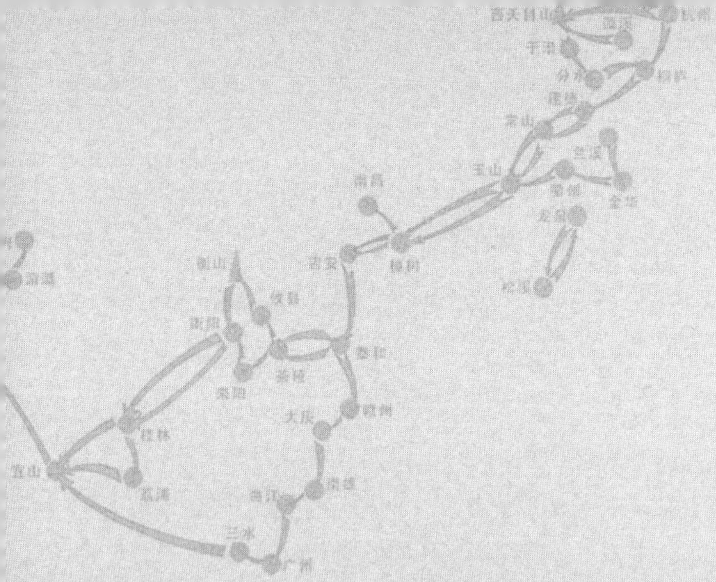

第四章

不单是为避难

1913年，地质调查所在北平成立，是近代中国成立最早、规模最大、成果最多的地质调查和科学研究机构。地质调查与研究并非我国古已有之，而是在引入和传播西方近代科学文化的过程中逐渐形成的，是“西学东渐”的结果。19世纪中叶，欧美等西方国家便建立并完善了近代地质学的理论和方法体系，完成了学科体制化建设，比中国至少早一个世纪。而中国从第一次得到西方近代地学的启蒙，经过引进、消化、吸收和本土化，到最后建立中国地质学理论和方法体系，历经了长达三个半世纪的艰辛探索。

地质调查所的西迁

创建于1913年的地质调查所是中国近代第一个科研机构。在章鸿钊、丁文江、翁文灏等第一代地质学家的领导下，筚路蓝缕、艰苦奋斗，在短短的二三十年里，全面开创了中国近代地质事业，培养了一大批地质学家，取得了举世瞩目的成果，赢得了国内外学术界的广泛赞誉。

二十世纪二三十年代是地质调查所的重要发展时期。先后建立了古生物研究室（1928年）、新生代研究室（1929年）、地震研究室（1929年）、沁园燃料研究室（1930年）、矿物岩石研究室（1930年）和土壤研究室（1930年）等，并涌现出一批杰出的地质工作者，例如地质学家李春昱、地层古生物学家尹赞勋、岩石矿物学家程裕淇、矿床学家谢家荣、测绘学家曾世英、古脊椎动物学家杨钟健、地震学家李善邦、土壤学家熊毅等。从抗战时期到中华人民共和国成立以后，他们一直都是中国地质学界的重要领头人，为我国地质科学以及相关学科的建设和发展做出了重大贡献。

地质调查所正式成立后，一方面在河北、河南、甘肃、陕西、绥远、山东、安徽、浙江等地开展地质图绘制和矿产调查工作，一方面还组织了西南地质调查，进入四川、西康等地，结束了依靠外国人调查和研究中国地质的局面。1929年11月，青年地质学家赵亚曾在云南昭通进行地质调查时遭到土匪袭击，以身殉职，成为近代中国为地质学研究献身的第一人。根据1931年地质调查所编辑出版的《中国地质调查所概况》总结的地质调查所成立十五年来的工作全国地质图完成了一半或全部完成的有北京济南幅、太原榆林幅、南京开封幅、西安南阳幅、汉中平武幅、成都重庆幅、昆明贵阳幅、安庆南昌幅、沈阳辽源幅、承德多伦幅、绥远包头幅、绥化汤原幅。完成了江苏、山东、安徽、浙江、江西、湖北、河南、山西、河北、陕西、甘肃、辽宁、黑龙江、云南、贵州、四川、福建等20多省分区地质图。这些省份的一部分地质图在当时由于人员有限及编制全国地质图的需要并未完全出版。矿产方面则主要是对当时中国的铁矿、煤矿、石油矿和其他金属矿的储量、分布规则、出产情况做了系统记载。“中国矿业自有本所研究始得有系统之知识，得要领之所在，殆公谕也”。[1]

位于北平的地质调查所图书馆

1920年地质调查所的古生物研究就已逐步开始，但主要是对无脊椎动物化石的研究。1927年震惊世界的北京周口店猿人的发现及之后山东恐龙、山西禽龙、黑龙江鱼类等脊椎动物的发现也推动了古生物研究室对古脊椎动物化石的研究。1929年，新生代研究室在中华教育文化基金董事会（简称“中基会”）的支持下正式成立，主要进行周口店猿人的发掘、采集与研究。著名的“北京人”头盖骨化石便是由该研究室主持发掘的。

地震研究室自1930年9月到全面抗战爆发前，大大小小共“记录了

① 中国地质调查所编：《中国地质调查所概况》（中国地质调查所成立十五周年纪念刊），中国地质调查所，1931年，第12—16页。

2472次地震，中间从未间断”[①]，并将这些地震加以分析研究，整理出版了地震专报，在当时具有世界一流的水平。土壤研究室被称为“中国第一个土壤调查与研究机构”[②]，最初调查北平区域，后来逐渐扩展到绥远萨拉齐，山西大同，黑龙江哈尔滨、呼兰、绥化、海伦，吉林阿城及江苏南京，浙江杭州等地，并于1931年、1934年先后创办了《土壤专报》和《土壤特刊》两种土壤学刊物。

位于鹫峰的地震研究室

这时期的地质调查所也已经开始参加国际学术交流。1922年8月，翁文灏代表中国出席了在比利时布鲁塞尔召开的第十三届国际地质学大会，被推选为学会的副会长及评论员。这是中国地质学家第一次参加国际地质学大会。会议期间翁文灏向各国的地质学者宣传介绍中国的地质调查所，并带去了地质调查所出版的各种刊物，使地质调查所开始走上世界的舞台。1926年，地质调查所又参加了东京的太平洋科学会议，翁文灏提出了著名的“燕山运动”学说。同年，地质调查所的出版物参加了美国费城为庆祝美国建国一百五十周年举办的国际博览会，获得博览会的荣誉奖章。

① 王仰之编著：《中国地质调查所史》，石油工业出版社1996年版，第31页。
② 李学通：《民国最有科学成就的中央地质调查所》，载《炎黄春秋》2002年6月刊。

好景不长的南京两年

地质调查所的图书馆和陈列馆是地质调查所的两大宝库，甚至可以说是当时中国的两大宝库。地质调查所的图书馆的成立日期可以追溯到1916年地质调查所正式成立之时，但当时只是一个仅有几百册图书资料的简易图书资料室。1921年，地质调查所用募得的4万元在北京兵马司9号新建了图书馆，并于1922年竣工后开始使用。开馆之时，图书馆共有书刊4000余册。1926年，中基会开始对图书馆进行资助，到1931年3月，共补助了31,893.9元[①]，这些费用都用于购买书籍。图书馆还通过交换获得了大量的馆藏，“1934年总藏书量已达51,750册，其中图书9250册，期刊42,500册，另有地理地形图30,024幅，地质矿产图3821幅”[②]，之后还在不断地增加藏书量。

地质调查所矿产陈列馆正式成立于1916年7月，是在地质调查所师生教学与实习的过程中采集、鉴定的标本基础上成立的。到1931年，陈列馆的面积共计约有“八十方丈，分为七室”，展出标本约1万件，“总计未陈列之标本当不下十万件也”[③]，“到了1932年陈列面积又扩展到1000平方米有零，内容增加了煤炭、石油、土壤和新生代地质部

① 中国地质调查所编：《中国地质调查所概况》（中国地质调查所成立十五周年纪念刊），中国地质调查所，1931年，第28页。

② 武宁生、李淑贤：《前地质调查所地质图书馆史》，见程裕淇、陈梦熊主编：《前地质调查所（1916—1950）的历史回顾：历史评述与主要贡献》，地质出版社1996年版，第82页。

③ 中国地质调查所编：《中国地质调查所概况》（中国地质调查所成立十五周年纪念刊），中国地质调查所，1931年，第25页。

分”①。1937年，随地质调查所迁到南京的地质陈列馆则有了约1500平方米的陈列面积，陈列室也增加到12个，分别陈列地质构造、矿物、岩石、矿产、燃料、土壤、地史、植物化石、无脊椎动物化石、脊椎动物化石、北京猿人和史前文化、地质调查所出版物相关内容。图书馆和矿产陈列馆两馆都是在地质调查所成立初期设立的，经过十多年的发展，各类图书期刊及标本都得到极大丰富，成为当时相当有规模的全国性图书馆和陈列馆。

南京时期地质调查所矿产陈列馆全景

南京时期是地质调查所发展的巅峰时期，工作环境优越，组织机构合理，人员不断充实。先后进入地质调查所工作的有高振西、许德佑、盛莘夫、叶连俊、路兆洽、岳希新、阮维周、毕庆昌、王钰、高平、李悦言、秦馨菱、卞美年等，这些人都是后来地质调查所科研活动的中坚力量。

从地质调查所正式成立，到南迁至当时的首都南京，二十世纪二三十年代的地质调查所从艰难起步到日渐完善，并发展至巅峰，研

① 潘江：《前地质调查所地质矿产陈列馆概况》，见程裕淇、陈梦熊主编：《前地质调查所（1916—1950）的历史回顾：历史评述与主要贡献》，地质出版社1996年版，第85页。

究成果丰厚，在国内和国际都享有很高的声誉。

然而，好景不长。地质调查所迁到南京后不到两年，七七事变爆发，日军全面侵华。不久，战火蔓延至上海，战场离南京越来越近，国民政府被迫决定内迁，地质调查所也于1937年11月奉令开始向湖南迁移。

内迁湖南的艰难抉择

早在全面抗战爆发之前，地质调查所就已经注意在我国西部、西南部地区进行相关的调查和研究工作，也注重与湖南地质调查所联系，并计划在湖南建屋以方便合作。1938年所发表的《翁文灏先生再致地质调查所同人书》中提到：

> 为便于处理内地各省的工作起见，尤是近来我所工作本已特别注重于西南各省，故本所原想一方面与湖南地质调查所竭诚合作，同时并在湖南内择地建屋，借为联络的中心，且亦借此对于中央在湖南省内所办许多重要矿业工业，都可有相互协助的关系。所以此次在湘建屋不但是为避难，同时亦是实行上述计划。[①]

因此，淞沪会战爆发之际，代理所长黄汲清[②]便将地质调查所56箱重要的图书转运至长沙的湖南地质调查所内存放。湖南地质调查所成立于1927年春天。1928年，留美归国的硕士刘基磐担任所长。他很有组织、领导的才能，在经营湖南地质调查所一年后，使湖南地质调查所多次获得中央相关单位的嘉奖与补助，逐年完善了工作环境与设备，成为当时较为成功的一个地方地质调查所，并与中央地质调查所也保持着良好的关系。湖南地质调查所下设地质矿产股、陈列馆、图书馆、矿物岩石研究室、古生物研究室和化验室。1938年武汉失守后该所迁往湘西的

① 《翁文灏先生再致地质调查所同人书》，载《地质论评》1938年第3卷第1期，第100页。
② 当时翁文灏在行政院任职，地质调查所以黄汲清为代理所长。

黔阳，抗战结束后才返回长沙。

1937年7月7日，卢沟桥事变爆发，地质调查所北平分所首当其冲。10日，鹫峰台交流电线被炮火打断，台上供电中断，不久即完全停止工作。李善邦带领秦馨菱等人离开北平，于17日抵达南京珠江路地质调查所新址。鹫峰台地震研究室观测员贾连亨向分所所长杨钟健请示后，把电磁式地震仪及天文钟等拆卸装箱，趁夜色用平板车运出鹫峰，“专走无人走的小道于天快亮时才到颐和园后青龙桥，然后即运往燕京大学（现在的北京大学校园即燕京大学之旧址）物理系的地下室内存放。另外两箱图书则运往城内协和医院存放。贾连亨的父亲经此次劳累而病倒，于1938年2月去世。他可谓为地震事业献出生命的第一个人”[①]。上海沦陷后，战争的紧张气氛笼罩着南京。1937年10月，刚从莫斯科参加完第十七届国际地质会议回到南京的黄汲清又接到命令，组织地质调查所全所搬迁到湖南长沙。黄汲清必须在短时间内清理所内事物并整理出有效的搬迁方案。他与周赞衡、钱声骏、盛莘夫、高振西，外加秘书周大训组成核心，协商办理搬迁事宜。虽说前期已有部分图书转移出南京，但此时地质调查所内还有大量的图书、仪器以及陈列馆的古生物化石、标本，一时无法全部运出，黄汲清等人商议后，“决定装箱运走的是图书馆的全部图书和全部仪器（包括各种显微镜、测量仪器、绘图仪器等）”，考虑到陈列馆“标本化石太多，短期内装箱困难重重，而且化石大半是中国古生物的正型和副型标本，丢失了是无法弥补的。日本人拿到这些国际性的实物，也会予以保护，有朝一日，还会回到中国人手里”[②]，所以决定将陈列馆全部内容留下不动。做出这样的决定是艰难而痛苦的，这些标本都是得之不易的珍贵的研究资料，但在当时紧急的情况下，根本没有充足的条件转移，只能给它们未知的命运。同样被留下的还有图书馆的若干省份的省志、府志和县志，“共

① 秦馨菱：《前地质调查所的地震、物探和地球物理工作》，见程裕淇、陈梦熊主编：《前地质调查所（1916—1950）的历史回顾：历史评述与主要贡献》，地质出版社1996年版，第133页。

② 黄汲清：《我的回忆——黄汲清回忆录摘编》，地质出版社2004年版，第159页。

不下千册都是土法印刷装订，不好保护装箱，只得留下不动”[①]。解决了物品的取舍问题，接下来还有运送的问题。战乱之际，社会各界都急切地想要转移到后方，运输十分困难。与其他内迁机构相比，地质调查所是幸运的，他们得到了卢作孚的帮助，所中人员和物品由民生公司负责沿长江转移到湖南长沙。据黄汲清回忆：“翁先生向四川民生公司总经理卢作孚打了招呼，希望他担任运输，我自己也当面找过卢先生和他下面的主要负责人，具体研究两三百个大木箱书籍、仪器的转移问题。”[②]在确定能得到民生公司的帮助后，黄汲清带领所里的人员日夜奋战，将决定迁移的各类物品装箱，并分批送到南京下关码头，于11月18日由民生公司轮船运送至武汉，随即再转往长沙。所中除一部分人员留在南京以图再运送剩下物品外，其余人员也于当日乘船出发，先到武汉，再于22日至30日之间相继抵达湖南长沙。地质调查所在战时的第一次迁移在各方的努力下，在紧张的气氛中较为顺利地完成了。

抵达长沙后，地质调查所一面借用湖南地质调查所（上黎家坡33号）设立临时办事处，处理地质调查所内各项紧急事务，一面由黄汲清、曾世英以及田奇㻪三人出面在长沙租借地皮建立新所，准备恢复日常工作。

地质调查所在长沙建起的新所位于长沙城外的喻家冲，杨钟健曾这样描述此处的景色：

> 出兴汉门到北车站，已是一片野景，点缀着若干新辟的马路和新修的洋房。……两边山丘大半为坟墓所占，这是国内都市通有的现象，所以古诗有“出郭门直视，但见丘与坟，古墓犁为田，松柏摧为薪”之句。在马路的左手岂但古墓犁为田，整个几十顷的小丘陵全平了，作为建筑伤兵或难民收容所之用。再前也有不少地方如此，作为建筑地皮之用。……再前见一树丛中露出白色墙垣，旁有一池清水，虽

①② 黄汲清：《我的回忆——黄汲清回忆录摘编》，地质出版社2004年版，第159—160页。

> 不算是好风景，却也有几分宜人，这便是喻家冲。所中勘定的地址，就在符姓房舍旁边的阜坡上……房址及附近的地势全为红土所成之小丘陵，其下为白沙井砾石，闻附近某地间有老地层露出，登高一望可见浏河蜿蜒注入湘江。[①]

全面抗战爆发后不久，华北沦陷，地质调查所北平分所也基本停止了工作，当时留在北平的新生代研究室及地震研究室人员相继来到长沙。在长沙稍安定后，各研究室的工作人员都继续外出调查地质情况或投入室内工作了。北平分所所长杨钟健先生，时任中国地质学会理事长，来到长沙后即着手恢复因七七事变爆发而停办了的《地质论评》，并写下了《非常时期之地质界》，发表于1937年11月27日出版的《地质论评》，主要谈在战时非常时期地质工作的重要性，并谈到了战时地质界同人应有的工作态度与精神：

> 我们唯一的目的，是本我们本身的力量，继续努力。谁也知道我们现在最艰难的途中，但我们要忍着苦耐着劳，仍然不断的前进。只有这个态度与方法，可以医治我们的彷徨，也只有这个，是我们光明的坦途，我们要努力，在无论何等艰苦的情形下，不丧失我们组织的能力，与工作的精神。惟有这样，才可以奠定我们国家与民族永不灭光荣基础。[②]

在这种精神的勉励下，虽然当时是战时，长沙时常会遭到日军轰炸，但地质调查所以及当时的地质学界，基本都还是处于积极努力的工作状态。1938年春，地质学会还在长沙举行了全面抗战爆发后的第一次年会，“年会在一种和谐而沉着的气氛中举行”[③]。地质调查所的杨钟健作为地质学会的理事长，针对现实情况，在会上进行了以《我们应有的努力与忏悔》为题的演讲，号召地质学同人同心努力发展地

---

① 杨钟健：《抗战中看河山》，生活 · 读书 · 新知三联书店2014年版，第35—36页。
② 杨钟健：《非常时期之地质界》，载《地质论评》1937年第2卷第6期，第512—513页。
③ 杨钟健：《杨钟健回忆录》，地质出版社1983年版，第102页。

质学事业。

台儿庄战役胜利后不到两个月，战火逐渐蔓延到了华中地区，武汉受到威胁，迁到武汉的国民政府及其他中央机关便开始陆续往重庆等地迁移。地质调查所在长沙郊外喻家冲所建的三栋简易馆舍才刚刚竣工不久，又开始筹划西迁重庆，再次颠沛流离，从南京运来的图书、标本未及开箱就全部西运。

迁往重庆北碚

地质调查所内迁重庆，得到著名爱国实业家、北碚的奠基人和开拓者卢作孚的大力支持，也与重庆当地的科研机构中国西部科学院及四川省地质调查所有着密不可分的关系。

西部科学院是中国近代历史上在西部地区建立的最早的综合性科学研究机构。卢作孚热心科学文化事业，在进行北碚乡村建设的同时，以改善北碚的科学环境、优化峡区学校的科学教育为目的，建立了一个由物理试验室、化学试验室、生物试验室、地质研究室组成的嘉陵江科学馆，即西部科学院的前身。在创建嘉陵江科学馆的过程中，卢作孚一面派出少年义勇队跟随专家学者在四川、西康等地采集动植物标本，建立民众博物馆，进行科普宣传；一面为成立科学院筹集资金，得到了当时四川军阀刘湘与刘文辉的支持；同时亲自率团到东北、华北、上海等地参观考察当时已经成立的各类科研机构。1930年，卢作孚经过不懈的努力，克服研究经费紧缺、研究人员缺乏等困难，终于使中国西部科学院建立起来，使科学落后的中国西部地区有了第一家科学研究机构。西部科学院实行董事会领导下的院长负责制，组织机构由研究机关、附属事业和联络事业组成，建立了理化、农林、地质和生物四个研究所。四川省地质调查所建立后将地质研究所并入其中了。西部科学院的成立对中国西部，特别是四川地区的经济开发和文化事业的发展具有重要意义。战时北碚之所以能成为大后方的“科学中心”，也有赖于卢作孚与西部科学院的鼎力支持。

地质调查所与西部科学院早有渊源。早先卢作孚出川考察时就曾参观在北平的地质调查所，并对地质调查所大加赞誉。1929年至1931年，地质调查所的谭锡畴、李春昱在四川、西康进行地质调查时，西部科学院曾派出两位学生跟着谭、李二人一同调查。为此，时任地质调查所所长翁文灏还特意就此事致函卢作孚：

作孚先生执事：

久未晤教，致为遥企。

兹启者。敝所前以学术上合作之谊，商定由贵院派学生二人随同敝所谭锡畴、李春昱二君出发调查，闻已实行，为慰。按照弟前次在川观察，尊处学生精神甚佳，而工作能力尚待训练，故曾函告谭、李二君，对于测制简图及观察地质方法切实指导，俾可实地体验，增益知识，庶以后单独调查时不至徒劳跋涉，是敝所于调查之外兼思协助贵院稍尽训练之力，亦所以奉酬先生对于科学考察提倡之热忱也。

历次外国学者来川调查，贵院派生随行，或寓监视之意，兼以分配标本为事。但与敝所人员之合作，当不至有此意义。远道长征，最重精神上之谅解与旅行上之便利，而敝所经费无多，向极从省，尤不能与外国人特费巨资以攫取中国材料、吾国人因而稍为利用者所可同日而语。近接谭君等来函，似贵院所派学生于此意旨或有未明，致反减少工作之效力。拟恳先生向该生等剀切说明，以免误会。敝所为学术上之发展计，凡力所及，无不乐与贵院合作，该生等明了此义，则彼此互助，自可相得益彰矣。再谭、李二君返经川东时，拟稍为停留，关于川东调查，地方照料仍拜恳鼎力相助为感。专布。

即颂

道安！

弟　翁文灏　敬启[1]

---

① 《翁文灏致卢作孚函》（1931年6月6日），见黄立人主编：《卢作孚书信集》，四川人民出版社2003年版，第248—249页。

四川省地质调查所成立于1938年2月。全面抗战爆发后，国民政府先迁武汉，再迁重庆，东部沿海的大批工厂随之相继入川，因此工业原料短缺成为制约内迁工厂在后方重建的瓶颈。有鉴于此，时任四川省建设厅厅长的卢作孚便倡议设立四川省地质调查所，详细调查并开发四川矿产以供内迁工厂重建所需。1938年2月，四川省地质调查所在重庆成立，设所址于重庆复兴观巷。在实业部部长翁文灏的推荐下，由刚从德国留学回来的李春昱担任所长职务。李春昱曾于1931年与谭锡畴一同到四川、西康等地进行地质调查，因此对四川的地质较为熟悉。1939年春，在卢作孚和西部科学院的支持下，四川省地质调查所在小龙坎黄葛湾新修了办公大楼。至中华人民共和国成立之时，四川省地质调查所先后有三位所长：第一位所长李春昱于1942年出任中央地质调查所所长，侯德封继任四川省地质调查所所长；抗战胜利后，侯德封辞职，由常隆庆继任。四川地质调查所主要由地质矿产组、探矿组、化验组、事务组、图书馆、陈列馆等部分组成，全盛时职员多达40人。

其实早在内迁湖南长沙后不久，翁文灏就已有一旦战局扩大，立即西迁入川的打算。在1937年12月26日，翁文灏在致黄汲清的信中，便提到“四川方面似可托李赓阳（即李春昱）代备地方”[①]。地质调查所刚到重庆时是借用四川省地质调查所在复兴观巷的办公室临时办公，处理所中紧要的事务，接待安排所中自行入川的人员。四川省地质调查所的对地质调查所初到重庆的安定起了积极的作用。

1938年7月，地质调查所再次通过卢作孚的民生公司将书籍、仪器等经长江航运顺利运达重庆北碚，暂存放于卢作孚所办的中国西部科学院和兼善中学。[②]然而所中的大部分人员却远没有书籍和仪器那么幸运。此次内迁重庆时，战争形势比1937年底更加严峻，武汉、长沙等地滞留了大量的人员、物资急待转移到后方地区，地质调查所中大部分人

① 中国地质学会编：《黄汲清年谱》，地质出版社2004年版，第26页。

② 武宁生、李淑贤：《前地质调查所地质图书馆史》，见程裕淇、陈梦熊主编：《前地质调查所（1916—1950）的历史回顾：历史评述与主要贡献》，地质出版社1996年版，第82页。

员只好自行入川。据叶连俊回忆：

水口山的工作刚结束，回到了长沙，还没有来得及休（修）整，又被迫不得不首先准备再继续西迁重庆的问题了。但是，在那样的战争年代，西去蜀川，谈何容易，真是不知所措。就在这时，孙健初先生亲自带领我们这帮“年青人”一道上路，他决定出洞庭，奔宜昌，然后觅船巴蜀。然而到了宜昌，始知候船西去已是人山人海，急欲购得船票远非易事，长期坐候又非经济许可，于是孙先生决定让几个晚辈先走，而孙先生及其家属则宁愿等下次买到票再走[①]。

在经过一番波折后，所中的人员都陆续到达重庆，在位于重庆复兴观巷内的四川省地质调查所落脚。热心文化事业的卢作孚不仅为地质调查所内迁的人员、物资运输提供了帮助与便利，对于地质调查所来重庆后的重建也发挥了重要作用。地质调查所到重庆不久就在卢作孚的盛情邀请下迁往北碚，先借西部科学院办公大楼惠宇楼作为临时办公处，后又在卢作孚的帮助下，陆续建成新办公大楼一座和图书馆一座，“所的大楼建在西部科学院旁，所图书馆则建在镇西之鱼塘湾，以后又在镇西之天生桥处建了几间房为一部分人办公用”[②]。所中各研究人员也陆续转入北碚，继续他们的研究与生活。

地质调查所在准备内迁重庆北碚之时，也因开展工作的需要，着手建立昆明和桂林两个办事处。当地质调查所的大部队开始往重庆转移的时候，杨钟健被派往昆明主持办事处成立诸事，他遂与卞美年、许德佑一起出发前往昆明。他们选择从广西南宁过谅山搭火车入滇，到达昆明后，他们在翠湖公园的通志馆和南城公园借得一些屋子，用作化验室和一部分人的宿舍，开始了工作。后因为要躲避空袭，又迁到了城北瓦窑村的一个关帝庙内办公。桂林办事处则由王恒升担任主任，办公地点设

① 叶连俊：《前地质调查所工作阶段的回顾》，见程裕淇、陈梦熊主编：《前地质调查所（1916—1950）的历史回顾：历史评述与主要贡献》，地质出版社1996年版，第56页。

② 秦馨菱：《回忆地质调查所的几件事》（手稿），转引自王仰之编著：《中国地质调查所史》，石油工业出版社1996年版，第16页。

在桂林的环湖北路12号。因这两个办事处都是为应付战争局势设立，缺乏周密的筹备和详细的工作计划，在实际工作中不但缺乏经费和设备，在组织管理上也产生了一些人事矛盾，工作推进十分困难，因此在设立不久后便相继撤销了。桂林办事处于1939年解散。昆明办事处先后由杨钟健、尹赞勋和王曰伦负责，于1940年10月撤销。这两个办事处撤销后，人员都先后到了北碚的地质调查所总部。1941年，地质调查所正式定名为中央地质调查所。

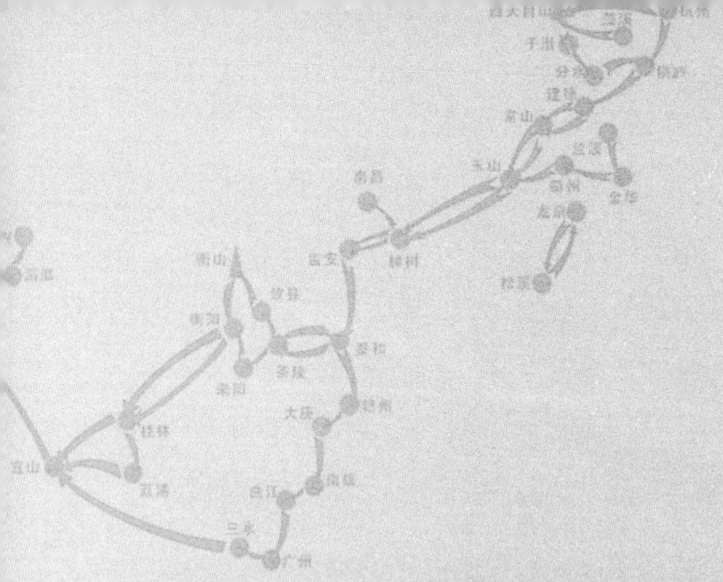

第五章

漫漫迁徙路：民营科研机构的内迁

二十世纪二三十年代，在一批科技先贤的大力倡导和社会各界的关心支持下，大批民营科研机构，如雨后春笋般相继创办，其中比较有代表性的有中国科学社生物研究所、静生生物调查所（简称“静生所”）、黄海化学工业研究社和中国西部科学院等。全面抗战爆发后，日本为实现其灭亡中国的野心，对我国的科研机构进行大肆破坏，给原本就十分薄弱的科学事业带来了一场前所未有的劫难。为免科研设备落入敌手，为保存科研实力以支援抗战，大批民营科研机构克服了难以想象的困难，历经曲折，走上了内迁的道路，并最终迁至原本科学事业最落后的大后方。

艰难的内迁决策

全面抗战爆发后，国内科学界针对民营科研机构的内迁议论纷纷。有些科学工作者认为民营科研机构应该内迁；但是也有部分科学工作者认为，即使各民营科研机构凑在一起，也抵不过政府性科研机构的内迁需求，并且科研机构的内迁不仅需要将科研机构中的骨干人员迁往内地，还需利用国家力量将大量的科研设备一同搬迁，因此，民营科研机构内迁的难度较大。

随着国民政府迁都重庆，中国科学社生物研究所、静生生物调查所、黄海化学工业研究社等各大民营科研机构在遭受战火威胁的极其艰苦的条件下，开始了艰难的内迁决策与准备。

中国科学社生物研究所是中国近代第一个生物学研究机构，于1922年8月由1915年10月正式建立的中国科学社委托秉志、胡先骕和杨铨在南京创办，秉志为首任所长。研究所分动物学部和植物学部两部分，秉志兼任动物学部主任，胡先骕任植物学部主任（后由钱崇澍继任）。研究所着重于对中国动植物进行调查、分类研究，同时也进行一些生物的形态解剖和生理、生化方面的研究。1925年，生物所出版了《中国科学社生物研究所丛刊》，成绩斐然。

1937年8月，南京遭空袭。为保存中国科学社生物研究所初步形成的科研队伍，秉志、钱崇澍共商迁所大计，最终决定将生物研究所迁往重庆北碚。这一决议与此前中国科学社生物研究所在四川地区的科学考察活动有着密切的关系。一直以来，生物研究所的科学工作者们对动植物种类丰富的四川地区都保持着高度关注。1930年，中国科学社生物研究所与静生生物调查所合组四川生物采集团，入川进行科学考察，获得民生公司卢作孚的协助以及经费等方面的支持。作为回报，采集团最终将所得标本全部留在四川。此后，卢作孚曾到上海拜谒中国科学社生物研究所的创办人秉志，并请求其协助筹划西部科学院生物研究所的建立、推荐人员入川工作。1931年1月2日，中国西部科学院在兼善中学召开第一次筹备会议，会议把中国科学社列为重要联络单位。1933年夏，应卢作孚之邀，中国科学社第十八次年会在重庆北碚召开。在西部科学院的大力协助下，年会取得圆满成功，秉志对于卢作孚的热情，甚为感激。这些都为抗战时期中国科学社生物研究所迁至北碚打下了良好基础。

抗战时期南京的中国科学社生物研究所

1922年中国科学社生物研究所成立后，中国的生物学者们对国内的生物资源进行了较多的调查研究，同时也深感无力将研究范围延伸至北方，认为在有文化中心之称的北平，也应该设立一个生物学研究机构。1927年9月，邹秉文、胡先骕、秉志联名致函时任中基会干事长的范源廉（字静生）。信中写道：

今日欧美各国科学发达，人民深受其赐，而于自然科学皆有调查所之设立，以此种学问与国内之天产有关，设专门之机关以策研究之进行，其影响所及，实业及教育皆受其裨。吾国北京地质调查所，即其证也。欧美各邦除于国内之地质设所调查外，而于生物一方面，亦有相同之研究机关，所谓生物调查所Biology Memorial Institute是也。地质有关于矿务，生物有关于农业及医学，此两者皆自然科学，于事业之发达及人生之幸福关系最大。吾国之地质调查所成绩卓著，蜚声海内。今宜乘此机会，设立生物调查所，以为研究国内生物之提倡……生物与人类息息相关，此所既为科学之研究，亦即经济问题之基础。①

范源廉年轻时专攻生物学，备感中国生物资源之丰富，早有创办生物调查所进行生物资源调查收集和系统研究之心，因此，与邹秉文等一拍即合。然而，1927年，正当生物调查所酝酿建立之时，范先生不幸逝世。为了纪念他，1928年春，范先生生前主持的中基会与尚志学会达成共识，于北平组建生物调查所，并以“静生”名之，以做永久纪念。就这样，1928年10月1日，静生生物调查所在北平西城石驸马大街83号，范先生的私宅成立。静生生物调查所首任所长为秉志，1932年起由胡先骕继任。其办所宗旨为“调查及研究全国动植物之分类，借谋增进国民生物学之知识，促进农、林、医、工各种实验生物学之应用”。静生生物调查所设有动物学部和植物学部，分别由秉志、胡先骕任主任。经过抗日战争全面爆发前的十年的苦心经营，静生生物调查所标本室共收集动物标本30余万号，植物标本18.5万号，木材标本2500号，为当时中国最大的标本室。

静生生物调查所由于地处华北，内迁准备工作开始得较早。1933年1月17日，静生生物调查所委员会在中基会事务所召开第十一次会议，会议

① 胡宗刚：《静生生物调查所史稿》，山东教育出版社2005年版，第10—11页。

的主题就是讨论是否转移的问题。任鸿隽为会议主席，他首先报告道：

> 刻下时局紧张，各学术团体均有相当准备，多将贵重物品集中，如遇必要，即可移至安全地点保存。但均认为迁移办公处所，尚无必要，本调查所应取如何政策，请合众讨论。[①]

众人各抒己见：

> 丁文江谓：本所为私立机关，危险性当属必更小，但不妨将贵重物品装箱保存，以备万一。胡先骕也认为，华北情势终难乐观，并提出在庐山筹设分所之议。王文豹则认为迁所未至其时，并云：本所系纪念范静生先生，先生常主张拔火当前，吾人研究学术之精神不可稍存退避，至于分所事不妨先行筹划。翁文灏也同意在经费许可的范围内设立分所。[②]

这是静生生物调查所第一次在正式会议中讨论是否内迁的问题，从会议的主要发言来看，这次会议讨论结果是暂不迁移。这主要是由于经过众多学者数年苦心经营起来的生物调查所一旦搬迁，许多经生死危险采集来的珍贵标本，随时都有损失的可能——一些重要的动植物标本，对于防潮、防水、防火、防虫等都有较高要求。且这些标本数量巨大，更是难以保证内迁后能得到完全的保存。为安全起见，会议提出先将贵重物品装箱保存，并决定在庐山筹设分所。在胡先骕等人的努力下，1934年8月，庐山森林植物园成立。

黄海化学工业研究社成立于1922年。1915年，范旭东建立久大精盐公司，在塘沽设厂时建立化学工业研究室，主要致力于盐卤副产品的综合利用研究。1919年，因工厂的化学实验室不敷应用，范旭东在久大工厂附近购置田地，增添仪器设备，以期建造专门的化学工业研究室。作为久大附设机构，研究室人员多为久大工厂技术人员。为充分发挥研究室的效能，1922年，研究室与久大工厂正式分离，改名为黄海化学工业研究社，成为集团内部一个独立的单位。研究室的“屋

①② 胡宗刚：《静生生物调查所史稿》，山东教育出版社2005年版，第120—121页。

宇及其设备全部移借黄海以作基础”，由此中国第一家私营化工研究社正式成立。

范旭东聘请毕业于哈佛大学的孙学悟博士为社长，张子丰为副社长。研究任务由黄海化学工业研究社延聘专家承担，久大工厂及范旭东后期创建的永利碱厂技师仍作为黄海化学工业研究社的“当然研究员”，“不复由两厂技师兼任”，使“学问与实施交相为用”[①]。黄海化学工业研究社多方招揽优秀人才入社，如从留美归来的张克忠、卞伯年、卞松年、区嘉炜、蒋导江等博士，留法的徐应达博士，留德的聂汤谷、肖乃镇博士，以及获得双博士学位的赵之泯，可谓人才济济。经费方面，范旭东自黄海化学工业研究社成立之日起，就将自己作为久大发起人的酬劳金全部捐献给研究社，后期永利碱厂盈利后，也向黄海化学工业研究社投入了大量资金。除此以外，黄海化学工业研究社还得到了社会各界的支持，自1928年始一直到抗战全面爆发，黄海化学工业研究社每年可以获得中基会1万元左右的资助。[②]

天津塘沽永利碱厂旧影

① 黄海化学工业研究社：《黄海化学工业研究社之概况》，原化工部久大永利公司历史档案之《创办黄海社经过和工作情况卷》。

② 陈歆文：《中国化学工业的奠基人——范旭东》，大连出版社2003年版，第113页。

黄海化学工业研究社人员、设备不断扩充，组织机构也逐步走向完善。1932年，黄海化学工业研究社与久大、永利于天津组成“永久黄”联合办事处。1933年，黄海图书馆在塘沽建成。1934年，黄海化学工业研究社聘请区嘉炜博士任副社长，研究工作更有起色。1935年，黄海化学工业研究社炼出了中国第一块轻金属铝。曾昭抡在《科学》上撰文总结二十年来中国化学研究之进展时指出，天津为工业化学研究的中心，认为黄海化学工业研究社“将来前途，正未可限量”①。

1935年，正当黄海化学工业研究社平稳发展之际，塘沽陷入“冀东防共自治委员会”的统治之下。1936年，黄海化学工业研究社筹划内迁到湖南长沙的水陆洲。七七事变之后，黄海化学工业研究社决定内迁。至于迁至何处，时任“永久黄”联合办事处迁川总负责人的李烛尘带领杨子南、唐汉三等人先行入川考察。因黄海化学工业研究社的研究工作以盐为基础，迁入地必须为产盐区，李烛尘根据自身掌握的资料及实地考察，认为四川自流井的张家坝和犍为的五通桥是最理想的内迁目的地。社长孙学悟主张迁至五通桥，因其于1931年到四川的富荣、犍乐等盐场进行盐卤资源开发利用考察时，到过乐山和五通桥，对这一地区的资源和生产状况有一定的了解，认为五通桥有丰富的盐业资源，黄海化学工业研究社迁去后既可利用当地资源进行原有的工作，亦可对当地盐业及其副产品生产的发展起到促进作用。最终黄海化学工业研究社决定迁往五通桥。对此，《大公报》曾发表文章认为孙学悟选择五通桥十分合适，原因有二：“（孙学悟）对四川及五通桥一带的工业资源及生产状况，有深切的了解；对黄海社迁来，工作将如何进行，对社会能发生何种作用，心中有一个大概的轮廓。”②

---

① 曾昭抡：《二十年来中国化学之进展》，载《科学》1935年第10期。

② 唐效实：《黄海化学工业研究社在五通桥》，见中国人民政治协商会议西南地区文史资料协作会议编：《抗战时期西南的科技》，四川科学技术出版社1995年版，第313页。

中国科学社生物研究所的内迁

抗日战争全面爆发后，中国科学社生物研究所迅速内迁。所长秉志因夫人卧病，难以西行，滞留上海，在上海中国科学社明复图书馆建立临时研究室继续展开工作，同时还进一步拓展生物所的研究领域，开展生物物理研究。[①]明复图书馆临时研究室的工作持续了五年，直到1941年太平洋战争爆发后日本占领上海租界才停止。抗战期间，秉志一直在打听去后方的路线，但希望总是落空。有次得知有条从杭州入江西转重庆的路线，便立刻积极进行准备，并出让了房屋家具，但最终只等来了此路不通的消息。直到1945年日本投降时，他还在考虑去西迁的问题。

秉志滞留上海，西迁之事改由植物部主任钱崇澍指挥。在《卢作孚书信集》中，有钱崇澍就运输问题致卢作孚的函文，函云："承允与民生公司接洽运书八十七箱之事，铭感至深。敝所押运人唐慧成君现已东下，于十八日过汉时，曾至公司预为接洽。据谓公司中人尚未获有钧谕，但允为办理此事，闻之甚感。"[②]卢作孚接函后，立即指示下属办理相关事情。

1937年9月5日，卢作孚致函民生公司代总经理宋师度，请其协助"中国科学社迁往北碚，在渝转运及北碚联络转信转电诸事，盼嘱公司

① 张剑：《另一种抗战：抗战期间以秉志为核心的中国科学社同人在上海》，载《中国科技史杂志》2012年第2期。

② 《钱雨农致卢作孚函》（1938年5月25日），见黄立人主编：《卢作孚书信集》，四川人民出版社2003年版，第665—666页。

同人特予扶助。渝中各事业有须特取联络之处，并盼特接洽为感”。[①] 9月13日，卢作孚就抗战开始后民生公司各项工作致函宋师度，其中再次提到“中国科学社已开始迁移，请告北碚西部科学院为酌让房屋并一切帮助”[②]。在卢作孚民生公司的协助下，中国科学社生物研究所内众多的标本、图书、物品有序地被运往重庆。1937年10月，中国科学社生物研究所全部移至西部科学院办公。[③]全面抗战爆发后，钱崇澍托杨衔晋将家属送往上海，自己随所迁往北碚。钱崇澍主持生物研究所迁往北碚途中，所中图书83箱曾阻隔于嘉兴，拟由汉口转渝，但因汉口形势迅速转为紧张，只好拟转道广西或湖南，其间，就在浙江和江西也是走走停停，在萧山、建德、泰和等地几度停转，最后在竺可桢及浙江大学的帮助下终运抵北碚。[④]1938年6月29日，中国科学社召开理事会，会上报告了竺可桢帮助生物所运存珍贵书籍之事，并通过以理事会具函道谢。[⑤]但到达北碚的中国科学社生物研究所依旧损失惨重，其中尤以书籍损失最大，杂志幸得保存，其中有98种为全套，而其中又以1787年的一套最为珍贵。[⑥]

---

①② 《卢作孚致宋师度》（1937年9月5日），见黄立人主编：《卢作孚书信集》，四川人民出版社2003年版，第590—591页。

③ 《科学社生物研究所仪器用具运到一部》，载1937年10月1日《嘉陵江日报》。

④ 竺可桢：《竺可桢日记》第1册，人民出版社1984年版，第235页。

⑤ 李玉海编：《竺可桢年谱简编》，气象出版社2010年版，第43页。

⑥ 《中国科学社生物研究所概况》，载《科学》1943年第1期。

静生生物调查所的辗转迁徙

抗战初期，静生生物调查所由于受美国退还庚款资助，请求美国保护，继续留在北平，未做南迁准备。太平洋战争爆发后，日美交恶，静生生物调查所因被视为美国财产，被日军强行进入，所内物品尽落日军手中，部分人员南迁江西泰和，继而西迁云南丽江，所中工作被迫中止。

静生生物调查所的内迁大体可以分为三个阶段：

第一阶段，从1937年7月至1938年7月，为内迁的准备阶段。这一时期，北平的静生生物调查所没有迁移，但是做了准备工作，在昆明成立了云南农林植物调查所。之所以在北平沦陷后依然选择留下，有两个重要因素：其一，静生生物调查所是由用美国退回的庚子赔款建立的中基会资助兴办起来的民间生物科学机构，与国民政府并无干系，可依靠美国在华势力，在北平维持日常运作。其二，中基会不同意静生生物调查所内迁，没有资金的支持，静生生物调查所只能选择留下来。这一点可以从中基会干事长孙洪芬致中基会董事、时任国民政府驻美国大使胡适的函件中看出：

> 静生所搬移不易，只好暂仍旧贯，必要时准备牺牲全部财产。在现状之下，该所搬家必受地方阻挠，且在较安全边城如昆明等处，绝对找不着容纳的地方。[①]

---

① 《孙洪芬致胡适》（1938年5月13日），见中国社会科学院近代史研究所中华民国史研究室编：《胡适来往书信选》（中），社会科学文献出版社2013年版，第669页。

从函件中可以看出中基会不同意静生生物调查所内迁，对静生生物调查所以后的发展也没有提出具体方案。所长胡先骕为了使静生生物调查所的工作不致因抗战中断，只好尽其所能做好内迁的准备工作，在昆明成立了云南农林植物调查所做分支机构。

在此之前，静生生物调查所就已多次派人去云南采集植物标本。“1931年更组织生物采集团，由蔡希陶率领赴云南进行大规模采集，历时三年；1934年又派王启无深入云南采集三年，到达许多人迹罕至的地区；1937年复派俞德浚赴滇，专做园艺植物之采集。”[①]截至全面抗战爆发，静生生物调查所在云南的采集工作已长达七年，足迹遍布全省，收获颇丰。云南生物资源丰富，非一时而能研究穷尽，故胡先骕认为有必要在云南设立永久性研究机构做长久深入研究。自龙云接掌云南省省政以来，教育经费有了保障，而时任教育厅厅长的龚自知对农林教育和农林科技发展也素来重视。因此自静生生物调查所在云南调查植物资源以来，教育厅给予了大力的支持和帮助。静生生物调查所人员的艰苦努力和取得的丰硕成果，也得到了教育厅对静生生物调查所的认可。

1938年5月，蔡希陶赴云南昆明，在尊经阁设立云南农林植物调查所筹备处，主持筹备工作，最后勘定黑龙潭龙泉公园为所址。1938年7月1日，云南省政府下发训令，言“由民国二十七年七月一日起，以三年为限，借龙泉公园与植物研究所，订立借用合同，并任蔡希陶为龙泉公园经理”，胡先骕与龚自知分别在所订合同上签字，至此云南农林植物调查所正式成立，胡先骕兼任所长，汪发缵任副所长。王启无、俞德浚、张英伯等先后加入该所。所中经费由重庆教育部补助5000元，云南省教育厅先期拨付2000元，以后每月补拨350元。成立之初，该所工作还是十分辛苦的，“当本所草创伊始，龙泉公园中上观、下观咸驻受训练之义勇壮丁队，所中职员，遂局促于薛公祠一隅，开始工作。唯时只蔡希陶、梁国贤二君，人间事繁，劳瘁可知。最重要之工作，乃为园

① 胡宗刚：《静生生物调查所史稿》，山东教育出版社2005年版，第132页。

中芟除荒秽，布置花木，为本所开辟苗圃，调查黑龙潭一带植物。阅半年，静生生物调查所所遴派之技术员，先后踵至”①。即使在如此情况下，云南农林植物研究所人员依然积极进行云南省植物的研究，成果不断。“其著作已完成稿者有陈封怀氏之《云南樱草之研究》一文，其他如汪发缵氏之《云南百合科》，俞德浚氏之《昆明植物名录》，及蔡希陶氏之《云南豆科》皆在研究进行中”②。然而，云南农林植物调查所刚刚稳定下来，战火已经蔓延到庐山，静生生物调查所被迫开始内迁。

第二阶段，从1938年8月至1941年12月，为内迁实施阶段。这一时期，庐山森林植物园被迫内迁至云南农林植物调查所，后又迁至丽江，建立庐山森林植物园丽江工作站。此时，经济部中央工业试验所（简称“中公所”）木材试验室也在四川乐山成立，陆续有北平和从海外归来的静生生物调查所人员内迁至此。

早在全面抗战爆发之初，为应对严峻形势，1937年9月1日，庐山森林植物园召开第七次园务会议，秦仁昌在会上就做了如下安排：

> 际此国难数重，非常时期内，各机关经费均虑困难。本园当然未能侧于外，兹后各项消费，亟应简省，以免陷入窘境，并将暂可缓办者，停止购备，设备费亦不得超过每月预算。至于职员薪水，自三十元以上者，暂支半数，本人之办公费五十元，亦暂不提支，均自九月份起实行。其余半数，俟时局稍平，于经费无虞缺乏时发给。所雇工人，自本月起，亦应裁减，可留工作得力者，以资节省，而免糜费。③

然而，不到一年时间，日军就攻陷上海，沿江而上，1938年6月26日，长江要塞马当失守，赣北被占。7月5日，湖口失守，7月23日，日军在九江附近登陆，遭到我军顽强抵抗，由此拉开著名的武汉会战序

① 汪发缵：《本所之回顾与前瞻》，载《云南农林植物研究所丛刊》1941年第1期，第3页。
② 《云南农林植物研究所最近工作概况》，载《图书季刊》1939年第4期。
③ 《庐山森林植物园园务会议记录》，中国第二历史档案馆馆藏档案，全宗号609，案卷号17。

幕。武汉外围有九宫山、幕阜山、庐山和大别山，国民政府在此布置重兵数十师，预筑坚固阵地。[①]此时庐山已是岌岌可危，庐山森林植物园的搬迁已经迫在眉睫，因为“在庐山附近虽然修筑阵地，但我军所采取的战略是边打边撤，以拖延日军西进日程，以便东部之人力、物力设备有时间撤至西部，以作持久之抗战”[②]。当秦仁昌获知国民政府部队将放弃庐山，才最终下定决心内迁，内迁之仓促性可想而知。就具体迁移来说，大致包括物品和人员两部分。

由于交通工具短缺，能携带的物品十分有限，庐山森林植物园将大部分物品如国内的标本、图书，以及丹麦国请秦仁昌鉴定的蕨类腊叶标本等都一起寄存在庐山美国学校，[③]准备战后取回。寄存的园中物品共120箱，每只箱长2米，高宽约1米，甚为巨大。此外也有少数私人物品，约每人1箱。庐山美国学校是在庐山的外国侨民为教育其子女而建立的学校。在第二次世界大战的远东战场上，英美始为中立的立场。植物园之设想与此前北平静生生物调查所的设想一样，认为日军会礼遇英美，美国学校可免于难。故植物园每月出资30元，租借该校房屋多间，用于物资存储，并请负保管之责。辛苦经营多年的植物园还有许多房屋设备、引种栽植的植物、精心营造的园林，皆托付给外籍人士赫伯德及牯岭美国学校吴校长二位先生，请其代为看管。

相对于物品来说，人员的迁移要复杂得多。首先，为了应对庐山森林植物园随时被占的危险，主任秦仁昌将其夫人左景馨送往湖南长沙左家(左宗棠老家)，又在植物园内安排六名工人留守，并预存了六个月的粮食、食盐、腌肉等。其次，庐山森林植物园的主要工作人员一路颠沛流离经南昌、长沙、贵州，最后到达昆明。但秦仁昌并没有与他们同行，而是直到7月24日才离开庐山，25日早上三点到达南昌，27日到达

① 何应钦：《八年抗战之经过》，见沈云龙主编：《近代中国史料丛刊》第79辑，文海出版社1973年版，第51页。

② 胡宗刚：《庐山植物园最初三十年：1934—1964》，上海交通大学出版社2009年版，第72页。

③ 《庐山森林植物园园务会议记录》，中国第二历史档案馆馆藏档案，全宗号609，案卷号17。

长沙。与家人团聚一段时间后，秦仁昌于8月中下旬经广西、越南河内到昆明。关于植物园西迁的具体情形，时在该园任职的冯国楣于1998年撰写了《庐山森林植物园丽江工作站始末记》一文做了详细记述，摘抄如下：

当秦主任知道庐山将很快被日兵侵占前夕，由庐园工人抬轿送至下山，至陈诚(游击战时的司令)住处，陈诚告诉他，庐山已划为游击战区，庐山森林植物园员工不能留守，均应下山避难。当时秦氏即写信给陈封怀，要大家从速离开，庐园工人回来后将秦氏的信交给陈封怀。当时大家商量，决定离山到南昌，离园的有陈封怀夫妇、刘雨时、冯国楣、冯瑞清、刘□□等，由含鄱口下山，从星子县沿公路向南昌方向步行，途中有军车回南昌，几经交涉才同意带我们到南昌。在南昌我们均要到了难民证。第二天陈封怀夫妇就转往吉安而去，我与刘雨时、冯瑞清、刘□□则在火车站乘坐运牲口的空车皮往长沙去，殊不知火车经萍乡至湖南醴陵途中的老关站时，与长沙来的一列军用火车相撞，结果是两车头撞到车站上，幸好我们均未受伤。当时车站用不到六小时把车修好，我们仍乘空车皮到长沙。

在长沙住到左家，其时左景烈有病在家。遇敌机轰炸，我们就躲在门口的防空洞内，系用沙袋堆集的简陋的防空洞。左家的门窗玻璃破碎了几块，其他没有什么破坏。第二天，我们去查看了离住处仅百余公尺的炸弹坑，约有一公尺左右的直径，并未伤人。以后我们每天一早均出城至田坝里，有水车可躲避，至太阳快落山时再回到家中。后购到从长沙至贵阳的公共汽车票，到贵阳后，又等汽车票至昆明，又等了很久，才坐上汽车抵达昆明，找到了文庙（即孔子大成殿)，其时已有蔡希陶、邱炳云等云南生物调查团的同事在此，后来秦主任由广西转往越南河内也到了昆明，陈封怀夫妇、雷震夫妇也先后自江西经广西到了昆明。①

植物园人员虽然大多去了云南，但也有少数未能成行者。例如，练习生熊耀国因武宁家中有老母亲需要奉养而未往云南，而是回老家，利用植物园发的薪津以及在当地中学任教的薪水维持生活并从事植物采集工作，采集到的标本在抗战胜利后，皆运回庐山。雷震去了云南，但不知何故，不久即返回江西，入江西省立农业院在南城麻姑山设立的林业实验所，从事森林植物的调查、繁殖及病虫害的防治研究等工作，一度任该所所长。

庐山森林植物园大多数员工在1938年八九月间陆续到达昆明后，即加入静生生物调查所在昆明刚刚建立的云南农林植物研究所的工作。由于北平所撤离人员亦多来该所，致使黑龙潭的房舍无法容纳，工作也未能全面展开。庐山森林植物园本有志于高山花卉研究，于是在高山花卉资源极为丰富的丽江设立分所。秦仁昌有这样的记述：

> 我等匆匆撤离庐山，辗转到了昆明，加入蔡希陶同志等筹设的静生生物调查所昆明分所。所址设在离昆明十余里的黑龙潭一个破庙内，不久唐进和汪发缵两同志从英国归来，因而所址狭小，而且人浮于事，大家计议将庐山植物园的人员分到云南西北部的丽江县设立工作站，开展康藏高原植物的调查。原拟由陈封怀同志率领前去，我仍留昆明工作，不料他在动身前一日忽然病倒，不能前去，临时改由我率领启程。②

1939年1月，秦仁昌率领庐山森林植物园部分技术人员，建立丽江工作站，站中职员共有九人，秦仁昌仍担任主任。此次内迁历时五个月，到丽江后不久，一切工作就开始照常推进。与此同时，经济部中央

① 胡宗刚：《静生生物调查所史稿》，山东教育出版社2005年版，第156页。

② 胡宗刚：《庐山植物园最初三十年：1934—1964》，上海交通大学出版社2009年版，第78页。

工业试验所木材试验室也在紧锣密鼓的筹备中。在1937年全面抗战之前，胡先骕就与经济部中央工业试验所所长顾毓瑔商定，由双方合作从事木材研究，筹备建立木材实验室，后因全面抗战爆发而搁置。1939年8月，北平静生生物调查所的唐燿自美国耶鲁大学留学归来回到上海，稍事停留即往香港，旋经滇越铁路到达昆明，于云南农林植物研究所拜谒胡先骕，并与在农林植物研究所的静生所同人相聚，又于9月22日乘飞机飞往重庆，在中央工业试验所开展工作。在重庆的中工所为唐燿配备两名助教，嘱其在北碚筹设木材试验室并任研究室主任。该室之经费未纳入静生生物调查所的预算，其主要来源是经济部。

正值木材试验室在北碚筹备之时，1940年5月，北碚不幸遭到日军飞机的轰炸，6月24日北碚的中工所新屋中燃烧弹，损失惨重，唐燿遂于8月初把木材室迁往乐山。乐山，又名嘉州，位于四川中部，岷江、大渡河及青衣江在境内汇合，又地近峨眉山，水路交通便利，木材资源丰富，迁此便于研究工作展开。然而，战时房屋的租借并非易事，从顾一真就洽商木材试验室房屋事宜致一泉的函可略知一二：

> 日前曾肃无函，谅登几右，维公私绥吉为颂，前在渝时，所谈贵所木材试验室创设于成都一节，未念进行如何，该所以业务之关系，似仍设蓉为善，至其应用房屋，即在筹备时期，以敝所现有各屋皆已住满，况甚狭隘，亦不适用，如尊所决计设蓉，自应另外设法，拟请转告唐燿君，先来蓉一行，以便洽商一切，而定进行，至为祈盼。[①]

尽管如此，唐燿还是克服重重困难，暂借凌云寺静修亭作为办公之所，后又租得姚庄房屋，于9月9日恢复工作。静生生物调查所自北平运到香港的木材试验仪器和唐燿自欧美寄回的书籍和仪器，也陆续转运到乐山。1942年，唐燿又在凌云山白塔寺下租用房屋，向武汉大学借来闲置的电机设备，按照从美国带回的图纸进行设计制造试验室设备。就这

---

① 《关于转告顾一真洽商木材试验室房屋事宜致一泉的函》，重庆市档案馆馆藏档案，全宗号0114，目录号1，卷号56。

样，唐燿创办了中国第一个木材试验室。中工所木材试验室的设立，一方面在“介绍木材新知识，辅助并促进新式有关木材工业之建树，以期在抗战期中，筹划有关军事上、交通上，涉及木材上各问题，并为战后建设上之预备，解决木材原料之一切问题”[①]做出很大贡献；另一方面为内迁的静生生物调查所部分人员提供了继续工作的机会。

第三阶段，从1941年底到1942年底，此为内迁收尾阶段。这一时期，太平洋战争爆发，日美关系破裂，北平静生生物调查所苦苦支撑的工作最终被迫中断，庐山森林植物园的遗留物品也遭到破坏，胡先骕在中正大学设立静生办事处，设法营救被困的静生生物调查所人员。

太平洋战争爆发后，受美国保护的中国文化教育机构失去了保护伞，被视为美国在中国的财产，被日军强行占领，燕京大学、协和医学院、北京图书馆、静生生物调查所等皆在此列。“1941年12月8日，日军筱田部队封闭了静生所，所中员工皆被驱逐，全部图书及动植物标本概未救出，只有植物模式标本照片之底片，野外采集所用各省陆军测量地图等少量珍贵材料被提前寄存到大陆银行。所中人员虽曾被日本宪兵传讯多次，幸未受到凌辱。”[②]

日本侵占静生生物调查所后，以重金聘时任代理所长的杨惟义为“东亚文化协会”评议员，又逼迫其去徐州担任治蝗局局长，均遭拒绝。杨惟义被日本人扣押，后因其是知名学者，不得不释放了他，但不许其上班。后实验室一位姓冯的练习生到杨惟义家中说，日本人要求他们天天按时到所里工作，并向职工们了解各研究人员的动向，尤其是所长各方面的情况，杨惟义便托他设法将一个抽屉里的几篇文章毁掉，以免落到日本人手里。[③]1941年冬在爱国人士的帮助下，杨惟义举家迁至江西泰和，受聘于江西中正大学。

此时，庐山森林植物园与北平静生生物调查所的命运一样。“在日

---

① 唐燿：《设立中国木材试验室刍议》，载《科学》1940年第4期，第303页。

② 胡宗刚：《静生生物调查所史稿》，山东教育出版社2005年版，第128页。

③ 李国强主编：《从放牛娃到院士——昆虫学家杨惟义的故事》，江西科学技术出版社2007年版，第41页。

军侵占的庐山，英美侨民也受到其冲击，纷纷离开庐山，寄存在美国学校的物品被日军霸占。当日军获悉植物园与静生所的关系后，便把部分物品运往北平，与所霸占的静生所物品放在一起，供日军使用，所有图书都盖有‘北支派遣甲第一八五五部队’的番号印章。”[①]此后不久，因赫伯德病故，植物园园林遂无人看守，只有任其荒芜，房屋也任人拆毁。面对如此严峻的形势，胡先骕立刻向中基会申请援救经费，其向中基会干事孙洪芬的函文节选如下：

> 郑君云中基会议决，尽可能维续静所，但日美若开战，则暂时停办。当初纳鄙言，今日何之委故，至可痛心。惟同人死守不去，四年于兹，其陷贼中之高中级人员及其眷属，中基会有维持其生活，援救其出险之义务。现在交通虽异常困难，但非绝对无办法，惟须大宗旅费，然苟能将一部或全部人员内迁，则汇费所节余之款，尽可供旅费之用。即只一部分人出险，静生之事业亦可在内地继续，而无庸停顿也。[②]

另一方面，胡先骕设立中正大学静生办事处，把从沦陷区疏散出来的静生生物调查所人员都尽量安置在中正大学。在北平刚刚沦陷之时，胡先骕前往昆明主持云南农林植物研究所，1941年，他向中基会告假一年，就任江西中正大学校长。胡先骕利用职务之便，安置静生生物调查所内迁人员，这一来可为该校农学院聘得教授或讲师，使生物系得以于1942年设置，同时也可以为静生生物调查所储备人才。先期来到江西泰和的有杨惟义、彭鸿绶、陈封怀、唐进等，后来又有秉志、何琦、黄野萝、傅书遐、王宗清、周宗璜等。但具体到他们每个人，内迁到中正大学的路线还是很不同的。例如，“代理所长杨惟义经长期之谋划，得于三十一年秋由沪内迁至上饶，浙赣战事起，乃至泰和。采集员唐善康亦

---

① 胡宗刚：《庐山植物园最初三十年：1934—1964》，上海交通大学出版社2009年版，第76页。

②《胡先骕致孙洪芬》（1941年12月16日），中国第二历史档案馆馆藏档案，全宗号484，案卷号1082。

于去秋间，间道来至泰和。”[①]与之不同，陈封怀离开庐山后，先去云南参加植物园丽江工作站的工作，后受胡先骕校长聘请回江西泰和，在中正大学园艺系任教，1944年又去云南，仍在植物园工作站。

静生生物调查所沦陷之后，因种种原因，仍有一些人员最终留在北平，不得已而任事于伪职，主要有：寿振黄在伪华北综合调查所，张春霖、李良庆在伪北京大学理学院，以维持生活，苟全于乱世。当然他们并没有忘记自己所从事的专业。

一方面是为内迁做准备，一方面是科研的需要，静生生物调查所在抗战十四年间，设立了庐山森林植物园、云南农林植物研究所、庐山森林植物园丽江工作站、中工所木材试验室、中正大学静生办事处五个分支机构。机构分散、道路阻隔等因素导致了静生生物调查所人员迁移路线的复杂性。胡先骕由北平出发，走海路从天津到上海，到香港，再走陆路到重庆、昆明后又去泰和。庐山森林植物园的人员走南昌、长沙、贵阳、昆明，一路向西最后到丽江。也有从北平直接坐飞机到重庆的。也有一些人员是之前被派遣去做调查，就直接留驻的。例如，蔡希陶在筹办云南农林植物研究所之后，本拟回北平，因战争期间“道阻未能北返”，即赴滇省，担任云南农林植物研究所标本管理员。向仲与邓祥坤均因同样原因，调为云南农林植物研究所事物员及采集员。[②]前已在云南进行植物采集的俞德浚、刘瑛也加入了农林植物研究所。教育厅此前派往静生生物调查所学习的梁国贤时同样被纳入该所。在迁移的过程中，各民营科研机构也经常出现人员的分散、重组等各种情况。

---

① 胡宗刚：《胡先骕先生年谱长编》，江西教育出版社2008年版，第325页。
② 胡宗刚：《静生生物调查所史稿》，山东教育出版社2005年版，第137页。

黄海化学工业研究社的内迁

全面抗战爆发后，为保存国家的工业力量，为抗战提供军需物资，补充后方的民用供给，大批民营厂矿都意欲把工厂迁往内地。国民政府行政院成立了上海工厂迁移监督委员会（简称“迁委会”），主持迁厂事宜。内迁工作面临很多问题，而缺乏运费和运输工具是当时最严重的问题。1937年9月，迁委会代表开了两个星期的会，却连一只驳船也没有给民营工厂弄到手，各工厂只得分头找小驳船将物资分批运出。[①]

20世纪初，中国科技开始走上体制化的发展道路。1922年，著名实业家范旭东在塘沽久大精盐厂内成立黄海化学工业研究社，以“研究化学工业之学理及其应用，并辅助化学工业之企业家计划工程，以及现代之化学工厂改良工作，增高效能”[②]。黄海化学工业研究社设有化工原理研究及应用化学研究等部门，是中国第一个私人创办的科学研究机构，“其性质和水平约略相当于大学化学系的研究所”。[③]

黄海化学工业研究社被迫西迁，范旭东任命李烛尘为黄海社内迁的总负责人，着手将黄海社和久大、永利两厂向内地转移。范旭东在对团体工作做了全面安排之后，乘火车南下。李烛尘作为内迁的总负责人，认为科研机构的基础在于人才，只有将这些人才平安转移，才能继续

---

① 颜耀秋：《抗战期间上海民营工厂内迁片段》，见全国政协文史资料委员会编：《中华文史资料文库》第12卷《工业》，中国文史出版社1996年版，第957页。

② 《黄海化学工业研究社章程》，见中国第二历史档案馆编：《中华民国史档案资料汇编》第5辑第2编《教育》（2），江苏古籍出版社1997年版，第602页。

③ 王培德、赵博泉：《“黄海”三十年》，见全国政协文史资料委员会等编：《化工先导范旭东》，中国文史出版社1987年版，第159页。

发展黄海化学工业研究社。因此他首先考虑到的是保护200多名技术人员的问题。在“宁可放弃物质财富，也要保存所有科研技术人才”思想的指导下，李烛尘迅速将技术资料、设计图纸装箱，由相关技术人员携带转道香港内迁。同时，拆毁带不走的重要设备，绝不留给日本人。黄海化学工业研究社的全体成员与永利、久大的技术人员一起，带贵重仪器和药品25箱，中外图书三四千册，[①]迅速撤离已完全沦陷的塘沽，踏上内迁之路。

按原计划，黄海化学工业研究社与永利、久大的同人将在武汉集合，但随着战局的发展，山东、河南相继沦陷，武汉已非合适的聚集地。1938年1月，范旭东在汉口主持“永久黄”领导人会议，决心以复兴民族为目标，在后方再创立一个化工中心。随后永利碱厂、久大精盐厂、南京硫酸铔厂、黄海化学工业研究社，三厂一社的负责人、工程技术人员和一些老技工，就在孙学悟的带领下从永利公司华中办事处出发，乘船继续南撤，准备在大后方重建化工中心。

1938年春天，黄海化学工业社成员到达湖南长沙，选定水陆洲为新社址。7月，新屋落成，但只能支撑调查和分析两部分人员进行工作。孙学悟考虑到这场战争的持久性，指示菌学研究室部分人员先行迁入四川，并借用重庆南渝中学的科学馆安顿他们。很快，广州、武汉相继沦陷，长沙局势紧张，黄海化学工业研究社不得不忍痛放弃在水陆洲新建成的研究室，全体成员与永利、久大的技术人员继续西迁入川。船行至三峡，山峰壁立，水流湍急，十分险恶，船工沿栈道上水拉纤，船行得十分缓慢。范旭东曾这样描述当时的情景：“当时雨雪凄其，北风凛冽，天公亦若不胜其同情者！津沽京沪之资产，至是荡然无存，南北同事一时且失去联络，吉凶莫卜，盖二十年本公司最黑暗时期也。”[②]这支队伍最终经万县、涪陵、长寿等地，到达重庆。武汉会战结束后，黄海化学工业研究社的全体研究成员又撤至四川五通桥。

---

① 孙果达：《民族工业大迁徙——抗日战争时期民营工厂的内迁》，中国文史出版社1991年版，第147页。

② 张同义：《范旭东传》，湖南人民出版社1987年版，第99页。

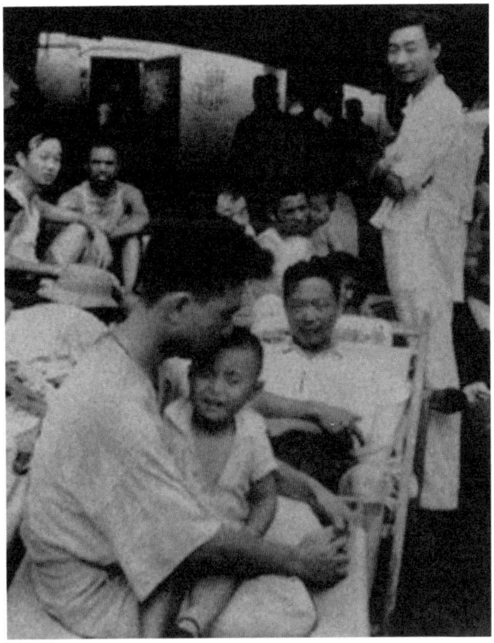
1937年，永利碱厂工程技术人员在南迁途中

李烛尘一直留在法租界内的永利总管理处安排内迁工作，直到12月10日离开天津，才在老职工王子百等人的协助下，乘坐外国轮船离开天津。据《我所知道的爱国实业家范旭东》描述："当时日本宪兵曾在码头和船上严密搜查，李烛尘化装成一名商人登船，匆忙中忘记所携一只皮箱上仍留有一张'李烛尘'名片，幸好王子百及时发现，顺手将其取下丢入海河，侥幸脱险。"[①]其坚持工作到最后的大无畏精神充分展现了一个科学家的忘我奉献精神。历经艰险，李烛尘到达四川后，顾不得休整，便协同先抵达的内迁人员着手进行黄海化学工业研究社新基地的建设了。

1941年9月，日本偷袭珍珠港，并分兵入侵香港。当时，范旭东夫妇正在香港，重庆政府驻港人员通知范氏，说他可以由香港乘飞机直飞重庆。范旭东拒绝了这一特殊照顾，离开铜锣湾寓所，搬到了中环商业区暂住。旋即，他携夫人并秘密约的十余人，雇一艘小帆船经九龙入海，沿大鹏湾海岸线迂回漂行，越过日军岗哨，到未沦陷区登陆，步行到惠阳再转乘汽车、火车和飞机，经韶关、衡阳、桂林返回重庆，跋涉达数月之久，备尝艰辛。[②]脱险之后，"永久黄"全体员工聚会欢迎他，范旭

① 刘洪昇：《忆爱国老人李烛尘先生》，见中国人民政治协商会议湘西土家苗族自治委员会文史资料研究委员会编：《李烛尘资料专辑》（《湘西文史资料》第25、26辑合刊），湘西文史资料编辑部1992年版，第99—100页。

② 章执中：《我所知道的爱国实业家范旭东》，见全国政协文史资料委员会编：《中华文史资料文库》第12卷《工业》，中国文史出版社1996年版，第323—324页。

东在会上说道："我现在幸运回来了，我马上就得开始工作。希望同人也各守岗位，少谈方法，多做实事，向前努力，让我们的工业做一颗民族复兴的种子。"[①]此时，在永利南京硫酸铔厂主持工作的侯德榜，也被迫撤离，赶赴后方与范旭东等会合。

① 知峰：《范旭东——中国化学工业的拓荒者》，见《中国科技史料》第3辑，科学普及出版社1981年版，第8页。

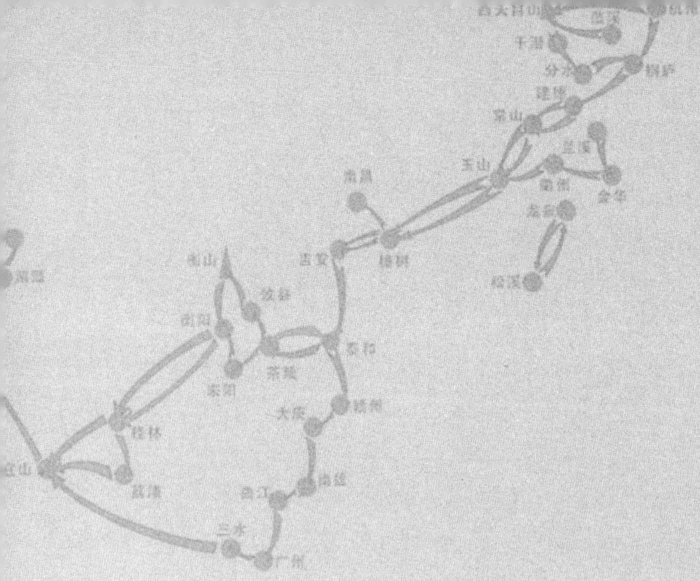

第六章

困厄与突围

抗日战争是吾中华三千年以降，惨烈空前、悲壮空前、神圣空前之伟大卫国战争。“万里长征，辞却了五朝宫阙，暂驻足衡山湘水，又成离别。绝徼移栽桢干质，九州遍洒黎元血。尽笳吹弦诵在山城，情弥切。”这首西南联大校歌的上阕，不仅是西南联大抗战西迁的真实记录，也是广大科技工作者和科研机构大迁徙的生动写照。各类科研机关及各类科技人员源源不断地流向后方，在困厄中求生存，在逆境中求突围，开始了在大后方的艰难重建。

中央研究院在后方的重建

自1937年7月全面抗战爆发一年有余，中研院各研究所研究人员历经艰辛，辗转大半个中国，一度颠沛流离，居无定所。“战事发生后，奔波流离，各所所遭遇的困难是很多的，不但业务的发展有困难，维持原有的工作也常常成了问题。又因人事的变迁，若干有训练、有工作经验的人都辞去了职务。所以抗战的第一个四年，中央研究院的研究工作可以很确切地用‘不安定’三个字来描写。”[①]中研院史语所李济这一番话反映了中研院内迁后所面临的发展困境。至1938年9月，各研究所到达预定目的地，内迁基本告一段落。而如何在短时期内重建，继续进行科学研究，成为摆在中研院面前的首要任务。正如时任院长蔡元培所说：

> 自前年八月间敌军侵入以来。凡东南各大都会及沿海区域所建设之研究机关，不能不向西南各省迁移，工作之停顿，仪器书志之遗失，均所难免。到达目的地以后，房屋之借用与营建，水电之供给，仪器药品之补充，在在均感困难，不能不认为学术界之大损失。
>
> 然人类历史，本充满着打破困难的事实，于困难中觅得出路，正是科学家之任务；又况易地以后，新原料之获得，各方面人才之集中，当地原有机关之协作与互助，亦自有特

① 李光谟、李宁编：《李济学术随笔》，上海人民出版社2008年版，第215页。

殊便利之点，吾人断不因迁地之故而自馁。[1]

蔡元培此番言论，反映出中研院各研究所内迁之初所面临的诸如“仪器书志之遗失”等种种困难，以及科学工作者所承担的“于困难中觅得出路”的重任。同时，抗战时期大后方经济建设对人才和科技的需要，广大西部地区所蕴藏的富饶的矿产资源，千姿百态的动植物物种，绚丽多彩又极富地方与民族特色的历史文化，也使中研院大有用武之地。这种研究环境的转变，“新原料之获得”“各方面人才之集中”“当地原有机关之协作”，为中研院战时的发展提供了新的机遇。

为谋中研院的长远发展，新所如何建设，各研究所人员、家属如何安置，科研工作如何开展，实验室设施如何布置等，都成为中研院重建亟待解决的问题。

中研院内迁之初的重建，首要任务即为新所的建设。时值抗战，桂林、昆明等地物资、设备较为短缺，各研究所初到大后方，为时之计，只有同舟共济渡过难关。

内迁之后，中研院各研究所为解决工作及住房需要，纷纷租赁民居，利用地利之便相互协作，进行新所建设。较早到达昆明的史语所，即租赁城东拓东路663号为办事处，此后因内迁人数增加，又租赁城北青云街靛花巷3号，将全体人员集中一处工作，又租竹安巷4号平房一院作为职员宿舍。[2]待物理、化学、工程三个研究所到达之时，昆明办事处已是人满为患，三所分别在圆通街、灵光街51号及石桥铺杨庆火柴厂旧址建新所，作为临时办公室及职员宿舍。此后，工程研究所以石桥铺房屋为基地建设临时玻璃试验场，另外租赁小西门外大观楼新建住宅一所为临时办公地点。天文学研究所设临时所址于小东城脚20号，并与物理研究所在昆明东北郊外的凤凰山筹备建设天文台和地磁台。

---

①《中央研究院评议会第四次会议开会词》（1939年3月1日），见高平叔编：《蔡元培论科学与技术》，河北科学技术出版社1985年版，第321页。

② 国立中央研究院文书组编：《国立中央研究院民国二十六年度至二十八年度总报告》，国立中央研究院总办事处，1939年，第49—50页。

内迁广西桂林的地质研究所与物理研究所（磁学研究部分）在环湖东路合租一栋两层楼房做办公之用。1938年6月，日军空袭桂林，地质研究所与物理研究所合租的楼房在轰炸中坍塌，所幸无人员伤亡。李四光只得将地质研究所迁到桂林乐群路四会街12号一座杂草丛生的小院内，并亲自设计建造了两排木房，作为办公室和宿舍。[①]

内迁重庆的气象研究所租赁通远门外兴隆街19号民屋暂住，逐步恢复研究、行政、统计、制图、预报等工作。由于房屋狭窄，1938年3月初又改租曾家岩中四路139号颖庐，共租房屋十间，事务、统计、制图、发报等办公室各一间，图书室两间，其余为职员宿舍。[②]

以上为中央研究院内迁之初重建的基本概况。

战时中研院的内迁，使科学工作者暂时脱离了危险。然而一波未平一波又起，随着抗战局势的持续恶化，日军飞机频频侵扰桂林、昆明等大后方城市，中研院各研究所又入险境，人员、物资的安全受到严重威胁。

其实还在内迁途中，中研院部分人员便已意识到内迁后人员、物资即将面临的威胁。孟符谓，“昆明拥挤，居屋不易寻找，此行路费所耗又大。吾人能留滇若干时日，尚不得而知。万一汉口失落，昆明必为日机轰炸目标。据息，昆明城内妇孺已在疏散”[③]。随着日军对大后方无差别轰炸日益频繁，中研院各研究所被迫将人员、物资向乡间疏散。

身处昆明闹市的化学、物理、天文研究所共同制定疏散计划，在昆明东北郊外的凤凰山圈地，“将图书、仪器及家眷送至该山村间，派人照拂，同时监督建筑进行。而且凤凰山地基广大，每年所需租金甚微，以此所省购地金钱，用作水、火、电设备，亦属得计。……同时因地处

---

① 李四光研究会筹备组地质学会地质力学专业委员会编：《李四光纪念文集》，地质出版社1981年版，第29页。

② 国立中央研究院文书组编：《国立中央研究院民国二十六年度至二十八年度总报告》，国立中央研究院总办事处，1939年，第26—27页。

③ 王庆祥、园欣、李秀芬选编、整理、注释：《吴学周日记》，长春市政协文史和学习委员会，1997年，第16页。

偏僻，建筑进行，当可不受空袭影响”。[①]三所又与凤凰山脚下的大羊方旺村签订租约，“物理所添聘韦天祥先生，借以与大羊方旺村村民接洽，借用大乘庵，以作储藏三所东西之用，并在该村及附近村庄寻找家眷住宅，于必要时在租地内暂建土屋”[②]。此后，中研院在此成立化学、物理、天文研究所临时办事处，家眷则分散安置在大羊方旺村和西山两地。九二八大轰炸之后，云南省省政府鼓励各学校及科研机构尽量疏散至乡下，以减少轰炸损失。中研院同人对于防空一事慎之又慎，化学研究所将图书送往大观楼工程研究所存储，仪器送缥缈楼，药品送太华寺，职员眷属向太华寺、甘头村疏散，仪器在相当情形下，也可酌情借予其他机构。[③]

史语所则向昆明城外十余里的龙泉镇疏散。“龙泉镇有学校——龙头书屋、有山——宝台山、有庙——响应寺、有河——金汁河，是有文化的地方”，“龙头书屋是个空的书院，四合院建筑，响应寺虽然是庙，但是神像很小，空间很大，有足够空间可使用”，便于史语所存储大量文物与书籍。而且，此处环境优美，远离市区的拥挤和喧嚣，便于躲避日军的空袭。1939年秋，史语所迁入龙泉镇。考古组因东西较多且重要，被安排在空间较大的龙头书屋；历史组、语言组、人类学组及图书馆安置在响应寺。此后史语所又租赁了宝台山上的观音殿、弥陀殿，在弥陀殿及响应寺分别设立中西文图书馆，于是山下的响应寺成为史语所的行政中心，山上则成为学术中心。[④]由于住房紧缺，所长傅斯年在棕皮营村长赵崇义处购得一块竹笋地，并修建五间房子。李济因家眷较多，在傅斯年住宅对面修建了一座较大的房子，两家一路相隔，傅宅在路南，李宅在路北。董作宾、梁思永则在响应寺后盖了五间房子。

---

① 王庆祥、园欣、李秀芬选编、整理、注释：《吴学周日记》，长春市政协文史和学习委员会，1997年，第23页。

② 王庆祥、园欣、李秀芬选编、整理、注释：《吴学周日记》，长春市政协文史和学习委员会，1997年，第25页。

③ 王庆祥、园欣、李秀芬选编、整理、注释：《吴学周日记》，长春市政协文史和学习委员会，1997年，第67—68页。

④ 陈存恭、陈仲玉、任育德访问，任育德纪录：《石璋如先生访问纪录》，中央研究院近代史研究所2002年版，第202—203页。

“实行科学研究”是中研院长期秉承的学术宗旨，也是各研究所职能之所在。自淞沪会战爆发至中研院内迁大后方，研究人员一度颠沛流离，居无定所，学术研究工作几乎完全停止。学术建设事关中研院的前途和命运，因此也成为中研院重建工作的重中之重。

内迁之初，各研究所多忙于新所的建设、人员物资的安置，加上中研院经费有限，诸如物理、化学等研究所赖以发展的实验室空间狭小，设备落后，理论科学研究难以进行。总干事朱家骅号召各研究所，“除纯学术之研究外，并为适应当前需要，多注意有关抗战建国各项实际问题之研究工作”[①]。各研究所也以既有研究为基础，因地制宜，因时制宜，结合战时需要及地方特色开展学术重建。自然科学领域，各研究所已基本停止理论科学研究，转而开展适应战时需要的应用科学研究。如物理研究所无线电部分初到桂林，鉴于广西无线电事业尚不发达，即协助广西省建设覆盖全省的无线电通讯网。而为了解决通讯网建设过程中的设备短缺、电力不足、电压较低等众多难题，物理研究所进行了手摇发电机、晶片滤波式外差收报机改装，无线电收发机、干电池电解电容器、振子整流器制造等工作；又协助防空委员会、汉口气象测候台等机构修理无线电设备，培训无线通讯人员；鉴于战时仪器短缺，物理研究所还为西南联大、云南大学等学校制造所需的各种仪器。[②]可见，物理研究所进行的科学研究活动实际上已深入地方建设当中，远超过应用科学研究的领域。化学研究所鉴于抗战需要及云南省丰富的矿产、药材资源，将工业化学研究作为该所将来工作之重心，力求“利用本所设备，作滇省土产应用之研究。……以服务于社会也”[③]。1939年，化学研究所年度工作计划主要内容有：“制铝原料之研究，制镁原料之研究，中西药物之研究，利用西南矿产试制无机药物之研究，自磷矿提制黄磷之

① 王聿均、孙斌合编：《朱家骅先生言论集》，中央研究院近代史研究所1977年版，第78页。

② 国立中央研究院文书组编：《国立中央研究院民国二十六年度至二十八年度总报告》，国立中央研究院总办事处，1939年，第10—13页。

③ 王庆祥、园欣、李秀芬选编、整理、注释：《吴学周日记》，长春市政协文史和学习委员会，1997年，第31页。

研究，云南盐产之研究。”[①]可见，化学研究所的研究基本属于应用化学领域。地质研究所在内迁途中也不忘开展地质调查，考虑到抗战以来长江一带无处不感煤之供应困难，地质研究所在鄂西香溪河流域不遗余力地进行煤矿调查，并协助湖北省建设厅对其中数处煤矿进行开采。同时，地质研究所也先后与广西省建设厅及经济部地质调查所取得联络，在矿产调查方面进行合作。

人文社科领域，由于受硬件设施的影响较小，研究工作可谓五花八门，既有对抗战前研究成果的整理与总结，如史语所进行的《明实录》校勘，东突厥史料编纂，元和姓谱校补，汉魏史料、石刻的整理，小屯村考古发掘的整理及相关研究，社会科学研究所进行的明代一条鞭法研究、湘军兵制研究、中国棉纺织工业研究、国内资本的形成研究、浙江粮食产量研究等，也有结合地方实际对新的研究领域的开拓，如史语所语言组进行的湖北、湖南，广西龙州、云南保山方言调查与研究，考古组进行的川康古迹调查，人类学组进行的湘西苗族、滇缅南段民族调查研究。也有结合抗战需要所开展的研究，如社会科学研究所进行的抗战以来中国棉纺织业调查、江西钨业成本调查、广东省对外贸易调查，抗战以来中国国际贸易的演变研究、滇缅铁路与我国对外贸易关系研究、战时金融经济研究，日本兵力评估等研究工作，[②]其研究目的不言而喻。

实验室是各自然科学类研究所开展科学研究的必备设施。内迁之后，各研究所仪器及药品逐次运达，而实验、观测设备全无着落，研究工作自然无从谈起。

化学研究所在内迁昆明之初便开始筹备实验室。1939年初，化学研究所在灵光街51号租赁的民房内建立临时实验室两间，水、电力、煤气等设备都是在最经济的条件下，由所中人员自行安装，供临时实

① 国立中央研究院文书组编：《国立中央研究院民国二十六年度至二十八年度总报告》，国立中央研究院总办事处，1939年，第19页。

② 国立中央研究院文书组编：《国立中央研究院民国二十六年度至二十八年度总报告》，国立中央研究院总办事处，1939年，第49—75页。

验之用的。随着化学研究所在昆明安定下来，无再迁的打算，身处上海等地的工作人员也陆续入滇，此前布置的实验室，难以敷用。1939年2月，化学所又租赁桃源街平房一幢，“因是西式平房，房顶无落尘入皿之虞”，“房子虽小，然清洁光敞，颇适化学实验之用”。[①]在化学研究所同人的共同努力下，临时实验室于同年6月9日中研院成立十一周年之际正式落成。[②]化学研究所“一方悉心布置暂时实验室进行工作，以维化学所学术地位，一方预备建筑及设备经费，以作将来计划之准备”。[③]临时实验室建设之初，化学研究所永久实验室的建设也提上日程。因“化学所与工程所性质相近，而且水、电、煤气设备均属必需”[④]，工程研究所“无分析人员，拟有请化学所合作意”[⑤]，而且与本院机关合作，可取得人力、财力集中的效果，总干事任鸿隽因此建议化学研究所与工程研究所合作建设永久实验室。12月22日，中研院在昆明召开院务会议，正式决定“化学所实验馆与工程所同建在小西门棕树营”[⑥]。经过近两年的建设，实验室最终于1940年7月正式落成。该实验室占地约40亩，共有房屋二十余间，水、电、通风橱、冰箱等设备一应俱全。建筑及设备费十余万元，大部分由中英庚款董事会捐赠。同时完工的还有工程研究所材料试验室、工业材料化验室、机械试验室、电机试验室、冶炼实验室等。

天文研究所天文台与物理研究所地磁台原本共同设在紫金山山麓。内迁之后，要想继续进行天文观测及地磁测量，另觅新址重建天文台与地磁台已成大势。昆明素有“春城”美誉，地高气薄，非常适合进行天

① 王庆祥、园欣、李秀芬选编、整理、注释：《吴学周日记》，长春市政协文史和学习委员会，1997年，第52、54页。

② 王世儒编：《蔡元培日记》，北京大学出版社2010年版，第622页。

③ 王庆祥、园欣、李秀芬选编、整理、注释：《吴学周日记》，长春市政协文史和学习委员会，1997年，第28页。

④ 王庆祥、园欣、李秀芬选编、整理、注释：《吴学周日记》，长春市政协文史和学习委员会，1997年，第37页。

⑤ 王庆祥、园欣、李秀芬选编、整理、注释：《吴学周日记》，长春市政协文史和学习委员会，1997年，第42页。

⑥ 王庆祥、园欣、李秀芬选编、整理、注释：《吴学周日记》，长春市政协文史和学习委员会，1997年，第43页。

文观测，天文所所长余青松于是决定在昆明建立一座永久性的天文台，在战时做临时所址，待抗战胜利后做紫金山天文台的一个分台。物理所所长丁燮林想与天文所继续做邻居，便向余青松建议二所共同选址，余青松欣然赞同。于是二位所长偕天文所职员陈遵妫赴昆明近郊选址，先后勘察了黑龙潭、太华山、凤凰山三处。因凤凰山一带没有铁矿，地势较高，周围人烟稀少，适合进行地磁测量及天文观测，大家便选定了凤凰山。台址选定后，房屋建筑图纸由余青松和丁燮林亲自设计，所需经费由中英庚款董事会和中研院提供。[①]1938年秋，天文台与地磁台开工建设，于1939年春同时落成。“天文台有研究室三，办公室一，图书室一，会客室一，变星赤道仪室一，太阳分光仪室一，摄影暗室一，盥洗室一，共十室。造价约国币二万一千元。职员宿舍共九室，造价国币六千五百元。下房共六室，造价约国币二千五百元”，其中变星仪的圆顶“不抄袭历来成法，另行设计一种轻巧式样”，远胜于紫金山天文台变星仪，可谓余青松的得意之作。[②]物理研究所地磁台分记录室和标准

抗战时期的昆明凤凰山天文台

---

① 陈展云：《中国近代天文事迹》，中国科学院云南天文台，1985年，第50—51页。
② 余青松：《国内天文学研究概况》，载《宇宙》1940年第7—10期。

室，“墙顶均用石砌，既免铁属杂质，并资永久”[①]。

中研院在重建过程中除注重让院中性质相近的研究所相互合作之外，也非常注意加强与地方政府及地方科研机构的合作。1938年秋，中研院地质、物理（无线电部分）、心理研究所内迁桂林，深感实验室对于研究工作的必要，但由于经费紧缺，“实验室之基本设备，如水、电、煤气及较小规模之修理仪器厂均难得到，以至研究工作方法稍为精细，即不能进行。欲联合设立一规模粗具之实验室，又非三所财力之所能办到”。而广西的地理及社会环境非常适合各研究所开展科研活动，“广西交通至为方便，地方治安又极良好，且当局亦极愿合作，是以动植物所及地质两所欲在桂设立一工作站，为将来在我国西南部作生物及地质调查之中心。心理所神经解剖及神经生理之研究均需要较高等之哺乳动物猿猴为研究之材料，广西猺山为产猴之区，故亦欲在桂设一工作站”。适逢广西省政府有在桂林良丰设立科学实验馆的计划，这地质、物理及心理研究所久旱逢甘露，欣然加入桂林科学实验馆的筹建。广西大学前校长雷沛鸿任主任委员，李四光和心理研究所所长王敬熙为委

桂林科学实验馆旧址

① 国立中央研究院文书组编：《国立中央研究院民国二十六年度至二十八年度总报告》，国立中央研究院总办事处，1939年，第16页。

员，馆长一职由李四光担任。所需经费部分由广西省政府拨给，部分从各研究所年度预算剩余款项内拨出，“动植物所拨一万二千元、地质所拨八千元、心理所拨六千元予广西科学馆”。[①]桂林科学实验馆主要任务有三：“1.应用自然科学从事研究各项实际问题；2.搜集各项可供科学研究之材料，并设备各项科学工作必需之工具；3.协助广西科学教育之发展。”实验馆成立之后，与广西省政府化验室合作建立化验室，与中研院物理研究合办物理实验室，与中研院地质研究所合办地质矿产研究室，与广西农事试验场合作成立慕祥研究室，“其研究工作之性质大半与农矿工各种事业之发展，关系至为密切”，可谓是中央研究院与地方合作共建的典范。[②]

① 《李四光等致中央研究院桂林办事处函》，见朱琪选辑：《蔡元培等有关抗战初期中央研究院内迁诸事与王敬礼来往函》，载《民国档案》2007年第1期。

② 李四光：《桂林科学实验馆概况》，载《建设研究》1941年第5期。

北平研究院在昆明的重建

北平研究院各研究所历经从北平到昆明的长途迁徙，相继在后方安营扎寨。战火纷飞，加之物资紧缺，交通运输不便，各所在迁移过程中，损失甚重。除开图书、仪器、家具等不及运出北平落入敌手之外，各所经费和科研人员亦缩减不少，使得研究工作举步维艰。1938—1942年，北平研究院各地研究员及职员总数降至百人以下，其中1939年骤降至70人，到1943年人员仅剩下49人，其中职员13人，研究人员36人。[①]1944年，人数有所回升，职员28人，研究人员77人，共105人。1945年，有职员60人（严济慈、李书华等计入职员），研究人员48人，共计108人。[②]经费方面，本来每月经费3万元，就已经捉襟见肘，受抗战影响，院中经费也停发数月，后减成支给。自1938年1月起，实领经费减为40%（四成），1938年3月起，经费改照36%（四成九折）发给，1939年10月起，改为按63%（七成九折）发给。1941年1—12月，经费按69.3%（七成九折再加一成）发给，即每月实发20,790元。1941年度又追加经费74,844元。[③]虽然时有补发，但是当时通货膨胀严重，许多活动难以进行。李书华对此曾有总结："本院十年以来，增添的图书仪器非常的少，且抗战时期原有设备受了相当的损失。所以我们的设备比

---

① 《国立北平研究院职员录(1943)》，中国第二历史档案馆馆藏档案，全宗号394，卷宗号7。

② 《人员及经费报告(1944)》，中国第二历史档案馆馆藏档案，全宗号394，卷宗号7。

③ 国立北平研究院文书处编：《国立北平研究院工作报告(1937—1939)》，国立北平研究院总办事处，1940年，第1页。

较落后了。这当然也是全国各研究机关一般的情形。不过本院经常费不敷应用，临时费离够用差得很多，得到的外汇尤少，所以本院感觉特别困难。”① 仅就全面抗战时期研究所论文数量来看，远远不及之前，可见战争对于科研的破坏之大。

北平研究院全面抗战时期历年发表论文数量（篇）表

所名	1938	1939	1940	1941	1942	1943	1944	1945	总计
物理学	6	5	5	2	2	2	3	2	27
镭学	1	4	5	4	—	1	4	2	21
化学	—	—	1	—	—	5	2	—	8
药物学	4	4	5	4	—	—	—	—	17
生理学	2	—	1	—	2	—	—	—	5
动物学	—	3	4	1	1	1	1	7	18
植物学	2	2	1	1	1	2	—	5	14
史学	—	—	—	—	—	—	11	—	11
总计	15	18	22	12	6	11	21	16	121

北平研究院抗战时期历年发表论文数量（篇）柱状图

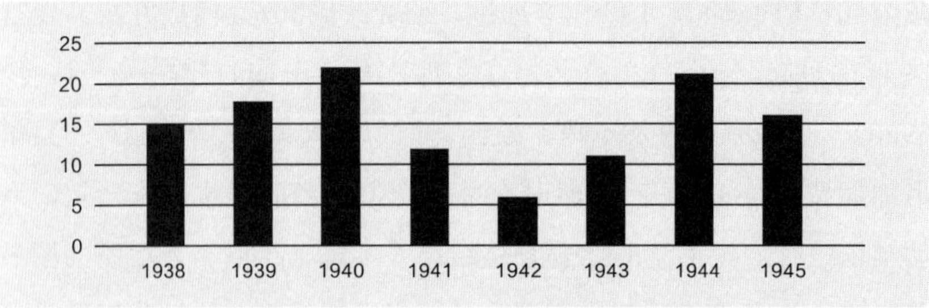

当然，这不仅仅是北平研究院才有的困难，这是抗战时期几乎所有科研机构面临的共同问题。研究员们在抗击日寇、保卫民族独立的大旗帜下，积极投身抗战，节衣缩食，继续创造辉煌，不仅为中国科学事业

① 刘晓：《国立北平研究院简史》，中国科学技术出版社2014年版，第158页。

保留了精英人才，也对日本侵略者做出了愤然反击。

北平研究院成立伊始，李煜瀛曾言其办院思想："研究院者，于学理为研究，于应用为设计。"[①]二十年间，北平研究院一直秉持科学研究与科学应用并重的理念进行着研究工作。随着国际局势恶化，为"国家民族之前途计议"，1936年5月，中研院评议会致函国内各研究机关，提议各机关"特别注重于国家及社会实际急需之问题"[②]。北平研究院响应号召，把"当前急需"作为选择研究工作的标准，重视科学研究与社会的结合。[③]抗战内迁途中，北平研究院院长李石曾与李书华、严济慈等人在香港半岛酒店商讨今后的科研方向，一致认为"在这国难当头之时，应学以致用，为抗战作些实际工作"[④]。因而北平研究院许多研究都转向了应用研究，还承担了不少军需项目，[⑤]为支援抗战做出了贡献。

化学所在木材干馏、人工汽油制造、飞机翼涂料制造、各种磺胺类新药的综合研究、速酿法研究、植物油澄清法研究等课题上取得了让人较为满意的成果。其中张汉良、白金传、李莲塘主持的"国产植物中染料之提取及棉织品毛织品之染色"课题，系与军政部合作，对黄檗、黄栌、五倍子、橡椀、紫草等十余种植物染料的提取及染色做了数千次试验，染得百余种物质用于伪装等，代替了舶来之人造染料，有力地支援了抗战。[⑥]

物理所在军需项目的研究上贡献最大。结合战时需要，物理所主要开展了应用光学研究和应用地球物理学两项工作。该所利用在北平时

---

① 李煜瀛：《本院筹备经过及组织》，载《国立北平研究院院务汇报》1930年第1期。

② 李煜瀛：《国立中央研究院评议会公函》（1936年5月18日），载《国立北平研究院院务汇报》1936年第3期。

③ 李书华：《国立北平研究院一年来工作概况》，国立北平研究院总办事处出版课编：《国立北平研究院七周年纪念会记录》，国立北平研究院总办事处出版课1936年版，第10页。

④ 钱临照：《国破山河在　昆明草木春》，见钱临照著、朱清时编：《钱临照文集》，安徽教育出版社2001年版，第628—629页。

⑤ 1939年10月，教育部转来军政部有关业务需要研究问题的一览表，嘱北平研究院研究。植物所承担"甲一、西南各省棉产量如何使之增加"以及"甲五、装束及工事用装砂大麻袋向恃舶来品，应如何利用国产纺织麻袋以利军用并研究其代用品"两项，化学所承担"甲二、草黄色、灰色、蓝色、青色颜料之制造"以及"甲四、制革所用栲胶系属舶来品应用何法炼制以求自给"两项，生理所承担"甲六、制造军用饼干需要鲜酵母，应研究制造方法或其代用品"等。

⑥ 北平研究院文书处编：《国立北平研究院抗战及复员期间工作概况（1937—1947）》，国立北平研究院总办事处，1947年，第15页。

昆明的北平研究院化学研究所与物理研究所

期已日渐精湛的磨玻璃技术来制作光学仪器。在“一无机器、二无工人”的条件下，钱临照、盛耕雨、钟盛森等人在黄公东街的小屋里开始了手工磨玻璃的工作。最初，他们以制造比较简单的步兵用五角测距仪为主，用于在战地观测敌方目标的距离。1940年秋，因日机频频轰炸昆明，市内各机关纷纷向昆明郊外疏散，物理研究所迁往昆明城北的黑龙潭。北平研究院院方设法筹措经费，修建土坯房屋若干间，购置七八台玻璃仪器，录用了西南联大毕业生张志三、林友苞，[①]继续进行相关研究此后，物理所转而制作供战地医院及教学用的显微镜。由于缺乏先进的光学仪器生产设备，低倍数普通显微镜物理所尚可自行生产，但高倍数（1000倍）显微镜的设计及生产对物理所而言则困难重重。物理所求助于曾在英国帝国学院从事应用光学研究的梁伯先先生，在他的帮助下攻克难关，完成了设计工作。而高倍数显微镜的生产，必须有测量精度极高的曲率球径仪器。几经波折，钱临照应用自准直原理以一架普通的游动读数显微镜成功设计出能够精确测量物镜曲率半径的曲率球

① 钱临照：《国破山河在　昆明草木春》，见钱临照著、朱清时编：《钱临照文集》，安徽教育出版社2001年版，第629页。

径仪器。直到中华人民共和国成立之后，这一技术仍为许多光学仪器厂广泛使用。至于显微镜金属支架，则由当时设在黑龙潭附近的中央机器厂设计制造。①就这样，物理所先后受教育部之托，研制出专科以上学校用显微镜200余架，后又给工厂、医院等制造了多倍数显微镜，质量略逊于德国产显微镜，但远胜于日本产显微镜。物理所还磨制出3100余套测量仪器光学玻璃以供给中央水利实验处及滇缅公路工程局等机关使用。②1942年，李约瑟在考察物理研究所之后，也惊叹道："不仅仅是组装，而是实实在在的制作玻璃镜，精确地磨镜片，造金属部件——一切都在中国完成。"③除制造显微镜外，物理所还利用北平时期的研究基础制造水晶片振荡器，用于稳定无线电发报机波频，先后磨制了1000余具，除供中国军队使用外，还提供给驻扎在昆明的盟军使用。④

北平研究院物理研究所制造的显微镜

① 钱临照：《国破山河在　昆明草木春》，见钱临照著、朱清时编：《钱临照文集》，安徽教育出版社2001年版，第629页。

② 胡升华：《北平研究院物理研究所工作述评(1929—1949)》，载《物理》1997年第10期。

③ [英]李约瑟、李大斐编著：《李约瑟游记》，余廷明、唐道华、滕巧云等译，贵州人民出版社1999年版，第323页。

④ 李书华、李麟玉：《北平研究院抗战时期的工作》，载《世界月刊》1947年第6期，第25页。

这一时期的物理所颇像一个军工厂，所长严济慈也被下属和朋友戏称为“严老板”。[①]在应用地球物理方面，物理所从纯粹地球物理工作转变到了物理探矿方面，应资源委员会西南矿产测勘处等单位之邀，采用电阻系数法、自然电流法等物理方法，先后探测云南和贵州的矿区达12处，其中在云南境内的有易门军哨铁矿、安宁八街铁矿、个旧老厂锡矿、昭通褐炭田、会泽铁山厂铅锌矿、会泽迤碌黄铁矿、巧家落雪及汤丹铜矿等，在贵州境内有水城观音山铁矿、黑章妈姑铁矿及菜园子铁矿等。[②]

动物学研究所从成立开始就注重与其他机构合作。1935—1936年，动物研究所与烟台地方当局合作成立渤海海洋动物研究室，与青岛市政府合作成立胶州湾海产动物采集团，与威海当局合作设立威海卫海洋生物研究室兼水族馆。迁滇后，动物学所把对云南水产经济动物及淡水渔业问题的研究作为主要工作，与云南建设厅合作，成立云南水产实验所。1938年11月2日—12月底，动物所派人员参加中央赈济委员会在昆明组织的滇西边区考察团，还在滇池、洱海、抚仙湖、杨宗海、昆明湖、异龙湖等地采集动物标本。[③]

1941年，昆明的植物所初见眉目时，刘慎谔对植物所的工作做了大致设想：搜集普通植物材料；研究和改良各种作物之品种；推广经济林及果园工作。[④]这三项如能推动，可达到“学理与应用兼用”的效果，但是由于抗战持久，国家经济日趋紧张，困顿之下，刘慎谔见恢复研究所工作实在艰难，于是开始经营农场。他先是收集观赏植物苗木，交经济部与云南省政府所办之农场栽养——经营方面由农场负责，研究方面则由植物所负责。此外，他还加盟云南政府所办的滇池农场和大普吉农场。其次，他还与已迁昆明的静生生物调查所交换标本，但他之后对此

---

① 胡升华：《北平研究院物理研究所工作述评（1929—1949）》，载《物理》1997年第10期。

② 胡升华：《北平研究院物理研究所工作述评（1929—1949）》，载《物理》1992年第10期。

③ 刘晓：《国立北平研究院简史》，中国科学技术出版社2014年版，第107、164页。

④《刘慎谔致林镕》（1941年8月31日），转引自胡宗刚：《北平研究院植物学研究所史略（1929—1949）》，上海交通大学出版社2011年版，第128页。

事颇有抱怨，因为他认为“他处所交换者，均为破乱不完整之材料，且皆出多入少，且有只出不入者，中国研究科学之不开放如此”[①]。

史学研究所分为历史组和考古组，分别由顾颉刚和徐炳昶负责，战前有吴稚晖、陈垣、翁文灏、李宗侗、王静如等十八位会员，人才云集。历史组着手编辑了《北平志》，刊行中国民族史材料集、边疆史料丛编、中外交通史料丛编、中国经济史材料集等。顾颉刚领头开展整理国史的工作，如整理二十四史列传、明清进士题名录、边疆史料、《史记》点校及索引等，创办了《史学集刊》。考古组进行了陕西斗鸡台、易县燕下都等处的考古发掘。1938年迁滇后，因工作人员减少，图书、设备也很少带出，考古组工作规模缩减，其中较重要的工作及其承担者为：徐炳昶的“关于中国古史传说资料的整理研究”以及“以历史的方法从事中西文化的比较研究”；苏秉琦的“斗鸡台发掘所获资料之整理及研究”；许道龄的“编辑中国进士汇典”；尚爱松的“魏晋玄学之研究”；程溯洛的“宋金史籍的整理及专题研究”。[②]

全面抗战前，生理学研究所有研究员经利彬、赵燏黄、李石曾三人，李石曾常年在国外，赵燏黄七七事变后赋闲在北平，因此到昆明者只有经利彬一人。经利彬对云南甲状腺肿之基代谢人民之血类等西南特殊问题进行了研究。[③]1943年，经利彬离职，该所工作暂停，直到战后才由朱洗在上海恢复。

1945年8月15日，抗战胜利的消息传来，北平研究院人人欣喜若狂，徐炳昶老先生不禁高吟起杜甫的《闻官军收河南河北》：“剑外忽传收蓟北，初闻涕泪满衣裳。却看妻子愁何在，漫卷诗书喜欲狂。白日放歌须纵酒，青春作伴好还乡。即从巴峡穿巫峡，便下襄阳向洛阳。”大家也开始办理战后事宜，10月，钱临照和苏秉琦先行抵达北平，负责

① 《刘慎谔致郝景盛》（1940年12月30日），转引自胡宗刚：《北平研究院植物学研究所史略（1929—1949）》，上海交通大学出版社2011年版，第128页。

② 北平研究院文书处编：《国立北平研究院抗战及复员期间工作概况（1937—1947）》，国立北平研究院总办事处，1947年，第44页。

③ 李书华、李麟玉：《北平研究院抗战时期的工作》，载《世界月刊》1947年第6期，第26页。

接收原有房舍、图书仪器和家具。北平研究院在昆明的图书、仪器、药品等有约430箱，重100余吨，其中必须先行运送物品共装247箱，其余183箱则于稍后经上海运抵北平。由重庆运抵北平的植物标本有39箱，由陕西运抵北平的图书有17箱。此外存陕西图书、标本，存上海图书、仪器、药品，尚有六七百箱。[①] 整个工作延至1947年底方完毕。药物学、镭学两所仍回上海，镭学研究所改为原子学研究所。生理学研究所由朱洗在上海重新建立。植物学研究所保留了昆明工作站，西北植物调查所照旧运营。其他各所相继回归北平。1949年9月9日，在徐炳昶的主持下，北平研究院召开了成立二十周年纪念会。11月5日，新成立的中国科学院正式接管了北平研究院，这个存在二十年的学术研究机构至此不复存在。

① 北平研究院文书处编：《国立北平研究院抗战及复员期间工作概况（1937—1947）》，国立北平研究院总办事处，1947年，第6页。

地质调查所在北碚的重建

全面抗战爆发后，由于翁文灏在政府身兼要职，黄汲清代理所长职务，组织地质调查所西迁武汉，再迁北碚。其间，黄汲清正式出任地质调查所所长。到了北碚安定下来后，黄汲清一心想从事科研事业，便坚决辞去了所长一职，由尹赞勋代理所长。1942年，尹赞勋也辞去代理所长职务，四川省地质调查所原所长李春昱出任所长。1940年，地质调查所为与地方各地质调查所有所区别，将名称冠以“中央”二字，全称“经济部中央地质调查所”。在黄汲清、尹赞勋和李春昱的努力下，地质调查所在战时保存了大量图书资料、研究设备，会聚了一大批杰出的地质工作者，在后方修建办公大楼、图书馆，创造了良好的工作环境，使地质调查所的各项工作得以进行，为抗战的胜利以及后方科学的发展做出了重要贡献。

1939年地质调查所迁入北碚后借用的是西部科学院惠宇楼的一部分房屋作为临时办公处，同时也着手在惠宇旁边兴建新的办公楼。后来因为工作过程中不断收集的新的标本，加上当时后方迁过来的各类图书期刊无处安放，1940年，地质调查所又在北碚鱼塘湾建了一座两层小楼作为图书馆。1943年，李约瑟参观地质调查所图书馆后赞叹道：“这是我在自由中国所见到的最大、藏书最丰富的图书馆。”[1]

---

① ［英］李约瑟：《重庆的科学（1943年）》，见［英］李约瑟、李大斐编著：《李约瑟游记》，余廷明、唐道华、滕巧云等译，贵州人民出版社1999年版，第97页。

1940年入所工作的曾鼎乾先生回忆北碚时期地质调查所的环境和办公室的设置说：

这是一座砖木结构二层楼的小楼，大门在楼正中和后门直通，通道左侧是楼梯，紧邻楼梯东侧是尹赞勋先生的办公室（后来由李春昱先生接替）。对面是行政人员的办公室……再往东就是一间南北连通的会议室。前后门通道的西半楼，南半边一间较大的房子是李善邦先生和秦馨菱先生的地震研究室。……楼上最东一大间（相对会议室的楼上）是曾世英先生编制中国地图的测绘室，相对尹所长办公室的楼上一间是程裕淇先生他们看显微镜的岩矿室。对面南面一大间是包括程裕淇等六、七个人的办公室。二楼西半边，相对楼上地震研究室的那间和西南一大间是没有固定床位的单身宿舍。西面一小间是周赞衡先生的宿舍，南面是一大间，黄

重建后的中央地质调查所图书馆

汲清先生、岳希新先生和我都在这里边办公。

…………

地质调查所的图书馆，则另在远隔办公楼沿嘉陵江、穿过北碚街上西南约二三里路的一个小山顶上。图书馆的建筑要比办公楼牢固得多，也是两层楼，有走廊，站在走廊上俯瞰嘉陵江江水滔滔，抬头南望稍远一点就是天府煤矿的码头，观音峡历历在目，两岸石灰岩峭壁直立十分壮观，别有一番令人神驰的景象。楼上是书库，楼下是管理室和古生物人员的办公室。知名的古生物家计荣森先生、杨钟健先生就在这里办公。山下是土壤研究室和食堂。[①]

然而，由于战时物资短缺，钢筋水泥等建筑材料昂贵，为节约建筑经费，地质调查所办公大楼结构中该用钢筋水泥梁的地方用了木头代替，并且大楼正对山口，最后竟然被大风吹垮了楼顶。据秦馨菱回忆：

到1939年8月下旬某夜刮大风，从山口处吹来的风刮的大楼隆隆响，到下半夜，因发生共振大楼楼顶垮了。以东头楼上绘图室的大屋子塌的最利害。楼的中部往西是好几间宿舍，因为开间较小，塌的较轻。睡梦之中大家只听哗啦一声，楼东头大房间楼顶完全砸下来了，而几间宿舍仅从天花板上掉下许多石灰皮及木条。大家一听见哗啦一响就立刻往行军床旁一翻（那时都是睡野外用的行军床）躺在二行军床之间。等天花板上不再往下掉东西了，这才一起摸着黑下楼，到惠宁的楼下中间的大厅内摸着黑休息。所长黄汲清闻讯从家中赶来，带了一根洋蜡，这才有了光明，大家互相检查仅有一二个人头皮被天花板掉下的石灰皮打破了一点。周柱臣（赞衡）先生（人家都叫他周柱志）的脚当下楼时踩到一个钉子上扎破了点皮。天亮后，大家到现场一看，以绘图室砸的最厉害，倘如此事发生在白天肯定会砸伤几个人。[②]

地质调查所本就是在重重困难中建起办公楼来的，没有办法再为所

① 曾鼎乾：《难忘的年代》，见程裕淇、陈梦熊主编：《前地质调查所（1916—1950）的历史回顾：历史评述与主要贡献》，地质出版社1996年版，第165—166页。

② 秦馨菱：《关于前地质调查所的片段回忆》，见程裕淇、陈梦熊主编：《前地质调查所（1916—1950）的历史回顾：历史评述与主要贡献》，地质出版社1996年版，第174页。

中人员集中修建住宿楼。因此，所中人员和他们的家属便自行重建他们的生活。当时迁到北碚的人员很多，房子不敷应用，地质调查所的人都是自行寻找家属宿舍，因而地点比较分散，条件也较为艰苦。曾鼎乾先生回忆过当时的生活条件：

> 当时的家属宿舍也是分散的，沿着中国西部科学院后墙，向西穿过一片橘子林，再沿着公路走上百来米的南侧山坡上有三栋竹子编的墙，里外涂泥的四川最简易的住房，山坡中部一栋是李善邦先生的住宅，上面横排两栋，外侧一栋东头两间白家驹先生住，1942年我结婚后就住西头的一间，另一栋由两位绘图员住。门前有点空地，开出来种点西红柿、白菜以弥补生活不足。黄汲清、王钰、熊毅先生他们住在不远的堰塘（鱼塘）湾民房内，韩藻香他们则在北碚街上租民房住。吃的水则由所里雇用的民工每天每家送两挑塘里的水，我们用明矾打了再用。[1]

地质调查所工作人员在图书馆前合影

① 曾鼎乾：《难忘的年代》，见程裕淇、陈梦熊主编：《前地质调查所（1916～1950）的历史回顾：历史评述与主要贡献》，地质出版社1996年版，第166页。

为适应战时国防工业发展的需要，地质调查所各研究室内迁北碚后，各司其职，发挥其研究特长，将工作重心放在油田勘探和燃料研究上。[①]在抗战后期，资源的需求量越来越大，而当时可供开发利用的只有后方的资源。西北虽然土地贫瘠，但资源丰富，尤其是石油储藏量巨大。因此当时“开发西北”的呼声很高，地质调查所对西北的地质勘查量也逐年增加。1942年，翁文灏代表国民政府在新疆与苏联谈判独山子油矿合作的问题。随后，中方派出了相关学者参与了此次合作。派出学者共12人，分为两组，地质组主要由地质调查所的黄汲清、杨钟健、程裕淇、周宗浚等人组成，希望能对独子山油矿地质做详细的调查，并顺带调查新疆其他已知有油苗的地方。这次的调查虽然受到了苏联的掣肘，严冬时节气候环境也十分恶劣，气温时常在零下二十几摄氏度，但地质调查所一行人还是对独子山一带的地层、构造，以及可能存在的油源、开发情况都进行了详细的调查，顺带勘察了当地的冰川地形。之后他们一行还考察了新疆南郭的库车油田，最后于1943年结束工作回到北碚。此次赴新疆的调查确定了独子山油矿详细情况，为之后此处的石油开采提供了理论上的支撑。1942年，王曰伦、路兆洽、李树勋、徐铁良、刘庄等人在兰州也组织成立了地质矿产调查队开展调查工作，由王曰伦担任队长。1943年，在甘肃省省政府的协助下，调查队改组为中央地质调查所西北分所，所址设在兰州萃英门内13号甘肃机器厂旧址，所长由王曰伦担任。西北分所主要设地质矿产、测绘、化验、陈列和图书等室。为了加强其地质调查的实力，位于北碚的地质调查所总所先后将毕庆昌、叶连俊、何春荪、陈梦熊等人自重庆调至兰州，参加分所工作，之后又陆续有宋叔和、梁文郁、米泰恒、黄劭显、刘乃隆、郭宗山等人前往西北分所工作。在十分艰难的条件下，西北分所对“西至新疆，东逾陇山，北入蒙旗，南越祁连”的广大范围进行了考察，开始有计划地开展西北地质矿产调查。1945年，由王曰伦、李树勋、黄劭显、

① 杨翠华访问，杨明哲、万丽鹃纪录：《阮维周先生访问纪录》，中央研究院近代史研究所1992年版，第9—14页。

陈梦熊、刘增乾等人组成的祁连山地质矿产考察队，自西宁经门源、俄博等地进入河西走廊，成为我国第一个穿越祁连山的地质调查队。除此之外，西北分所还组织了白银厂考察队、六盘水考察队，攀爬雪山冰峰，穿越戈壁沙漠，在艰苦卓绝的条件下为我国西北地区的地质工作奠定基础。

地质调查所原本设有专门的燃料研究室，迁到长沙不久，金开英就被翁文灏等人派到四川开展植物油提炼轻油的工作。迁到重庆后，由于战时燃料需求巨大，原燃料研究室的大部分人都陆续进入动力油料厂工作，研究用植物油裂解制造汽油等燃料。在北碚本所的燃料研究室就只简单地保留了一个化学试验室，做一些基础的测试工作。之后西北的一些油田开发炼油，原本在动力油料厂的研究人员如金开英、熊尚元等人便相继转到西北开展炼油工作。此前，地质调查所设在北平鹫峰的地震研究室因为战乱，加之地震仪等仪器设备庞大，不好装运，没能及时转移到后方，在这种情况下，原地震研究室的李善邦、秦馨菱在地质调查所从南京向长沙转移时便开始进行物理探矿的工作。他们先是在湖南水口山一带进行物理探矿，在野外工作近一年，又辗转湖南衡阳，广西桂林、柳州，贵州贵阳，最后到达重庆。迁到北碚后不久，1940年冬，李善邦与秦馨菱两人又出发到西昌、会理两地探测铁矿。当时西康等地交通极为困难，没有公路，出行基本上还是靠传统的马帮，李善邦与秦馨菱二人从重庆出发，乘坐汽车经贵阳抵达昆明，又从昆明骑马到会理及西昌，先后探测了会理县毛姑坝铁矿、西昌泸沽铁矿。

> 李、秦二人共雇了三匹马，一匹驮仪器（两台磁秤及三脚架，还有经纬仪、绘图板及行军床等）另两匹则李、秦各“骑”（实则是坐）一匹。从昆明出发共行走十多天到达会理；一路上是走所谓之“马路”即能容一人行走的石板羊肠小道。那个时期正修建从四川去昆明的公路，有些地方原来的“马路”已被挖掉或盖掉，所以马走起来还得现造新路。渡过金沙江之情况也很特别：在高原上弯弯曲曲地走

> 三四十里路才下到金沙江畔，把马驮的东西都卸下来装在一个木头船上划到江对岸；把马沿着金沙江排成一排，马头向着江心；来了一艘空木船在马前沿着江停好；一个马夫依次用鞭子打马屁股那马便跳入船内；如此一个一个地直至把船装满，从船头到船尾约装十来匹马。船装满了马之后就慢慢划向对岸，在对岸又是依次打马屁股使马一个个跳到岸上，然后把马驮的东西再给马驮上。天色已晚，就在江岸一个马店住下。马的饲料由马店供应，旅客的食宿也由马店负责，大伙都睡在一个大炕上。次晨天还未亮即起吃饭赶路，从江边走三四十里才上到高原上，可谓之“未晚先投宿，鸡鸣早看天”。[①]

1941年初，当李善邦、秦馨菱结束在会理、西昌的工作准备返回重庆北碚时，收到了翁文灏要求他们去查勘攀枝花是否有铁矿的电报，他们又立即折返，往攀枝花赶去。因已经外出多日，所带的旅费已经捉襟见肘，川藏地区还时常有野兽出没，他们的攀枝花之行更加艰苦，然而事实证明他们这一趟也没有白走。1941年李善邦、秦馨菱用物理探矿的方式勘探攀枝花的铁矿，估计该矿的储量为3000多万吨，并采集了矿样交由地质调查所化验。经过化验分析，攀枝花铁矿为钒钛磁铁矿。但在当时的条件下，冶炼这种铁矿较为困难，加之当时交通不便，攀枝花铁矿未能及时开采利用。中华人民共和国成立后，对攀枝花铁矿进行了开发，成为我国四大铁矿区之一，钒钛储量位居世界前列。

物理探矿是地震研究室战时的主要工作，但李善邦并没有抛弃原本的地震观测与研究工作。1941年李善邦着手恢复地震观测工作。原本的仪器未能转移到后方，他就试着自己设计制作简单的地震仪。战时各种资源短缺，材料工具都不能及时获得，李善邦只有就地取材，常常到北

---

① 秦馨菱：《前地质调查所的地震、物探和地球物理工作》，见程裕淇、陈梦熊主编：《前地质调查所（1916—1950）的历史回顾：历史评述与主要贡献》，地质出版社1996年版，第136—137页。

碚街上的旧货摊淘旧物品来改造成地震仪所需的配件，并在地质调查所附设的小仪器修理工场，利用仅有的一台车床和小台钻制作地震仪。最开始在制作零件的时候，尚有北碚的大明染织厂的电力供应车床用电，当大明染织厂的电力也不足，停止给地质调查所供电后，李善邦他们就用石头磨盘当作飞轮，用人力摇动的方式来转动车床制作地震仪所需的零件。当时敌机还时常会来轰炸，制作地震仪的工作时常中止。[①] 李善邦回忆说：

> 当时公私工厂，均忙于战具制作，无可委托者。历尽艰难，率用废钟零件拼凑，作成推动机，以供一时之需要。虽行动不能十分匀称，但既可应用矣。惟专为此用之标准钟于此时绝对不能购得，又不能自行制造，只得用普通闹钟加于分时通电设备以得分时记号于记录之上，然后用测量经纬度用之标准表及无线电报时信号以改正之。如此可以勉强测准至于3秒，虽远不如鹫峰时代之精确，而已极此时之能事矣。[②]

1942年冬，李善邦等人克服了一切困难，利用了一切当时可利用的资源，终于成功制作出一台水平摆式地震仪，并在当年的地质学会成立二十周年的纪念会上展出。这台由中国人用简单的器具制造出来的不简单的仪器被命名为“霓式地震仪”，用以纪念中国首先做地震调查并倡导进行地震研究的翁文灏（字咏霓）。1943年6月，这台地震仪记录到成都附近的地震。1943年8月正式投入使用后，该地震仪还曾记录到远在北碚6000多千米外的土耳其地震。这一年，在有了地震仪的情况下，地震研究室的《地震专报》也恢复印行。到1945年抗战胜利之时，地震研究室利用该仪器共监测到了109次地震。[③] 李善邦将这些地震记录编成报告，与国际地震中心进行资料交换，填补了欧亚大陆广大地区地

① 秦馨菱：《前地质调查所的地震、物探和地球物理工作》，见程裕淇、陈梦熊主编：《前地质调查所（1916—1950）的历史回顾：历史评述与主要贡献》，地质出版社1996年版，第134页。

② 李善邦：《三十年来我国地震研究》，载《科学》1948年第6期。

③ 秦馨菱：《关于前地质调查所的片断回忆》，见程裕淇、陈梦熊主编：《前地质调查所（1916—1950）的历史回顾：历史评述与主要贡献》，地质出版社1996年版，第174页。

震记录的空白，受到了国际地震学界的重视。战时到访北碚的英国著名学者李约瑟曾见过李善邦与他所研制的地震仪，大为惊叹，“该仪器包括测量地心引力加速度的振子器及准确时钟，所用材料仅仅是一些金属边角废料和在自由中国西部能找到的任何材料”。李约瑟被李善邦为科学无私奉献的精神所打动，主动提出由英国科学访华使团帮助李善邦采购照相纸，[①]也提出要为当时已经瘦骨嶙峋、营养不良的李善邦提供生活上的补助，但李善邦只向李约瑟要了研制地震仪所需要的紧缺零件。李约瑟回国后，托滇缅远征军将制作地震仪的一个重要零件空运到了重庆，送到了李善邦的手里。

霓式地震仪

地质调查所成立的昆明、桂林两个办事处，虽然存在时间较短，但在西南地区的地质、矿产、古生物等方面的调查与研究上都取得了不菲的成绩。尤其是杨钟健所主持的昆明办事处，先后有杨钟健、卞美年、毕庆昌、黄懿、许德佑、王曰伦、路兆洽、边兆详、宋达泉等十几名学

① ［英］李约瑟：《重庆的科学（1943年）》，见［英］李约瑟、李大斐编著：《李约瑟游记》，余廷明、唐道华、滕巧云等译，贵州人民出版社1999年版，第97页。

者在此工作。其中，卞美年在云南元谋、禄丰等地调查地质情况寻找矿产的时候发现了著名的云南“禄丰龙”化石。后该化石主要由古生物学家杨钟健进行详细的研究。1939年，杨钟健将在禄丰所采集的化石进行整理，将原始哺乳类动物化石写成报告送交中国地质学会发表，并就所采集的最完整的一具蜥龙类化石做了详尽叙述，并以杨钟健在德国的导师许耐教授之名命名为“许氏禄丰龙”。在“禄丰龙”被发现之前，中国的恐龙化石多是在秦岭以北的地区被发现的，“禄丰龙”是第一种在西南地区发现的恐龙化石。“许氏禄丰龙”的发现轰动世界，因为它是世界上最古老的一种恐龙化石，而且这种恐龙化石还从未在中国被发现过，更何况这些恐龙化石数量庞大，保存完好。激动之余，杨钟健写下《题许氏禄丰龙再造像》一首，以为记载：

千万年前一世雄，赐名许氏禄丰龙。
种繁宁限两州地，运短竟与三叠终。
再造犹见峥嵘态，像形应存浑古风。
三百骨骼书卷记，付与知音究异同。

此后，杨钟健与卞美年多次前往禄丰采集化石。对此，杨钟健回忆道：“我们住在禄丰城内，每天携干粮在野外工作，持续了一个多月。对于这种生活，我们毫不觉苦，所惜的是，因交通工具及治安关系，除一平浪及附近之全资等地去过一次之外，未能作更远距离之采掘。”[①]在禄丰地区，杨钟健他们除发现大量的恐龙化石以外，还发现了在古生物学上占有重要地位的例如类似哺乳动物的卞氏兽和昆明兽。而就恐龙来说，他们当时在禄丰发现了至少84个恐龙化石，除禄丰龙这一完整的个体外，还有至少20个个体。这一数量庞大的恐龙化石群，在很长一段时间里都是不可超越的重大发现。1943年，地质调查所与西部科学院等十多家科研机构在北碚筹建中国西部科学博物馆（即中国西部博物馆），将复原后完整的“禄丰龙”骨骼化石陈列其

① 杨钟健：《杨钟健回忆录》，地质出版社1983年版，第109—110页。

中。受此影响，时至今日，北碚自然博物馆内仍然展示着多种恐龙的化石和模型。

抗战时期地质调查所的内迁是日本侵略战争下中国地质工作者的无奈选择，是中国地质科学发展所遭遇的磨难。但即使如此，地质调查所的科学工作者们依然没有放弃他们钟爱的事业。在紧张的内迁过程中，各项调查工作基本没有中断。迁到后方后，他们也克服各种困难，竭尽力量创造条件恢复地质工作，设立办事处、分所，扩展研究范围，寻找战时可用的矿产和能源，用自己的专业知识和技术支援了抗战。与此同时，古生物研究、地震研究等学理上的工作也取得了进展，延续了地质科学的命脉，并为中华人民共和国成立后地质学的发展奠定了重要的基础。

中国科学社生物研究所的重建

1937年11月，中国科学社生物研究所迁往北碚。研究所内的大多数社员随所内迁。1938年1月12日，南京生物研究所实验馆及南厦被焚毁，11月，北厦也全部被焚。到达北碚的生物研究所借中国西部科学院的房舍和部分设备开展工作。经费方面，早在1935年7月，江苏省省政府即停发了给中国科学社的补助费。中基会虽一直补助生物研究所，但历年数目不同，加之受战时条件制约，常有资助不到位的情况，生物研究所愈发难以应付战时日益严重的通货膨胀。《中国科学社生物研究所二十九年度工作概述》中记述道："物价高涨，而本所经费有限，一切工作皆受影响，如标本采集，难以如愿，图书设备，添置不多，皆为憾事。"①物价暴涨也使原本就不充裕的科研经费入不敷出，生物研究所用以购置图书资料的开支被迫大幅削减，1941年添置的杂志、图书比1936年分别下降了56%和85%，这其中还包含与其他机构交换的图书。由于经费困难，到1942年后，生物研究所已无力再购买进口图书。②

物价飞涨不仅使科研经费入不敷出，也使科研人员的生活陷于困境。当时研究所的房子都用员工住宿了，钱崇澍也只租了两间小房子，卧室在一个小饭馆的楼上，既热又吵。当时国民政府一个部长带口信给钱崇澍，称只要中国科学社生物研究所愿受教育部领导，科学研究和职工生活经费就有保障，还有人介绍钱崇澍去当国民党立法委员，这些都

① 《中国科学社生物研究所二十九年度工作概述》，载《科学》1941年第9—10期。
② 《中国科学社生物研究所概况》，载《科学》1943年第1期。

被他断然拒绝了。在物资极度匮乏、条件极端困难的情况下，钱崇澍带领大家种菜、养猪，自力更生。为维持生计，他还鼓励一些高级职员到外面兼课，以获得平价米，他自己也到距北碚较远的青木关国立十四中学兼课。

重庆市北碚区中国科学社生物研究所旧址

即便是在极端困难的境遇之下，生物研究所也依旧坚持开展科研工作。钱崇澍被聘为代所长后，积极推进生物研究所工作，着手进行生物调查。1938年生物研究所受经济部委托调查了大量“经济动植物”。此外，生物研究所还根据实际需要调查了大量的森林植物及药用植物。钱崇澍在这一时期完成了《四川北碚植物鸟瞰》《四川的四种木本植物新种》《四川北碚之菊科植物》等论文。[①] 1940年，生物研究所自建实验室，到此查阅资料、做研究的国内外学者络绎不绝，实验室成为中国植物研究的一个基地和国际交流的窗口，“其盛况不减在南京时日”[②]。

生物研究所自建立以来，研究成果卓著，1922年到1942年，动物

① 刘昌芝：《近代植物学的开拓者——钱崇澍》，载《中国科技史料》1981年第3期。
② 《本社生物研究所将届二十周年》，载《科学》1940年第12期。

学部共刊行论文112篇（不包括交予国内外其他刊物发表者），其中分类学66篇、解剖组织学22篇、生理学15篇、营养学9篇；植物学部共刊行论文百余篇。[①]同时，生物研究所还出版了一些重要著作，如植物部主任胡先骕所著《中国种子植物志属》《中国植物图谱》《高等植物学》《植物地理学》等书，[②]它们或被用为学校教本，或做一般参考，对植物学教育的推广作用甚大。这些论文专刊受到了学术界的欢迎和重视，并与国外800余处研究机构的资料进行了交换。抗战期间，李约瑟到中国考察各学术机构状况，造访生物研究所，向国际学术界介绍了该所取得的研究成果："中国科学社在北碚一个偏僻的山谷里重建了生物研究所，在经验丰富的钱崇澍博士领导下积极从事动植物的分类工作。这个团体多年来出版了相当于英国《自然》和《科学》的中文杂志《科学》。"[③]同时，李约瑟也高度评价了生物研究所的工作。因此当时世界各国无不知中国有这样一个研究所。

残酷的战争现实使科学家们开始向应用科学研究方向发展，以使研究更有利于民生，获得社会的支持。内迁后的生物研究所除继续历年来的工作之外，开始结合战时社会实际需要，调整研究计划，致力于经济实用方面的研究。

1939年四川省桐害虫肆虐，桐油产量锐减，中国科学社生物研究所昆虫专家苗雨膏因此开始研究除桐害虫的新法。经长时期的实地试验，新法成效显著。后受贸易委员会的委托，苗雨膏在西南五省推广施行此法，从此桐油产量大为增加，对科学界和国家经济都做出了很大的贡献。[④]除此以外，生物研究所还对寄生于人类及家畜的原生动物进行了研究；为资源委员会调查适于发展畜牧业的草原；为经济部调查各处

---

① 陈胜崑：《中国科学社生物研究所的评价》，见吴嘉丽、叶鸿洒编：《中国科技史 演讲文稿选辑（三）》，茂文图书有限公司1986年版，第327—328页。

② 任鸿隽：《中国科学社社史简述》，见中国人民政治协商会议全国委员会文史资料研究委员会编：《文史资料选辑》第4卷第15辑，中华书局1961年版，第17页。

③［英］李约瑟：《重庆的科学（1943年）》，见［英］李约瑟、李大斐编著：《李约瑟游记》，余廷明、唐道华、滕巧云等译，贵州人民出版社1999年版，第99页。

④《中国科学社生物研究所发明除桐害虫的新方法》，载《学生之友》1941年第4—5期。

的森林状况和造纸原料；为中华自然科学社调查西康云南昆明的森林状况；辅助江西省经济委员会调查水产；等等。1943年以后，生物研究所受教育部资助，调查儿童身心健康状况[1]，还围绕国防和经济建设展开科学考察和科学研究，从事可应用于国防军备的动物保护色研究。[2]这些都是生物研究有益于社会现实的体现。

① 《中国科学社生物研究所概况》，载《科学》1943年第1期。
② 《中国科学社生物研究所概况》，载《科学》1943年第1期。

静生生物调查所在后方的重建

静生生物调查所迁到后方面临的最大困难也是经费问题。庐山森林植物园丽江工作站从一开始就面临经费困难的问题，江西省立农业院和静生生物调查所先后停拨经费后，部分人员不得不去大学或中学兼课，或种药养猪，以维持生活。至1940年，植物园丽江工作站几乎陷入绝境。所幸此时，云南省林业部门计划建立“金沙江流域林业管理处”，秦仁昌谋得该站负责人一职，遂将庐山森林植物园丽江工作站人员纳入该站的编制，使植物园得以保存，工作得以维持。[①]1941年4月底，北平静生生物调查所代理所长杨惟义致函胡先骕，希望其设法筹款以借予静生所下属的云南农林植物调查所和庐山森林植物园丽江工作站——因战争阻隔，这笔经费难以即时汇到，致使两机构极为困难，郑万钧、秦仁昌分别致函杨惟义质询，故杨惟义有此解燃眉之策。

兹为稳捷救济其困厄计，拟请吾师就近竭力设法代所中筹垫植物园二十九年六、九、十一、十二，卅年一月至六月等月经费法币4550元，直接汇往秦子农君收；又代筹垫滇所廿九年六、九、十一、十二，卅年一月至六月等月经费法币3919.70元，直接汇往郑万钧君收。此款寄到该两处后，如该两处曾已收到所中以前寄出之款，则此项将所在下年度，从其经费中扣还；若此项先到，而所中以前寄去之支票后到，

① 汪国权编著：《庐山草木随笔》，中国林业出版社1990年版，第192页。

则请其将所中支票勾销后用航空寄还，以免发生意外。如尊处一次未能筹足上述之数，则请立即先寄若干，以济其急，其余续寄所有承垫之款，所中将请基金会划拨法币如数寄上付还；如需存放沪行，则请基金会划拨如数法币代存沪行以奉还也。总之，除此法外，不能再得更稳妥且便捷之法以济该两处之厄也。如此办法当烦累吾师不少，亦实无可奈何而出此也。至于该两处下年度之汇款办法，将必竭力恳请基金会代劳由沪拨寄，否则由此寄去，对方既不能收，而生与桂先生亦将常受无谓之责骂，双方均无益也。此事即将函陈孙先生，特别拜托。①

从函件中可以看出内迁之后的静生生物调查所各分支机构经费都比较困难，这一方面是由于中基会等单位本身资金短绌，无暇他顾，另一方面是由于战时通信不畅，资金不能按时汇到。但是，在资金极度紧缺的状况下，静生生物调查所人员并没有停下工作，仍在设法解各分支机构燃眉之急。

另一个困难则是人才、图书资料、实验仪器的缺乏。以中工所木材试验室为例，在成立之初，唐燿就在《科学》杂志上刊载招收人员启事，说明所需各类人才，然而到1942年，人才仍旧欠缺。唐燿又致函其师长茅以升，要求其推荐工程师来工作，云："敝室近经与武汉大学工学院合作，扩大进行木材力学试验，颇苦人手不足，拟请吾师代为物色有志木材力学试验之中级或高级人员一二人，如能木材工业机械设计者尤佳。"②中正大学静生办事处也有这样的困难，1943年初，因教学和研究需要，中正大学的三年级学生章士美担任了杨惟义的助教，章士美对此有这样的回忆："因缺乏年轻教师担任实习课，他就建议学校聘用我为学生助教，担任他的《昆虫分类》课实习指导；同时由于他还兼任位于学校附近，以当时校长胡先骕博士为所长的静生生物调查所研究

① 胡宗刚：《胡先骕先生年谱长编》，江西教育出版社2008年版，第291—292页。
② 胡宗刚：《静生生物调查所史稿》，山东教育出版社2005年版，第170页。

员，又建议我吃住均在研究所内，可便于做些有关昆虫方面的采集、观察工作。”①

尽管迁到大后方的静生生物调查所面临诸多困难，许多人员甚至无法养家糊口，但是静生所的工作并没有因此而停滞，所中人员研究成果显著。抗战时期，国防、交通、电讯等部门对木材的需求量很大。中工所木材试验室自在北碚创立伊始，即开始编印《木材试验室特刊》。在丽江工作站，秦仁昌继续进行蕨类植物研究，并于1940年将蕨类植物中最大的科——水龙骨科系统分类，分为32科294属②。这是世界蕨类植物分类学史上的一个巨大突破，产生了广泛的国际影响。此后，各国植物学家基本上都采用了这个分类系统。秦仁昌因此获得了1940年荷印隆福氏生物学奖（只奖励在热带农林植物研究方面做出卓越贡献的东南亚植物专家）。除此之外，静生生物调查所还致力于云南植物调查，工作站“自1939年起的三年间共采集了标本两万余号，其中发现了很多有价值的蕨类植物新种数十”③。同时，静生生物调查所还进行应用技术方面的研究，秦仁昌对此有良好的展望，曾言：“云南松林甚多，原料丰富，此种事业，将来大有展望，与国计民生，定多裨益也。”“1941年经过多次试制，对松节油及透明松香获得成功，并与当地资本家集资组建大华松香厂，从事批量生产。在创设之初，每日生产仅二三百磅，但质量与进口无异，而价格甚低，为商人所争购。”④

云南农林植物调查所方面，胡先骕、郑万钧是研究云南植物分类的权威。胡先骕发现木兰科、卫矛科、胡桃科中各有一新属。两人合作研究云南的木本植物的新发现尤其多。张伯英研究云南的木材，曾深入各林区进行木材标本的采集，并对云南中部的木材进行了鉴定，对云南之

---

① 章士美：《缅怀恩师杨惟义先生》，见尹益寿主编：《一代宗师　垂询千秋——纪念杨惟义院士百年诞辰》，江西高校出版社1999年版，第7页。

② 秦仁昌：《水龙骨科的自然分类系统》，载《中山大学农林植物研究所中山汇报》1940年第5期。

③ 胡宗刚：《庐山植物园最初三十年：1934—1964》，上海交通大学出版社2009年版，第87页。

④ 胡宗刚：《从庐山森林植物园到庐山植物园》，载《中国科技史料》1998年第1期。

兰科、百合科与海桐属植物进行了研究。俞德浚初往云南即承担静生生物调查所与英国皇家园艺学会及美国哈佛大学阿诺德树木园合作采集任务，得植物标本万余号，仅高山花卉报春一属，就得植物标本400号，种子标本130号，经陈封怀研究，得撰《云南西北部及其临近之报春研究》和《报春种子之研究》两文。①1939年俞德浚继续深入考察，到达人迹罕至的求江，获得标本两万余号，使标本室得到很大充实。静生生物调查所的这一系列活动，为生物学的现代化做出了重大贡献。

① 胡宗刚：《静生生物调查所史稿》，山东教育出版社2005年版，第143页。

黄海化学工业研究社在五通桥的苦斗

黄海化学工业研究社到达大后方后，面临的紧迫任务是择址建厂。1938年，范旭东率侯德榜、张克忠、黄汉瑞去勘查厂址。经过详细的勘探考察，黄海社最终落脚在川西岷江畔的乐山五通桥。这一时期，不只黄海化学工业研究社迁到五通桥，国民政府盐务局也搬到了这里。当工厂内迁作为后方工业基地建设的序幕被拉开时，国民政府便决定以四川岷江及岷江流域（即泸县、内江、五通桥、自流井地区）为内迁工厂恢复生产的新化学工业区，五通桥的盐业地位迅速提高，成了真正意义上的战时盐业“陪都”①。

黄海化学工业研究社的新社址靠近江边，一切因陋就简，开始租一王姓住宅，楼下做工作室，楼上做职工寝室，架设木板为工作台，请当地锡匠用锡做酒精灯、恒温器，以酒精代煤油，进行试验研究工作。不久，迁至梅子坝，仍租用民房。后来在四望关买了几间民房，改建成研究室，并逐渐添置了图书、仪器、药品，恢复菌学室、有机室、分析室三个研究室的工作。

新社址问题得到解决，黄海社仍面临实验设备和仪器图书紧缺的困难。由于交通混乱，社里的图书、仪器及十几年积累下来的大批辛苦收集的宝贵档案资料在转运路途中遗失或损毁，“永久黄”团体的资产也在辗转内地时基本耗尽，加之重庆金融市场秩序紊乱，黄海社想要向

① 石柏林：《凄风苦雨中的民国经济》，河南人民出版社1993年版，第288页。

官僚资本银行和民营银行借贷，困难极大，重建前景一片惨淡。正当此时，孙学悟听说有一笔用于救济内迁厂矿的专款，立刻同当时的经济部部长翁文灏联系，希望得到资助。几经周折，“永久黄”团体获得了300万元的资助，可谓一场及时雨。

1939年底，黄海社获得了中英庚款董事会的资助，创办了《黄海发酵与菌学》双月刊，这是我国创办的第一个发酵微生物学学术期刊。从1939年夏到1951年底，《黄海发酵与菌学》共出刊12卷70期，发表文章233篇，为我国应用微生物学，特别是工业微生物学和酿酒学保存了许多珍贵的历史文献。黄海社在五通桥的工作慢慢步入正轨，很快便自建了研究室，搜集附近化工原料，开始在新基地进行新资源的开发。1939年孙学悟主持修改了黄海社社章，以协助化工建设为宗旨，积极从事西南资源的调查、分析与研究。在孙学悟和范旭东的共同谋划下，华西基本化工中心在四川建立，300余名技术人员分别被安排在自流井久大华西分厂和其他几个分支厂的岗位上。1940年10月，为购买技术设备和器材，范旭东踏上赴美之旅，在美国纽约买了200辆适合在西南山区崎岖山路上使用的卡车。这些卡车组成运输部门，打通了当时起着大后方生命线作用的滇缅公路线，给川厂补充了急需器材，救活了西川工业，也帮助“永久黄”渡过了难关。1942年，大后方出现了严重的通货膨胀，物价飞涨，黄海社再次面临严重的经济困难。孙学悟曾接到国民党行政院院长翁文灏的信，请他去重庆工作，但他无动于衷。后来宋子文邀请孙学悟到中研院去工作，孙学悟也不为所动。[①]为解决经济困难问题，孙学悟积极组织部分研究人员到相关厂矿企业进行生产学习，一方面减轻黄海社的负担，另一方面也为各企业输送了优秀的科研骨干，体现了一个科研机构对社会发展的责任感。

在黄海社落脚四川乐山五通桥的日子里，尽管条件艰苦，经费紧张，但社内科学家以国家和民族利益为重，发扬艰苦奋斗精神，在短短

① 孙继商、刘爱璧：《怀念先父孙学悟》，见政协威海市环翠区文史资料研究委员会编印：《孙学悟》（《文史资料》第4辑），1988年，第54—55页。

几年间，在科研方面创造了一流的成绩，与在塘沽时期相比也毫不逊色。

黄海社入川后一直坚持让研究为抗战服务，并将研究与四川的特殊地理和生态环境结合，“以应开发西南资源之需要”[①]。黄海社所在地的五通桥虽为四川盐业基地，但旧法制盐不仅低效，而且无法满足日益增长的大后方军民的食盐需求。黄海社协助和指导当地人采用新工艺以提高食盐产量，同时与五通桥盐务管理局签订技术合同，改进盐场生产技术，以电力吸卤代替水牛拉犁吸卤，大大提高了生产效率。除此之外，黄海社还利用自然蒸发的方法改进卤水的浓缩技术，不仅节省了大部分的燃料，还缩短了卤水浓缩时间。同时，推广使用筱枝架及塔炉灶，使四川各产盐区“减轻成本每年何止万万元”[②]。很快，这些技术在云南也应用起来。

1938年，黄海社组织人员与地质调查所合作，对五通桥盐场的盐卤和井盐生产技术进行了全面调查和分析。时任黄海社社长的孙学悟博士自入川以来，一直注重对开采井盐过程中被视为废弃物的部分的分析。在极其艰苦简陋的条件下，黄海社以当地民房做实验室，从国外的科技图书杂志中探索方法，最终打破守旧工艺、方法，运用掌握的先进科学知识对旧方法进行了改良，对自贡“黑卤”进行了全面深入的调查研究，点石成金，变废为宝，从制盐废弃物中成功提取出溴、芒硝、石膏、泻盐及硼砂等工业原料。[③]这些科研成果很快被用于医疗和工业，转化为新的生产力。此后，黄海社在这些研究成果的基础上，先后建立了贡井三一化学制品厂、五通桥四海化工厂和明星化学制药厂等试验工厂，专门从事化学药品的生产。[④]这些附属企业先后提炼、生产出氯化钾、硼酸等11种化工产品，投放市场，受到了用户的青睐，大部分产品

① 《黄海化学工业社近讯》，载《科学》1940年第10期。

② 范旭东：《久大三十年》，载《海王》1944年第31期。

③ 赵泽云：《范旭东率“永久黄”迁川创建化工基地》，见中国人民政治协商会议西南地区文史资料协作会议编：《抗战时期内迁西南的工商企业》，云南人民出版社1989年版，第219—220页。

④ 王培德、赵博泉：《“黄海”三十年》，见全国政协文史资料委员会等编：《化工先导范旭东》，中国文史出版社1987年版，第166页。

均为军工、医药厂订购了。[①]黄海社的这一举措既在一定程度上缓解了大后方工业原料短缺的压力，同时也为黄海社带来了一定的经济效益，可谓一举两得。

抗战时期，黄海社在化学工业领域取得的最大成就莫过于“侯氏碱法”的发明。为解决川盐制碱的技术问题，范旭东、侯德榜率代表团赴德考察回国后，决意不依靠洋人，独立研究制碱的方法。为节省原料和降低成本，川厂成立化工研究部，委托黄海社的研究员郭锡彤主持，在五通桥进行试验，后转移到采购和通信条件稍好的香港。侯德榜在纽约遥控指挥，技师每周向侯德榜汇报试验情况。1941年初，侯德榜完成了不以固体碳酸氰胺为原料而代之以水溶液的试验，新的制碱法获得成功。为表彰侯德榜在开拓新法制碱上的功绩，范旭东亲自提议命名新法为“侯氏碱法”。

“侯氏碱法”很快在国际上引起了极大的反响，被迅速推广到外国。印度塔塔公司曾请侯德榜前去检查制碱工厂的设备故障，经侯德榜更改装置后，该厂的生产效率提高了20%。此后，塔塔公司长期请侯德榜为其提供技术帮助。侯德榜将每年3万美元的酬金积攒到一起，用其中的大部分购置了北京两所住宅，分别捐赠给了黄海化学工业研究社和中国化学会。剩下的钱存入中国银行，分赠中国化学会和天津中苏友好协会，自己用利息来购买国外文献。

内迁后的黄海社不仅自身取得了长足的发展，也积极与当地社会及企业建立良好的互动关系。面对地方企业的技术需求，黄海社向来有求必应，派技术人员对其指导，又协助乐山建立了五通桥食盐副产品制造厂，为山东威海卫酿酒厂、四川乐山金华酱油厂等工厂解决了生产过程中的技术难题。在菌学研究方面，黄海社利用已掌握的菌类知识和发酵技术，生产出保宁醋、四川酱豆腐等。现如今“德昌源”牌豆腐乳仍享

① 赵泽云：《范旭东率“永久黄”迁川创建化工基地》，见中国人民政治协商会议西南地区文史资料协作会议编：《抗战时期内迁西南的工商企业》，云南人民出版社1989年版，第219—221页。

誉巴蜀内外，而当初研究其化学成分的就是黄海社。方心芳、肖永澜等生物化学专家通过研究，还将在“德昌源”豆腐乳中发现的毛霉命名为“中国五通桥毛霉”，成了教学和科研的标准发酵霉。[①]此外，黄海社还将蜜糖发酵研究用于酒精生产，解决了酒精发酵工业内重要的酵母及营养等问题。

黄海社不仅在井盐的技术改进、地方工业建设方面做出了突出贡献，还在疾病的防治方面进行了成功的尝试。四川犍乐地区流行一种地方病——“趴病”。这种病初发时，患者感到身体麻痹，当麻痹由脚到达心脏时，人即停止呼吸。此病已在当地流行多年，病因不明，无法医治，大量的人因此而死亡。黄海社到达五通桥后，立即组织当地医院进行实地勘察、收集样品和分析化验，最终找到了病因——当地人食用的花盐中，存有较多对人体有害的钡。由此，黄海社进一步研究出从食盐中清除钡离子的方法，“趴病”在四川被根除。[②]

1943年，黄海社应盐务局邀请与其共同组织了一个西北盐业考察团，以新疆为重点，进行了为期一年的实地考察，除对各盐区的地质、食盐储量、生产情况、产品质量，以及有关的工业条件做了深入调查，还采集有代表性的样品做了详细的化学分析，为以后西北盐业的发展奠定了基础。

“黄海人”在科研的背后，还办有“海王剧团”。这个剧团有一次演出曹禺的话剧《蜕变》，非常成功，受到了观众的热烈欢迎，于是又到“新塘沽”加演了一场。据《海王》记载，当时盛况空前，而黄海社将所得门票收入11万元全部捐献给了前方抗战军队。[③]此外，黄海社还向社会大众介绍自己的研究成果，并欢迎社外人员来参观和学习，又通过举办科学展览为广大群众传授了科普知识。

---

① 龚静染：《小城之远——五通桥的历史记忆》，天津教育出版社2008年版，第125页。

② 方成：《我和“黄海”》，见中国人民政治协商会议天津市委员会文史资料研究委员会编：《天津文史资料选辑》第23辑，天津人民出版社1983年版，第127页。

③ 龚静染：《小城之远——五通桥的历史记忆》，天津教育出版社2008年版，第127页。

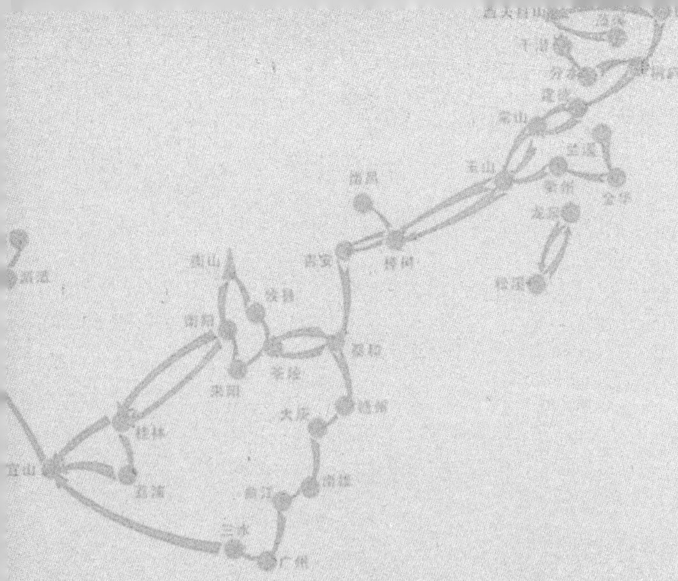

第七章

以天下为己任

全面抗战爆发以后，广大科技工作者深感“天下兴亡，匹夫有责”，立志为国服务，以天下为己任。有些人抛弃了国外的优厚待遇和舒适生活，一路颠沛流离来到大后方，可他们在大后方过的却是半饥半饱的生活，连许多著名的专家、教授都“不得一温饱”。大后方的工作条件十分艰苦，还经常遭受敌机轰炸，他们有时不得不搬到防空洞里做实验。可他们仍安之若素，甘之若饴，孜孜不倦地进行科学研究探索，将科学研究与维护民族独立、夺取抗战胜利紧密结合，以其独特的方式支援民族抗战。

共赴国难的人们

林可胜，一名在中国几乎不为人所知的生理学家，却实为最早被世界科学界推崇的中国科学家之一。林可胜生于1897年，是新加坡华侨，祖籍福建厦门。8岁时他遵父命赴英国爱丁堡读书，后来选择学习医学并为其奋斗终生。1942年，他成为美国科学院外籍院士，1948年成为中央研究院院士，1965年成为美国科学院院士。

1919年从爱丁堡大学医学院毕业后，林可胜因其导师器重，先后在英国爱丁堡大学、美国芝加哥大学进修，在消化生理学方面取得了很大成绩。因为成绩突出，1925年，他受北京协和医学院董事会聘请，担任生理学系教授兼系主任，成为协和第一位华人系主任。

林可胜回国后不久（1926年）即当选为中国生理学会首任会长。他在协和耕耘十二年，被公认为中国现代生理学之父。林可胜潜心研究，一心培养学生，成功地把中国的生理学研究推向了国际水平。

自九一八事变之后，抗日形势越来越严峻，林可胜有感于前线的战士伤患得不到及时的救治，毅然决然地奔赴抗战前线，在祖国的危难关头，义无反顾，挺身而出，投入救亡图存的洪流。在1932年的喜峰口战役，他带领一支医护队伍在战地救治伤患。1937年7月，林可胜正在出国休假途中，适日寇于7月7日在卢沟桥挑起战端，他闻讯后，毅然中止休假，返回南京。时刘瑞恒任卫勤部长，委托他组织建立全国性医疗救护体系，并出任中国红十字会总会总干事兼总会救护总队队长，以纾国难。为免除后顾之忧，他把妻儿送回南洋，孤身一人投入抗战救护

林可胜

之中，到武汉组建了中国红十字会总会救护总队，创建了中国军队救护系统，后先迁长沙，继迁祁阳，再迁广西桂林，最后于1939年2月迁至贵阳东南郊群山环抱的图云关。救护总队在林可胜的领导下，由组建初期的37队，陆续扩充至178队，医护工作人员曾达3420人，同时拥有救护汽车200辆，卫生材料分库11个。由于他在后方所做的贡献，1941年，他升任为国民政府的军医署长。著名爱国华侨领袖陈佳庚于1940年率领南洋华侨慰问团来慰问时，对国民政府的腐败现象非议颇多，唯独对林可胜的专心任职极其赞许，并主动应承由南侨总会捐助1万元给救护总队。[①]林可胜不仅领导着后方的医护组织，还曾亲赴缅甸前线做救护工作，因此曾经两度受到美国政府嘉奖——1943年及1946年，美国政府先后向林可胜颁发了荣誉勋章及自由勋章，以表彰他在战时的英勇表现。

林可胜从担任协和生理系主任起，就一直致力于在中国培养高水平的医学人才，他在协和教授的学生们，无一例外都成了在中国具有极高学术声望的医学方面的人才。抗战时期，他也一直在建立完备的战时医疗救护系统、培养人才。在他的努力下，中国生理医学领域在抗战期间不仅没有中断研究而且培养了大批的高水平人才，这对中华人民共和国成立后的医学事业有极重要的意义，美国记者史沫特莱认为林可胜是“放弃了获得诺贝尔奖而投身抗战救护事业”。

战后，林可胜不满于国民政府的腐败，很快就离开了中国，1969年卒于牙买加。

① 张衡主编：《民国科教精英百人传》，南京出版社2013年版，第171页。

■ 中国红十字会总会救护委员会组织系统图

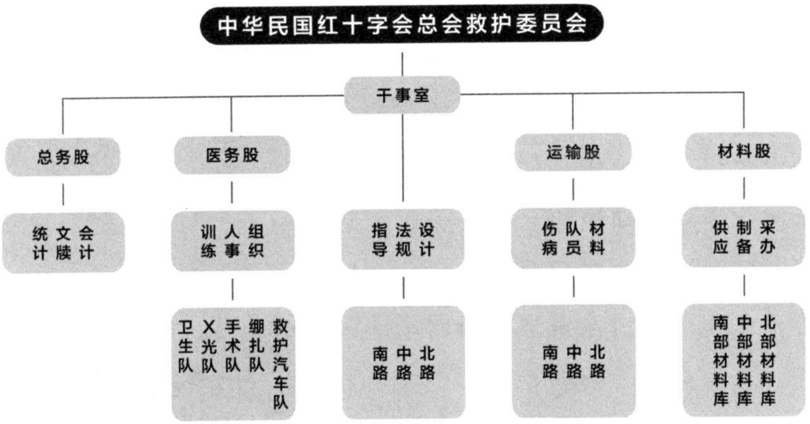

资料来源：《中华民国红十字会总会救护委员会第一次报告》，载《中国红十字会月刊》1938年第33期，第57页。

邢其毅，著名有机化学家，1980年当选中国科学院院士。邢其毅原籍贵州贵阳，1911年生于天津。由于天资聪颖，1933年，他从北京辅仁大学毕业后便赴国外留学，先在美国伊利诺伊大学取得博士学位，后又在德国慕尼黑大学攻读博士后。[①]1937年，年仅26岁的邢其毅做出决定，放弃优越的研究、工作条件立即回国。回国后，邢其毅在上海中央研究院化学研究所任研究员。不久，华北沦陷，上海也危在旦夕，中研院被迫南迁昆明。在所长庄长恭的要求下，邢其毅负责把实验器材和所需要的书籍装进100多个大箱，然后经上海法租界、香港和越南海防，历时半年之久，最终运到昆明。

昆明身处后方，实验室设备及各种化学药品极缺。面对这一棘手局面，邢其毅打破昔日化学研究的限制，把目光从城市转向农村，研究云南地区特有的植物资源。1942年，邢其毅开始对金鸡纳树皮进行研究，对其治疗疟疾的可能性进行分析，以解决前方战线缺医少药的问题。此后，他写出了回国后的第一篇论文：《河口金鸡纳树皮的分析》。

① 孙杰、晓慧等编：《文化素质篇之中学生必知的化学家》，远方出版社2004年版，第115页。

邢其毅

西南地区医疗条件落后，疟疾横行，给当地人民群众的生产、生活造成了很大的危害，邢其毅的研究不仅在学术上具有行业引导作用，在实际预防、治疗疟疾方面也有很大的作用。但邢其毅并不满足于此，当他得知他的一个在美国一起读书的同学战死在抗日前线时，他也知道了正在和日本浴血奋战的新四军缺医少药，急需医学方面的专家。在大后方期间，邢其毅对国民政府的腐败和消极抗战的做法深恶痛绝，于是他决定去寻找新的救国道路。1944年，他联系了在上海的地下党朋友，在这名朋友的帮助下冒着生命危险从国民党统治的大后方来到了共产党领导的抗日前线皖北解放区天长县，参加新四军的工作。他被分配到苏北华中军医大学，一面训练药学人才，一面为军队制药。他还把夫人钱存柔和孩子也都接到了新四军中，一起做抗日救亡工作，直到抗日战争结束。

抗战胜利后，邢其毅担任北京大学教授，继续进行生物碱和有机反应研究，后来又参与、领导了牛胰岛素人工合成的工作。除此之外，邢其毅在化学教育上也有所建树，他编著的《有机化学》和《基础有机化学》等教材得到了学术界和广大师生的一致好评。

邹承鲁，近代中国生物化学发展的奠基人之一。邹承鲁祖籍江苏无锡，1923年出生于山东青岛，父亲是铁路系统内的员工。由于父亲工作的原因，邹承鲁从小到大去过中国的很多城市。1931年九一八事变发生时，他们一家正好在沈阳，9月21日，一家人坐火车返回山海关内，在路上遭遇了日军机枪的扫射，虽然并没有对邹承鲁造成生命威胁，但日本帝国主义凶残的面孔却让他终生难忘。1937年以后，日军加紧了侵华

邹承鲁

脚步，邹承鲁不得不随着前方战事的日益升级而不断迁徙。1938年武汉沦陷之后，他们举家搬到重庆，他于同年考入南开中学高中部，又于1941年考入了西南联合大学。

在西南联大的四年学习时光虽然不长，但为他以后的科学研究工作奠定了良好的基础。他很早就对生命现象很感兴趣，并明白要研究生命现象，应从化学入手，因此抗战结束后他很自然地选报了生命化学专业，继续学习。

1944年日军发动豫湘桂战役，国民政府由于内部腐败丛生，没有实力组织完全的抵抗，一时间，前线大溃退，河南、湖南、广西的大片国土迅速沦陷。国民政府为了应对兵源不足的情况，克服征兵流弊，改善兵源质量，发起了十万知识青年从军运动。“君不见，汉终军，弱冠系虏请长缨，君不见，班定远，绝域轻骑催战云！男儿应是重危行，岂让儒冠误此生？况乃国危若累卵，羽檄争驰无少停！弃我昔时笔，着我战时衿，一呼同志逾十万，高唱战歌齐从军。齐从军，净胡尘，誓扫倭奴不顾身！”这首著名的《知识青年从军歌》，记载的正是1944年的知识青年从军运动。一寸山河一寸血，十万青年十万兵，西南联大成立了以校长梅贻琦为主任委员的“志愿从军组织委员会”，鼓励联大学生积极参军。“皮之不存，毛将焉附”，当时还在大四、年仅22岁的邹承鲁暂时放弃科学救国的梦想，走上了军事救国的道路，投笔从戎，报名参军。1945年1月28日，邹承鲁被编入青年军207师炮一营补给连，成为一名二等兵。2月5日，邹承鲁登上美军运输机飞驼峰航线抵达印度汀江，编入中国驻印军暂编独立汽车第一团，后前往印度兰姆伽中美汽车学校接受为期一个月的汽车驾驶训练，之后正式成为一名汽车兵，开始了他短暂的运输兵生涯，开着十轮大卡车往返于兰姆伽和加尔各答之间运输军事物资。同年7月，日军败迹已现，中国驻印军暂编独立汽车第一团奉命回国，邹承鲁与好友邢传庐驾驶吉普车沿中印公路长途跋涉1700千米抵达昆明。8月15日，日本宣布无条件投降，邹承鲁完成了自己的使命，申请退役，结束了为期六个多月的军事生涯。短暂的军营生活让他目睹了国民党军队的黑暗、国民政府的专制与腐败，更加坚定了他科学救国的人生理想，成为他人生中短暂却极为特殊的一页。1945年9月，邹承鲁终于回到阔别近八个月的西南联大，继续他的科学研究之路。[①]

① 熊卫民、邹宗平：《邹承鲁传》，科学出版社2008年版，第20—27页。

唯信念不可动摇

王淦昌

王淦昌，1907年出生于江苏常熟，中国核物理学的奠基者和开拓者之一，中国科学院院士、“两弹一星功勋奖章”获得者。王淦昌1925年考入清华大学物理系，师从近代物理学家叶企孙、吴有训。

在清华学习期间，列强对中国的侵略日益加剧，王淦昌义愤填膺。他还亲历了三一八惨案，北洋军阀政府不仅不倾听同学们爱国的呼声，还把枪口对准手无寸铁的同学。军阀政府对列强的软弱和对爱国民众的残暴深深地刺痛了王淦昌。他的老师叶企孙告诉他：“归根结底是因为我们国家太落后了，如果我们像历史上的唐朝那样强大，谁敢欺侮我们呢？要想我们国家强盛，必须发展科技教育，我们重任在肩啊！”[①]叶企孙的谆谆教诲，王淦昌铭记在心中。1930年，王淦昌在德国柏林大学攻读博士学位，师从著名的女核物理学家莱斯·梅特纳，三年后成功取得博士学位。1934年王淦昌毅然回国，先后在山东大学和浙江大学任教。

全面抗战爆发后，日军逼近杭州，浙江大学迁到贵州的小镇湄潭。

① 崔纪敏：《王淦昌》，河北教育出版社2000年版，第59页。

迁徙的路途艰苦漫长，初迁浙江建德，继迁江西吉安与泰和，三迁宜山，四迁遵义，经过两年多的颠沛流离，终于在贵州黔北湄潭找到了一方适于教学科研的净土。但王淦昌并没有在迁徙中放弃教学和研究，还曾经为了军事的需要开设了“军事物理”课。在湄潭，他也始终没有忘记自己的本职工作，进行了比如证明中微子的存在等的研究。在1941年他曾经设计出一种试验方法以证明中微子的存在，但是苦于大后方不具备进行该项试验的条件，他只能写了一篇《关于探测中微子的一个建议》的短文，寄到美国杂志《物理评论》。这迅速引起了美国学者阿伦的注意，他根据王淦昌所提的试验方法成功证明了中微子的存在。处于抗战中如此艰苦环境，王淦昌能提出如此关键的建议，是十分了不起的。[①]

大后方的艰苦是难以想象的，王淦昌带着家人长途跋涉一路向后方转移，颠肺流离，孩子们摄入的营养不足，抵抗能力差，王淦昌为了给孩子们补营养，想买二两猪肝，但是店主以二两太少为由拒绝卖给他。不仅孩子们受不了这样残酷的环境，王淦昌本人也在长期的颠沛流离和操劳中染上了肺结核。王淦昌的夫人不知从哪里打听来一个土方，说喝羊奶有助于治疗肺结核，便从山民手中买来一只山羊养着，以便挤奶给王淦昌喝。看着自己的妻子每天既要操持家务，还得放羊，王淦昌深感有愧，不顾妻子的劝阻接下了放羊的“任务”。

若干年后，忆及在湄潭的艰苦岁月，王淦昌记忆犹新：

> 我们家在南门外租了两间房子。房后靠山，我妻子就在山坡上开荒种菜，解决一点副食。她还养了鸡和一只羊，孩子们轮流割草放羊，我每次到双修寺那边去查资料、做实验，也把羊带过去，让羊在那边山上吃草。这样，我们家经常可以吃到鸡蛋，每天能喝上羊奶。有这点营养，我的肺结核病稳定了下来，没有加重。[②]

---

① 王淦昌：《王淦昌全集》第5卷《无尽的追问·论述文章》，河北教育出版社2004年版，第44—45页。

② 王淦昌：《王淦昌全集》第5卷《无尽的追问·论述文章》，河北教育出版社2004年版，第46—47页。

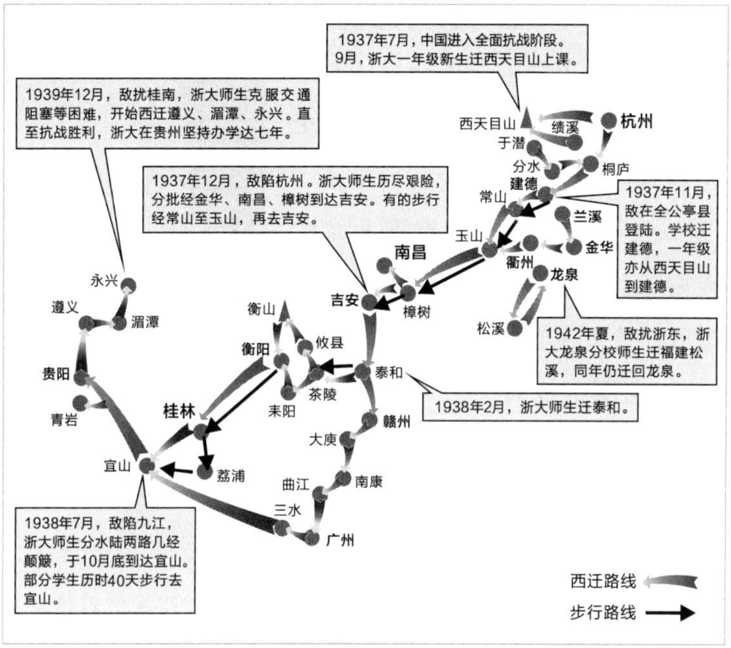

浙江大学西迁路线示意图

每天王淦昌在去上课的山路上都一手拿着教鞭一手拿着教案，用教鞭牧羊，这个现在看来颇为滑稽的画面，却反映了王淦昌不以物质世界为转移、专注自己事业的品质和革命乐观精神。因为一边牧羊一边教书，王淦昌还得到了“牧羊教授”的美名。同时，王淦昌在后方的生活经历，也反映出当时中国的科学家虽然会被战乱和生活所困扰，但报国的信念和坚持不懈的研究精神却始终未曾改变。

吴大猷，著名物理学家，1907年出生于广州府番禺县。吴大猷两岁时随父迁居天津，后来因为华北战乱频发又返回广东肇庆。1921年，伯父吴远基赴任天津广东旅津中学校长，吴大猷又随伯父前往天津求学，并顺利考入南开中学。1925年夏，吴大猷在高中二年级时便考入南开大学。大学四年的培养与训练使吴大猷不仅明白了求知的意义，并且下定了从事物理学研究的决心。1929年，吴大猷大学毕业，在饶毓泰的帮助下留校任教，讲授近代物理学和力学。1931年春，经饶毓泰、叶企孙的

吴大猷

推荐，吴大猷获中基会乙种研究奖助金，赴美国密歇根大学留学，于1932、1933年先后取得硕士及博士学位，成为中国历史上第三位获得博士学位的理论物理学家。1934年夏，年仅27岁的吴大猷在北京大学理学院院长兼物理系主任饶毓泰的邀请下，回国就任北京大学物理系教授。

1937年全面抗战爆发，北京大学、清华大学及南开大学三校奉命迁往长沙组建临时大学。吴大猷辗转天津、青岛、济南、徐州、郑州、汉口、武昌，终于抵达长沙。1937年11月，吴大猷前往成都担任四川大学讲座教授。1938年夏，吴大猷受友人之邀到了西南联大。[①]1942年，日军占领缅甸，昆明形势日益紧张。由于后方物价飞涨，妻子阮冠世又身患肺结核，教授的工资难以维持生活，1943年春，吴大猷在教书之余，买了两只小猪来养，指望到年底出售以补贴家用。不久，吴大猷夫妇先后因病入院，无奈之下，吴大猷请学生黄昆代为看家、养猪。“黄昆养了一段时间就给吴大猷写信诉苦，说这两头猪如同野猪，一放出去就赶不回来。生气了，都想宰了它们。即使黄昆这样喂猪，最后还死了一头。”[②]吴大猷也别无善法，只能“忍痛割爱”，委托黄昆在岗头村找人将猪卖掉，也无心计算是赚是赔。

在西南联大时期，吴大猷学术成果丰硕，完成了《振动光谱和多原子分子结构》一书，成为分子光谱领域最早的几部专著之一，是振动光谱与多元分子结构领域当时唯一的专著，走在了国际分子光谱研究的前列。同时，他也培养了一大批优秀的学者，包括李政道、杨振宁、黄昆、朱光亚等一大批著名物理学家。

---

① 吴大猷：《回忆》，中国友谊出版公司1984年版，第26—27页。
② 李玉林：《吴大猷养猪的故事》，载《炎黄纵横》2016年第3期，第44页。

虽然后来李政道取得了令人瞩目的成绩，但他当年只身到西南联大时还只是一个插班生，依靠着一封推荐信找到吴大猷，希望吴大猷能够在学业上给他提供帮助——李政道原先是浙江大学的学生，浙大在抗战中不断迁徙，到达广西后，由于日本军队逼近学校，李政道就跑到了重庆的姑妈家。他姑妈认识吴大猷一位在美国读书期间的熟人，就让这个熟人写了一封介绍信，让李政道拿着这封介绍信找到吴大猷。此时正值期中，李政道无法参加期末考试，没有资格成为西南联大的正式学生，但吴大猷感动于他的求学热情，经与“教二年级物理、数学课的几位老师商量，让李随班听讲考试，他若及格，则等到暑假正式转入二年级时，可免读以前课程”。李政道也不负所望，学业极其出色，吴大猷后来回忆道：

> 李应付课程，绰绰有余，每天课后都来我处请我给他更多的读物和习题，他求知如此心切，简直到了奇怪的程度。有时，我风湿病发作，他替我捶背。他还常帮我做些家务琐事。我无论给他什么样难的书和题目，他都能很快地读完做完，并又来要更多的。我从他作题的步骤及方法上，很快发现他思想敏捷的程度，大大异乎常人。老实讲，在那些日子里，我为了我自身的工作、冠世的疾病，还有每日买菜、烧饭、生火等家务劳动，牵扯精力很多，再加上物价飞涨，实在没有心绪准备更多的参考资料和出习题给他，好在他天资高，亦不需要我详细讲解，自能理会资料和习题的内容。[①]

李政道品学兼优，深得吴大猷赏识。1945年秋天，读大学二年级的李政道在吴大猷的推荐下赴美国芝加哥大学攻读博士学位。吴大猷作为一名物理学家，不仅在学术领域显示了自己的天赋，也在人才教育领域投入了自己的心血，不仅给国家培养了大量人才，也为中国科学事业的发展奠定了智慧基础。

---

① 吴大猷：《回忆》，中国友谊出版公司1984年版，第39—40页。

日机轰炸下的日全食观测

1941年9月21日，以中研院天文研究所成员为主的中国天文工作者冒着日机轰炸的危险，不远万里，到甘肃省临洮县完成了中国境内的第一次日全食科学观测，在中国及世界天文史上留下了浓墨重彩的一页。

20世纪30年代初期，中外天文研究人员经研究推算，预测1941年9月21日将有日全食带进入中国境内并横贯中国，“所经地方历新、青、甘、陕、鄂、赣、闽、浙八省……且横经我国腹部而近中午之日全蚀，四百年仅得二次。据明史所载，上次之日蚀在一五四二年八月十一日，即明嘉靖二十一年七月己酉之日蚀”[①]。本次日全食可谓四百年之未见，因此受到了中国天文学界的格外重视。早在1934年11月19日，中研院天文研究所、中国天文学会等11个天文学团体就专门为此在南京紫金山天文台成立了中国日食观测委员会。[②]1936年6月19日，中国日食观测委员会组织了两支日食观测队分赴日本北海道和苏联伯力对1936年的日全食进行观测，意在为1941年日全食观测积累经验，余青松、张钰哲等人均有参加。又因为1941年的日全食观测意义重大，中国日食观测委员会不敢有丝毫疏忽，唯有尽早筹备。1939年春，日食观测委员会向美国Fecker公司订购了口径160mm、焦距6m的大型地平镜一具，向英国Parson公司订购了口径400mm的定天镜；又委托中研院物理研究所，

① 胡继勤：《日全蚀观测意义》，载《挺近》1941年第16期，第90页。

② 《中国日食观测委员会消息》，载《宇宙》1935年第7期。

以所购日食仪器为模本，另行制造一两套，以备不时之需。[1]所需经费由中基会、中英庚款董事会，及中研院等机构多方筹措，但由于战时外汇暴涨，终究入不敷出。万般无奈之下，日食观测委员会向Fecker公司要来制造图纸，由余青松监督，委托云南五金工厂及中央机器厂制造镜座部分。

与此同时，对此次日全食的各种调查计算工作也在分头进行。日全食带各城市的气象情况由气象研究所负责调查；军令部所属陆地测量总局负责提供各地经纬度并代为绘制日全食地区的精确地图；交通及地方情况由教育部和中研院分别函请各省县代为调查；各地食象时分方位由华西大学数理系、中山大学天文台及天文研究所三方分别承担。[2]按照日食观测委员会所定计划，此次日全食观测点分东南和西北两处，由中央研究院天文、气象、物理三所会同中山大学、金陵大学、华西大学与中国天文学会，组成两个观测队分赴甘肃临洮和福建崇安。由于战时经费有限，观测仪器极为短缺，除自行制造部分简单仪器之外，观测队还向中央大学物理系借得Adam Hilger摄谱仪及3英寸望远镜各一具，向陆地测量总局借来等高仪，从中央电影摄影场借用望远镜及摄影器材用来拍摄“日食纪录影片”。观测所用的小定天镜、无线电收音机、经纬仪等小型仪器由天文研究所自备。[3]

中研院院方对此次日全食观测也非常重视，多方联络，为日食观测队提供种种便利。中研院秘书长翁文灏利用其在资源委员会的职务之便，特意致函甘肃油矿局调拨卡车一辆。

以天文研究所与中国天文学会联合组织西北日食观测队决定观测地点在甘肃临洮，全体队员预定7月10日左右携带仪器由渝前往，至迟10月中旬离临洮返渝，嘱本局拨付卡车一辆以供往返载运之用，并以嘱免往返一切运费。本局正在赶

---

① 《中国日食观测委员会消息:第二次临时会议纪事》，载《宇宙》1939年第2—3期。

② 江晓原、吴燕：《紫金山天文台史稿：中国天文学现代化个案》，山东教育出版社2004年版，第106页。

③ 张钰哲：《民国三十年九月廿一日日全食观测初步报告》，载《科学》1941年第11—12期。

运器材车辆甚少，本属不敷分配，惟日全食为罕遇机会，观测研究有关国际观瞻，兹为共襄盛举起见，特勉为抽拨卡车一辆，专送该队由渝至临洮，所有应需油料及随车员工一切费用，概由本局担负。

中研院总办事处致函甘肃省政府，希冀在观测队到达临洮之时予以协助。

兰州甘肃省政府勋鉴：本院天文研究所观测本年九月二十一日之日全食，特会同中国天文学会组织日食观测队，择定贵省临洮为观测地点。该队队长张钰哲及员工八人已于本月寒日携带仪器乘汽车由渝出发，务请贵府转饬临洮县政府于该队到达时，对于寻觅住所、勘察观测地点，装置观测仪器以及交通搬运、治安等事项，尽量赐予协助。

院长朱家骅亲自致函四川省政府主席张群及甘肃省政府主席谷正伦，“中央研究院天文研究所特组日食观测队，由该所所长张钰哲率同赴临洮观测本年九月之日全食，定元日由渝乘车出发，经蓉赴陕，务请转饬沿途各地，妥为保护”。[①]

1941年6月30日，中国日食观测队从昆明出发，由张钰哲担任队长，成员包括天文研究所李珩、陈遵妫、李国鼎、龚树模，金陵大学理学院潘澄侯、胡玉章、区永祥等，中国天文学会高鲁、陈秉仁。观测队乘火车沿叙（叙府即宜宾）昆路赶赴曲靖，由于一路上空袭警报频

张钰哲

① 《中央研究院天文研究所关于请拨卡车并调用仪器等以赴西北观测日食与中央研究院的来往文书》，中国第二历史档案馆馆藏档案，全宗号393，案卷号53（2）。

繁，火车中途屡次停车。抵达曲靖后，观测队又改乘中国运输公司的客车前往贵阳。又在贵阳因中国运输公司要接洽赴重庆的撤离而耽搁四天时间才重新起程。7月7日，观测队抵达重庆，突遇日机空袭，众人将汽车停在路边，全部躲在桥下。“二十七架敌机，嗡嗡然掠顶而过，继以轰然一声震耳欲聋，颇为车中之仪器担心。俟机声渐微，返路旁视察，只见车上多蒙一层灰尘之掩蔽，幸无其他之损害。”[①]观测队在重庆短暂休整，张钰哲又向中央大学物理系借得几件日食观测需要使用的仪器，并将全部仪器送至歌乐山中存放以防日机轰炸。16日，观测队搭乘甘肃省油矿局所派卡车从重庆出发，经成都于23日抵达广元，一路风雨兼程，险情不断。25日，观测队行抵距离褒城县15千米处的黄沙镇之时，骤然大雨滂沱，而汽车引擎亦损坏，不能动弹，可谓祸不单行。

车上人皆成落汤鸡，行李亦尽濡湿。不得已半夜冒雨赴五百米外之天主堂求收容留宿。幸次日放晴，始克将坏车拖至褒城西北公路局木炭车厂就医。几经商请，蒙该厂长允修理，并以时效关系特为赶工。但以油矿局车病入膏肓，非一时即能奏效。……惟所用零件，均是勉强凑配，能否支持至牟兰，不无疑虑。今前后各站，既得局中拨车电令，则前途纵有障碍，更不难获得解决之方。褒城留滞，屈计前后共十日，不胜行路难之感。[②]

8月3日，观测队再度起程，向兰州进发。“沿途树木愈稀，芥草棘亦几绝迹。弥望原湿丘陵，皆为黄土。惟天色晴朗，蔚蓝无际，不觉长吟‘绝塞但惊天似水’之句。”7日，观测队抵达兰州，下榻于甘肃科学教育馆。甘肃省地方政府甚为热情，教育馆馆长袁翰青设宴款待，民政厅厅长郑震宇通知临洮县政府，为观测队提供各种便利。建设厅厅长张心一致函临洮地方学校，为观测队准备住所。甘肃省政府

① 张钰哲：《临洮观测日食之经过》，见中国日食观测委员会编：《中华民国三十年九月二十一日日全食观测报告》，中国日食观测委员会1941年版，第9页。

②《中央研究院天文研究所关于请拨卡车并调用仪器等以赴西北观测日食与中央研究院的来往文书》，中国第二历史档案馆馆藏档案，全宗号393，案卷号53（2）。

主席谷正伦拨款五千元为招待费。8月10日，观测队搭乘油矿局卡车直奔临洮而去。13日，在经历种种磨难与日机轰炸的生死考验之后，观测队终于到达目的地临洮，借用位于临洮城东岳麓山上的乡村师范学校教室为临时办公及住宿所在。[①]“三千公里之长途奔波，于兹告一段落。虽饱尝未晚接宿、鸡鸣看天之滋味，同行诸人，幸均健康，仪器亦无损坏，差堪告慰。”[②]

历时42天，长途跋涉3200千米，观测队终于抵达目的地。追忆1936年赴苏联、日本进行日食观测，想此次观测一路艰辛，抚今追昔，甚为惆怅，诚如张钰哲所说：

> 当年两队出国观测所费，不逮三千元，而舟车旅宿，不第安适而已，竟可称为豪侈焉。今则公路为惟一之交通线，因必须携带多件之仪器行李，卡车亦变为惟一可资利用之交通工具。仪器木箱安入于卡车下层，上铺行李，观测人员即以之为坐垫焉。语其位置，高则高矣。然爬高者跌重，观沿途覆辙翻车者之踵接，诚令人怵目惊心，不能自已。至于栉风沐雨，曛烈日，冒尘沙，犹其余事焉。语逆旅则能住鸡鸣看天之小店，已深足庆幸得免露宿，更无暇计及疫病传染之虞。苟二十五年出国观测，可视为兼领游览旅行登山临水之乐，则此番西北之跋涉，直似绝塞穷荒之放逐流窜矣。[③]

临洮经常遭到日机轰炸，据《中央日报》统计，观测队在临洮期间，日机曾25次前来空袭。不过，更让张钰哲担心的却是临洮的天气状况。自从观测队到达临洮之后，临洮阴雨连绵，连续七八天不见放晴。于是，张钰哲致电甘肃省政府主席谷正伦，希望政府加派飞机，届时协助观测队凌空观测，又派高鲁专程赶往兰州联系飞机一事。兰

---

① 张钰哲：《临洮观测日食之经过》，见中国日食观测委员会编：《中华民国三十年九月二十一日日全食观测报告》，中国日食观测委员会1941年版，第10—11页。

②《中央研究院天文研究所关于请拨卡车并调用仪器等以赴西北观测日食与中央研究院的来往文书》，中国第二历史档案馆馆藏档案，全宗号393，案卷号53（2）。

③ 张钰哲：《临洮观测日食之经过》，见中国日食观测委员会编：《中华民国三十年九月二十一日日全食观测报告》，中国日食观测委员会1941年版，第8页。

州驻军司令长官朱绍良将此事电告蒋介石后得蒋允许，遂拔兰州空军教练机及轻型轰炸机各一架，于9月20日飞至临洮。日食当天如遇阴雨天气，观测队将乘飞机携带摄影机飞至云层之上，对日食进行观测和摄影。

临洮当地人士对于观测队的生活和工作也给予了极大的帮助。为使观测顺利进行，张钰哲经过实地考察最终将观测地点设在了岳麓山泰山庙内。临洮县政府专门派出警察守卫泰山庙，并派缉查队严格盘查过往人员，以防意外发生。驻临洮的国民党陆军西北步兵学校还送来十四良种马和一架新式军用手摇发电机，供观测队使用。观测队抵达临洮之时，正值乡村师范学校放暑假，便临时借用该校为住宿地，计划等开学之后再另寻住所，但是由于此地十分方便，所以队员们一直住在这里直至观测工作结束，乡村师范学校对此始终十分支持。学校篮球场是观测队架设仪器的地方，为避免仪器损伤，便请校方配合，暂时不让学生来此运动，校方亦十分配合。观测队还向校方物理仪器室借了部分简单仪器，后来在安装摄谱仪的过程中，还把仪器室围墙钻了一个大洞，但校方并没有因此而不满，总是积极配合。张钰哲不禁联想到了伊索寓言中的骆驼：以风雪天气太冷为由，请求主人允许其探入房中，最终却将主人赶到室外。于是张钰哲在乡村师范学校纪念周上演讲时，便以骆驼自比，“盖我侪长途跋涉可比骆驼之耐劳，而喧宾夺主之情形，亦堪相伯仲”[①]。

时间一天天临近。9月20日，观察队队员激动异常，夜不能寐。七年筹备，千里奔波，成败利钝，系于一旦。是日夜，为防日机轰炸临洮，陆军一个炮兵团开赴临洮，空军20余架战斗机在兰州机场严阵以待，准备随时拦截来袭日机。21日上午8时40分，晨雾散去，阳光普照，天气状况良好，日食观测已准备就绪。

---

① 张钰哲：《临洮观测日食之经过》，见中国日食观测委员会编：《中华民国三十年九月二十一日日全食观测报告》，中国日食观测委员会1941年版，第18页。

1941年甘肃临洮日全食观测队成员合影

根据事前拟定的计划，此次日食观测包含六项内容：实测日食初亏、食既、生光与复圆的经过，由张钰哲负责观测，黄丰禄记录；日冕的拍照，由李珩、龚树模使用口径22cm的定天镜及摄影地平镜进行；日冕高度的测定，由张钰哲负责操作露光计，李国鼎从经纬仪的望远镜读电流计转动刻度数；高鲁在暗室中拍摄日食前、食既、全食、生光等阶段的太阳光谱并进行比较，摄取日冕及太阳色球的光谱；陈遵妫使用相机拍摄日食现象发生过程中的变化，从初亏到复圆，每隔10分钟曝光一次；拍摄日食电影，由金陵大学理学院教育电影部潘澄侯、胡玉章和区永祥三人共同完成。三具摄像机，有两具安装在地面观测场，第三具由区永祥携带乘坐空军提供的轻型轰炸机进行凌空拍摄。

是日上午9时29分32秒，初亏开始，临洮县各校师生及群众用茶镜、墨染的玻璃片、盛满水的水盆等进行观察。太阳像皮球放气一般一点点地凹瘪下去，由圆形凹成农历十二、十三的弯月形，至10时30分38秒，变成了初五、六的月牙形，食既到来。

蔚青的天空，变得翠蓝；西面天空立刻显出一颗明星，东面也显出明星，南北都出现了星斗。突然小黄球消失了，球体全黑了，周围只有一丝白边。地面的人群也模糊了，宇宙是意外的昏暗。天空在黑球白边以外是一片碧绿，渐渐变成米黄、橙黄。满天的明星，宝石瑛珞似的缀在天幕上，泛着淡淡的晶彩，显得异常地绚烂！温度急剧地下降着，寒风像是秋季的西风，冬季的北风，蓦地冷起来了。[①]

观测队所拍摄日食照片

这是目击者肖剑琴所记录的日食的美妙瞬间。10时52分8秒，食甚到来。“整个日轮为月球所遮，仅见四周放射美丽之光芒，名曰日冕。一时天昏地暗，温度降低摄氏三度，同时并见正东方及正西方呈现巨星二颗，前者为金星，后者为木星。”至10时53分38秒开始生光，日冕出现，“一团白银色之日光脱颖而出、放射万丈光芒”。天空逐渐失去了碧蓝的颜色，星星隐去，太阳又从初二、三的月牙，变成十一、十二的弯月。至12时18分18秒，日全食始告结束。[②]

此次日全食观测大获成功，观测队队长张钰哲兴奋万分，赋诗一首：久矣风沙不关心，滇池秦塞事长征……更祈异象呈空日，云雾寇氛俱扫清。[③]激动之情溢于言表。回想一路艰辛，张钰哲感慨万千：“年来奔走四方，携眷同行。拙荆颇以为苦，每出怨言。今则觉悟非经过从前跋涉之苦，便不得见此番全食现象之美观。怨望全消，欣慰之情，溢于眉宇。”[④]

① 肖剑琴：《一次自然界的奇观——1941年日全食在临洮》，见中国人民政治协商会议甘肃省临洮县委员会文史资料委员会编：《临洮文史资料选》第3集，2002年，第37页。

②《全国科学家群集临洮，观测日食圆满完成》，载1941年9月23日《申报》。

③ 王樵裕、葛能全、顾迈南等编：《中国当代科学家传》第1辑，知识出版社1983年版，第152页。

④ 张钰哲：《临洮观测日食之经过》，见中国日食观测委员会编：《中华民国三十年九月二十一日日全食观测报告》，中国日食观测委员会1941年版，第25页。

临洮日全食观测是中国近代以来第一次由本国科学团体独立进行的日全食观测，为中国近代日食研究留下了一笔宝贵的资料。[①]观测队测定临洮经纬度，日食初亏、生光、复圆时刻及日冕高度；拍摄日冕现象全过程照片及影片，提取了日冕与太阳色球光谱，并且成功拍摄了当时还比较罕见的日全食彩色照片等，所得各项数据成为日后研究太阳的重要资料。[②]同时，此次观测对于民智的启发及科学知识的普及也具有重要意义。21日午后，张钰哲开放泰岳庙，欢迎临洮各界人士参观各种观测仪器和设备，并指定专门的讲解人员，讲解日食及各种天文知识。在归程的路上，张钰哲、高鲁等人应沿途各机关之邀做了若干次有关日食观测的报告，在一些穷乡僻壤耐心讲解日食的原理，很多人由此第一次知道“天文”为何物。在中国传统观念中，日食又名“天狗食日”，是凶兆。但是此次日食发生之时，在临洮这一边陲小城竟然听不到一声讨伐天狗的鸣金声。临洮民众“逮见吾人预知日食时刻，竟分秒不差，乃一变往日将信将疑态度，而全盘接受矣。食时伐鼓鸣金救日之举，重庆成都，均且不免，而临洮以边陲僻县，是日竟未闻一滴之锣声；观测队所到处，民众感受之优良影响有如是者”。[③]

① 福建崇安观测队则由于运气不佳，遭遇阴雨天气，未能观测日食，仅进行了日全食地区地磁测量工作。

② 江晓原、吴燕：《紫金山天文台史稿：中国天文学现代化个案》，山东教育出版社2004年版，第108—113页。

③ 张钰哲：《临洮观测日食之经过》，见中国日食观测委员会编：《中华民国三十年九月二十一日日全食观测报告》，中国日食观测委员1941年版，第25—26页。

完全转向了战时工作

严济慈，中央研究院院士，著名物理学家和教育家，是中国光学仪器工业的奠基人和中国现代物理学研究的开山者之一，在压电晶体学、光谱学、地球物理学等方面都做出过重要贡献。1901年，严济慈在浙江东阳县出生。1918年，严济慈以全省第一名的成绩顺利考上南京高等师范学院，1923年考入巴黎大学理学院。1927年6月，严济慈成为取得法国国家科学博士学位的第一个中国人。[①]1930年底，受李石曾的邀请，严济慈到北平出任刚成立不久的国立北平研究院物理研究所所长，一年后又兼任镭学研究所所长。1932年，严济慈与叶企孙、李书华、梅贻琦、吴有训等教授共同创建了中国物理学会。[②]

在局部抗战时期，严济慈有非常多的研究成果。全面抗战爆发后，严济慈不得不忍痛带着一家老小离开北平辗转西迁到了昆明的黑龙潭。在十分艰苦的条件下，严济慈带领物理研究所的科技人员，在黑龙潭一所破旧的小庙内"重新"建起了北平研究院物理研究所，继续从事科研工作，并将抗战急需领域作为自己第一科研课题。在他的带领下，北平研究院物理研究所的科技人员克服重重困难，在艰难险阻中制作出了500架可放大1500倍的显微镜、200架水平仪、50套微缩胶片放大器，

① 方黑虎、丁毅信、万绚：《严慈相济　育天下英才——严济慈与中国科技大学》，见全国高校校史研究会组编：《道与术：中国著名大学校长的办学理念与治校方略》，南京大学出版社2014年版，第254页。

②《严济慈——中国近代物理学巨擘》，见张衡主编：《民国科教精英百人传》，南京出版社2013年版，第76页。

供野战和后方医院及科研教学使用；制作了1000多具石英振荡器，用于稳定无线电发报机波频；制作了300多套步兵用的五角测距镜和望远镜，供我国军队和驻印度的英国军队使用。抗战胜利后，为表彰严济慈为抗战做出的突出贡献，国民政府特地为他颁发了三等“景星勋章”一枚，当时获此殊荣的科学家只有他和林可胜两人。

叶企孙，我国杰出的物理学家、教育家和近代物理学最主要的奠基人之一。1898年，叶企孙出生在上海一书香门第，父亲叶景沄是前清举人，国学造诣深厚，是教育革新派人士。[①]叶企孙幼年熟读古书，对中国古代算学名著和天文、历法知识产生了浓厚的兴趣。1911年，年仅13岁的叶企孙进入清华学堂学习。1918年，叶企孙从清华学校毕业后赴美留学。1920年6月，叶企孙获芝加哥大学理学学士学位，1923年6月，获哈佛大学物理学博士学位。1925年8月，叶企孙回母校任教。1926年，清华学校大学部物理系成立，叶企孙担任系主任。1929年，国立清华大学理学院成立，叶企孙担任院长。

叶企孙终身未婚，把自己的一生都奉献给了国家的教育、科学事业。“桃李不言，下自成蹊”，许多著名科学家、学者都是他的学生或者聆听过他的教诲，比如华罗庚、熊庆来、周培源、王淦昌、吴有训、钱三强、钱伟长、杨振宁、陈芳允、李政道、赵九章、王大珩、邓稼先、朱光亚等。他们一生都以叶先生为榜样，默默耕耘，无私奉献。

叶企孙对抗战最为重要的贡献是为八路军冀中军区推荐各种武器研制人才。从他最欣赏的学生熊大缜走上抗日前线开始，叶企孙就千方百计组织优秀的科技人员去冀中地区制造地雷，帮助当地军民组织地雷战。1938年5月，熊大缜派人去天津找到叶企孙教授，说明对各种化学、金属等军需材料的需求。叶企孙通过多种渠道筹集资金，购买了制备雷管所需的化学原料、铜壳、铂丝和控制爆炸用的电动起爆

---

① 叶铭汉：《纪念叶企孙先生》，载《物理》2009年第9期。

器等各种材料，并冒着极大危险帮忙把这些军需材料运进冀中抗日根据地。他还为熊大缜介绍了十多名专业技术人员，这些技术人员后来是主要研制武器的人才。在熊大缜和其他科技人员的共同努力下，敌人不少交通线、碉堡、桥梁都被炸毁了，惴惴不安。[①]得知冀中部队作战缺少子弹，叶企孙又介绍一位制造子弹的人员去冀中工作，并将制造子弹的图纸送给八路军。

叶企孙虽然没有亲自到根据地去做研究，但他保障了根据地地雷研制工作的有效开展，比如帮忙联系购买制炸药所需的原料；派自己的实验助手阎裕昌（化名门本中，为地雷战的展开做出了巨大贡献，于1942年被俘，英勇牺牲）[②]秘密进入根据地帮忙解决炸药自爆问题；托人解决根据地通信不畅问题。他还介绍燕京大学化学系毕业生、已考取清华大学研究院的林风为根据地制造黄色炸药(TNT)并帮忙运入冀中；为冀中采购医用药品；想方设法弄到枪支子弹的设计图纸；动用清华大学备用公款万余元购买物资费用，给去冀中的人员和在津为冀中工作的人员发放安家费、生活费及工作用费等。蔡元培在杂记里边也记载了叶企孙动用备用公款接济员工之事。[③]

1906年，钱临照在江苏无锡出生，因受父亲办学熏陶，一直就重视教育事业。[④]钱临照1929年从上海大同大学毕业，1931年在北平研究院物理研究所工作，1934至1937年在英国伦敦大学求学。1937年七七事变发生，他即刻回国。时北平已陷敌手，他不顾艰险，奉命设法将北平研究院物理研究所的许多箱仪器经海防运往昆明。他到达迁至昆明黑龙潭的北平研究院物理研究所，在严济慈所长领导下，和林友苞等人建成了一个小型光学车间，由外厂负责加工金属部件，制成数百

---

① 吕正操：《冀中回忆录》，解放军出版社1984年版，第45页。

② 叶铭汉：《纪念叶企孙先生》，载《物理》2009年第9期。

③ 王世儒：《蔡元培先生年谱》，北京大学出版1998年版，第126页。

④ 孙杰、晓慧等编：《文化素质篇之中学生必知的物理学家》，远方出版社2004年版，第63页。

台包括有油浸物镜的高倍显微镜和供测量用的水平仪，分别送于抗日后方教学、医学和工程建设单位使用。制作显微镜物镜时，急需能测定毫米量级或更小曲率半径的球径仪。钱临照当时利用一架普通的游动读数显微镜设计出能满足这个要求的设备，成功地解决了显微镜制造难题。

钟盛标，1908年在新加坡出生，1924年毕业于华侨中学，后到北京大学攻读物理学，并于1930年在清华大学担任物理系助教，1931年进入北平研究院物理研究所工作，1937年获中法教育基金委员会提供的公费留法资格，同年获得法国国家科学博士学位，1938年回国，在北平研究院镭学所担任研究员。随着战争的扩大，北平研究院西迁昆明。在艰难的战争环境下，为了战时所需，钟盛标很快将自己的工作重心转向了直接为抗战服务。在这时期，钟盛标成功攻破了水晶紫外光灯制造技术难题，并带领工人们仿制了十几具德国式医用紫外光灯，供应给军令部和当地医院使用，挽救了很多战士的性命。

顾功叙，1908年在浙江嘉善出生，地球物理学家。顾功叙1922年考上秀州中学，1929年从上海大同大学毕业，1929至1933年担任浙江大学物理系助教，1934年获美国科罗拉多州矿业学院地球物理勘探专业硕士学位，后在加州理工学院地球科学系从事研究工作。[①]全面抗战爆发后，顾功叙放弃了美国的研究环境和舒适的生活，毅然决然地回到满目疮痍的祖国。他认为学者必须首先是爱国者，只有热爱自己的祖国和人民，才有可能成为有贡献的学者。1938年顾功叙到达昆明，进入北平研究院物理研究所工作。全面抗战爆发后，北平研究院物理研究所便将工作重心转向了实用的物理探矿方向，以便为抗战提供能源支持。受资源委员会西南矿产测勘处等单位的邀请，顾功叙在张鸣吉、胡岳仁等人

① 周川主编：《中国近现代高等教育人物辞典》，福建教育出版社2012年版，第493页。

的协助下，奔赴云南、贵州两省十多个地区，展开了中国最早的地球物理探矿工作。[①]顾功叙在只有几台简陋的仪器，没有实验室、没有必要仪器设备的条件下，采用一系列物理方法，探测出了云贵地区的12处矿区。顾功叙和助手们在山高路远、偏僻闭塞的云贵山区，克服种种难以想象的艰难险阻，坚持工作了整整七年。他们的探矿研究，为当地矿产资源的开发利用做出了开创性工作，不仅支援了抗战，也为以后有效利用矿产资源提供了重要的经验指导。

① 郭文魁、殷维翰、谢学锦等主编：《谢家荣与矿产测勘处：纪念谢家荣教授诞辰100周年》，石油工业出版社2004年版，第213页。

一滴汽油一滴血

抗战时期，中国的石油工业落后，石油严重依赖海外供给。随着日军对中国沿海各港口的封锁，中国石油的海外供给线几乎被完全切断，这无疑让抗战中急需石油补给的运输、工矿企业雪上加霜。一些矢志开发祖国石油资源的仁人志士，对国家石油工业的创办和发展倾注了无限热忱，翁文灏、孙健初、孙越崎、黄汲清就是其中的佼佼者。

著名地质学家翁文灏是西部石油勘探的规划师。[①]1889年，翁文灏出于在中国浙江鄞县。1908年，翁文灏获得公费赴欧留学机会，在比利时鲁汶大学攻读地质学，后以优异成绩获得理学博士学位，成为中国历史上第一位地质学博士。1913年翁文灏回国，在北洋政府的农商部地质研究所工作。1922年任所长时，他组织所内地质工作者对中国石油的地质情况进行了第一次科学调查。

1932年11月1日，国防设计委员会成立，翁文灏担任此委员会的秘书长。从此，翁文灏逐步走上了学者从政的道路。[②]任职后，面对国内几乎瘫痪的工业体系，百废待兴的局面，翁文灏从地质学家的角度出发，认为搞好国防设计需要一个全面可行的计划，而这个计划只有经过艰苦的调查研究之后才能付诸实践。

在准备对陕北地区石油资源开展调查时，翁文灏委任了“一出学

① 张佳静：《能源与抗战——记建立中国现代能源工业的几位科学家》，载2015年8月27日《科技日报》。

② 薛毅：《翁文灏与近代中国石油工业》，载《石油大学学报》(社会科学版)2005年第1期。

校，即入穷山，数载辛勤，卒创大业”的北大毕业又赴美求学的孙越崎作为该项目的调查负责人。果然，孙越崎不负众望，找到并开发了延长油矿，结束了中国的“油荒”。

抗战时期的翁文灏

1937年12月31日，翁文灏出任国民政府的经济部部长，成了战时主管全国工业建设的最高领导。在其任内，他争取到了甘肃玉门油矿的开发权，这也使中国的石油工业进入了一个崭新的发展阶段。此外，翁文灏还代表国民政府围绕中苏合办新疆独山子油矿事宜与苏联政府进行谈判。翁文灏不仅为祖国的石油事业鞠躬尽瘁，他的堂弟——中国著名地球物理学家翁文波，以及翁文灏的长子——中国第一位管道输油专家翁心源，也为抗战时期中国石油的勘探及开发奉献了自己的力量。

孙健初，中国石油地质学的奠基人，玉门油矿的勘探者。1897年8月18日，孙健初出生于河南濮阳，1920年考入山西大学，1926年毕业后留校任教。1929年因得到翁文灏的赏识，孙健初调到地质调查所任职。

1938年，英国迫于日本的压力，关闭了滇缅公路，切断了中国海外供给，大后方石油极度匮乏。危难之际，孙健初毛遂自荐，挑起重担，前往玉门勘探石油。时值寒冬季节，他带着六七个人，骑着骆驼，风餐露宿，翻过乌鞘岭，穿过嘉峪关，到玉门老君庙一带进行石油地质勘察。[①]虽然环境恶劣，大家却不畏艰苦，起早贪黑，仅仅用了半年时间，便探查清楚了老君庙一带的生油层、储油层及地质构造等。1939年10月，孙健初写了《甘肃玉门油田地质报告》一文，为以后老君庙油田的钻探施工工作打下了理论基础。1941年4月，老君庙油田钻油，大量

① 郭军整理：《孙健初："中国石油之父"》，载2009年9月22日《酒泉日报》。

原油冒出，解了当时的燃“油”之急。[①]后来孙健初一直主持西北石油地质调查工作。

孙越崎，我国现代能源工业的创办人和奠基人之一，陕北油田的开发者、玉门油田开发的主持者。1893年，孙越崎出生于浙江绍兴，1916年，从上海复旦公学毕业，先后考入天津北洋大学矿冶科和北京大学采矿系，1929年，他赴美留学，1932年归国后在国民政府国防设计委员会任职。

1933年，因翁文灏推荐，孙越崎来到陕北地区调查石油资源。陕北油田是当时中国大陆最早发现的油田。在孙越崎的带领下，经过一年多的多方努力，仅延长油矿1934年就产原油44吨。[②]

玉门油矿局检查站

1941年3月，孙越崎被任命为甘肃油矿局局长、总经理，全权负责

① 王仰之、黄希陶、安延恺：《孙健初——我国杰出的石油地质学家》，见《石油与天然气地质》1982年第3期。

② 薛毅：《孙越崎与近代中国石油工业》，载《石油大学学报》(社会科学版)2002年第4期。

玉门油矿的经营。为了支援抗战，解决石油短缺现状，孙越崎带领员工，翻山越岭，在荒无人烟的戈壁滩上建成了第一座石油基地——玉门油矿，使玉门油矿成为当时中国开发规模最大、产量占当时后方石油使用总量90%以上的油矿，缓解了大后方的“油荒”。

黄汲清，大地构造学家、地层古生物学家、石油地质学家。黄汲清出生于1904年，早年留学瑞士，获博士学位，曾考察过英格兰高地和美国石油地质情况。1936年回国后，任经济部南京中央地质调查所主任，翌年任代理所长，赴苏联考察石油地质状况。抗战期间，中央地质调查所迁重庆。为寻找石油和天然气，黄汲清组织并亲自率队，在四川盛昌、威远、荣县等地进行天然气地质调查，在江津、自贡、川西、五通桥和大渡河一带进行石油地质调查。1941年至1943年，又率队赶赴青海、甘肃、新疆等地进行石油地质调查。在长期的地质调查中，黄汲清不仅掌握了各地藏油情况，还提出了极为重要的陆相生油和多期多层生储油论，成为石油地质的重要理论。

为民族复兴创造一流成绩

抗战爆发后，物资匮乏，抗战军需物资更是紧缺。受难的祖国时时牵动着爱国知识分子的神经，为了更好地支援抗战，众多爱国科学家们便将自己的研究方向转向抗战急需领域，或者直接进入后方工厂中，在第一线直接参与指导抗战急需的军工设备、民用设施的研制与生产。王守竞、龚祖同、李温平等就是“苟利国家生死以”的典型代表人物。

王守竞，1904年出生于苏州，父亲王季同是清末民初著名的数学家和电机工程专家，同时也是中研院工程研究所研究员。王守竞的兄弟姐妹六人都是我国著名的专家学者。[①]1924年，年满20岁的王守竞从清华大学结业赴美留学，开启了长达五年的旅美留学生涯。1925年，留学只有一年的王守竞获得美国康奈尔大学物理学硕士学位。1925年秋，不急于攻读博士学位的王守竞选择进入哈佛大学研习欧洲文学，并在1926年获得欧洲文学专业硕士学位，随后进入哥伦比亚大学攻读博士，并在两年后获得博士学位。1928年到1929年，王守竞在威斯康星大学物理系从事博士后研究工作。1929年，年仅25岁的王守竞学成归国，先后在国立浙江大学、北京大学教书授课。

王守竞从小聪慧过人，天赋异禀。他是清华大学1909年到1929年二十年间，保送赴美留学生中唯一直接进入研究院学习的学生。并且在留美学习期间，王守竞一边学习理论和一边进行实验，博士论文就是对

① 宋立志编著：《名校精英：芝加哥大学、哥伦比亚大学》，京华出版社2010年版，第181页。

一项实验工作的论述。他的博士论文成为美国最早的五篇量子物理论文之一，而且他的论文上没有导师的签名，因为没有人能够指导他。他所提出的多原子分子非对称转动谱能级公式被后人称为“王氏公式”，至今仍被大学物理教科书引用。[①]

九一八事变后，王守竞带着满腔的爱国情怀，带着科学救国和实业救国的信念，面对满目疮痍，面对被日寇侵略者践踏的国土与被欺凌的同胞，“觉得必须为国家做点实际的事情”。1933年秋，为建设中国自己的光学事业，王守竞毅然放弃了多年的量子力学研究，投身国防事业，主持军用光学器材厂的筹建。他还曾赴美谈判筹建飞机发动机厂的事宜，但没有成功。[②]抗战时期，军用光学器材厂迁往昆明。西迁后，王守竞不仅承担了大部分的军用光学器材的修理工作，还成功制造出了抗战前线急需的军用望远镜。1935年，视才如命的翁文灏将王守竞调入资源委员会。王守竞临危受命，挑起发展中国重工业的重任，在南京筹备创办机器制造厂（即后来的中央机器厂），后又任该厂总经理。1938年，中央机器厂陆续迁往昆明，边建厂边生产，两不耽误。在王守竞的领导下，全厂上下同心协力，克服难以想象的艰难险阻，取得了一系列丰硕的成果，在短时间内创造了许多个中国的第一：生产出中国第一台机械工业的工作母机、第一台大型发电机、第一台大型汽轮机、第一台500马力电动机、第一台30—40吨锅炉、第一座铁合金冶炼炉，等等。在这些第一中，最著名的当数于1942年5月研制出的中国第一批“资源牌”汽车。这批汽车的研制成功，轰动了全国。当时这批车一共生产了5辆，后来这5辆车开赴前线，在战场上运行了许多年。只要有需要，王守竞就带领他的团队积极研究开发，创造出一个又一个的奇迹。按王守竞自己的话说：“你需要什么，我就能做出什么！”[③]

龚祖同，物理学家、光学工程专家，中国第一批光学玻璃领导及制

---

① 赵广增、王守武、王明贞：《纪念王守竞先生》，载《物理》1985年第6期。

② 卢嘉锡主编：《中国现代科学家传记》第3卷，科学出版社1992年版，第89页。

③ 陈思亮：《王守竞与中央机器厂》，见昆明市盘龙区政协文史委员会编著：《盘龙纵横——献给盘龙区建区50周年》，中国文史出版社2006年版，第234页。

造者，中国第一根光学、纤维创造者，中国第一台显微镜与高速摄影机的创始人，中国应用光学的开拓者之一。1904年出生于上海，1926年考入清华大学物理系。他发奋读书，立志科学救国、工业救国，毕业后以优异成绩留校任教，当了两年助教。[①]接着进入清华大学研究生院，师从赵忠尧教授学习研究原子物理学。1934年，龚祖同怀着填补空白、为祖国国防做贡献的愿望，赴德国柏林技术大学（现称柏林工业大学）深造，获“优秀毕业生”荣誉和特准工程师称号，此后即在该校攻读工程博士学位。1937年全面抗战爆发后，龚祖同放弃了即将进行的博士论文答辩，并对同事说：“为了抗战，博士学位不要了。”[②]同时谢绝了德国的高薪挽留，在战火纷飞中匆忙回国，参加了我国第一个军用光学仪器厂——昆明兵工署二十二厂（也称昆明光学仪器厂）的筹建工作，致力于为前线抗日将士制造双目望远镜，并在1939年4月成功生产出第一批6×30望远镜，创造了国人自行设计、生产军用望远镜的先例。[③]

在当时的中国，制造双目望远镜并非易事。龚祖同采用德国的设计技术，使用当时国内能找到的唯一的电动计算机，克服重重困难终于完成了设计，并将有关技术毫无保留地传授给了西南联合大学的学生们。从设备的筹备、邀请瑞士技师、培训中国工人算起，龚祖同仅用了半年多时间就制造出了中国第一批军用双目望远镜，无疑给身处抗战一线的士兵带去了“千里眼”。这项工作不仅实践了龚祖同科学救国的理想，培养出了中国第一代现代光学技术人员，也与当时迁到昆明的北平研究院物理研究所的严济慈、钱临照等试制显微镜的工作一起，开创了中国近代光学设计与光学仪器制造的历史。

李温平，中国现代爆破工程学奠基人，1912出生于福建惠安。李温

① 龚祖同：《誓为祖国添慧眼》，载《中国科技史料》1981年第2期。

② 龚祖同：《龚祖同同志回忆录》，载《硅酸盐通报》1984年第2期，第60—64页。

③ 白秀英：《龚祖同在中国军用光学工业方面的开创性贡献》，载《大学物理》2016年第4期。

平曾在唐山交通大学(今西南交通大学)专攻土木工程学，[①]读完一年预习班，二年预科和四年本科后于1934年毕业。1935年初，李温平远渡重洋，在美国宾夕法尼亚大学攻读运输工程硕士学位，随后到密歇根大学继续攻读运输工程博士学位。1936年底，因受到湖南大学的邀请，李温平回到中国。

1937年全面抗战爆发后，日本侵略者迅速占领了我国主要的沿海重要城市及港口，几乎切断了海上援华通道。在这样的局势下，开辟新的国际运输通道已迫在眉睫。当时，西南大后方未被日军占领，且与缅甸相邻，海外物资可通过缅甸仰光走陆路进入西南后方基地。但这一路山高路险，交通不便，为开辟新的运输线，李温平全身心地投入公路的修筑工程中。1938年8月，滇缅公路建成通车，被称为“用手指抠出来的抗战输血管”。这是因为当时施工机器短缺，技术人员和能干活的青壮年都极度缺乏，只能召集到老人、妇女和少年做筑路劳工。一群老弱妇孺在高山峡谷中穿梭，在急流险滩中蚂蚁啃骨头般一米一米地筑路。1941年，抗日战争进入最困难的时期。美英等国援华的战略物资仅能靠滇缅公路这条唯一的通道运进。但当时滇缅公路路况极差，一遇雨季便不能通车，加之敌机的狂轰滥炸，滇缅公路早已不堪承担运输任务。国民政府决定加铺沥青路面。危难时刻，李温平再次被指定去负责修缮滇缅公路，并受命调往滇缅公路局保山、下关工程段任段长兼美籍总工程师的助理，负责我国第一段沥青路面的铺设工程。经过李温平和施工队的多方努力，以前每天只能通车大约300辆的土石路，铺设沥青路面后，能通车2000辆了。而且，从畹町到昆明的路程，以前要走一个多星期，现在缩短到了三四天。

1942年5月，日军占领缅甸，滇缅公路被切断。1943年，为保证对日反攻的顺利进行，中美双方在重庆秘密商定，用最快的速度修建一条从印度列多到缅甸密支那，再从缅甸密支那经过中缅边界37号界桩进入中国云南的腾冲、保山，能够接上滇缅公路的新公路。

---

① 邓伟志主编：《中国当代高级专业技术人才大辞典》，中国华侨出版社1995年版，第1404—1405页。

这条中美合筑的中印公路即后来被称为“直捣东京之路”的举世闻名的史迪威公路。之所以这么称呼，是因为在修路伊始，史迪威将军在公路起点——印度列多竖起了一面牌子，牌上写着“此为直捣东京之路”。新公路的建成可以使盟军的援助物资从印度出发，沿陆路源源不断地运抵昆明。修筑该路时，李温平以中方负责人的身份，担任军事委员会战时运输管理局副总工程师，并兼任第一工程队总队长。为了加快施工进度，李温平时常穿梭在人迹罕至的崇山峻岭和瘴气弥漫的密林里，不畏艰难险阻地指挥调度并亲自勘察、测量。他常年驾驶着吉普奔波于刚开通的各段土路上，随车带着行李，哪里有问题就宿在哪里。[①]由于山高路远，为了尽早完成施工，李温平常常不得不冒险乘飞机飞越喜马拉雅山脉，还要常常遭遇日寇飞机的狂轰滥炸，数次与死神擦肩而过。然而，在国家大义面前，李温平早已将个人生死置之度外，勇往直前坚持到底，终于出色地完成了任务。

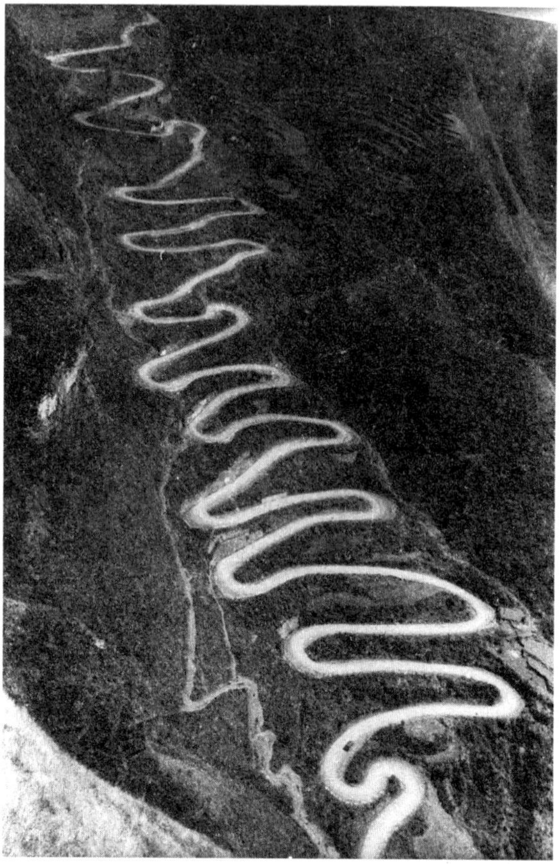

抗战大动脉滇缅公路（图为滇缅路二十四道拐）

① 庄建民：《人海观潮》，新华出版社2013年版，第92页。

1945年1月，中美筑路人员在缅甸密支那会师

1944年初，中、印、英、美等国联军在缅甸对日军发起全面反攻。中美双方签订了怒江战役协议，决定联合抢修滇缅公路。而抢修滇缅公路的重担又毫不意外地落在了李温平的肩上，出任滇缅公路抢修工程总工程师。为尽早完成抢修任务，他灵活机动地将爆破法首次运用在修路中，大幅度缩短了工期。军方限令李温平三十天内打通滇缅公路，任务艰巨且险相丛生，可李温平带领施工队在美军的协助下仅用了一半时间就出色地完成了任务。

此后，李温平又参加了抢通保山至密支那公路，俗称保密公路的工程。1945年1月初，仅用了两个多月时间，长约300千米的保密公路就抢通完工，我国近代筑路史上的又一个奇迹诞生了，同时，这也是中美两国相互合作的成就。鉴于李温平在打通国际交通运输线上的非凡贡献，国民政府在1945年颁给李温平抗日勋章一枚和证书一份，证书上写着“国民政府为李温平在协修中印公路中著有勋绩特颁发勋章”。同年4月，李温平还荣获了国民党军委会颁发的陆海空军一级奖章一枚和一张写有“军事委员会战时运输管理局二等一级代副总工程师李温平因协修中印公路著有功绩，今依陆海空军奖励条例第四条第六款，呈准国民政府给予甲种光华一等奖章一座，合发执照以资证明”字样的证书。[1]同时，美军总部奖给李温平一面锦旗，旗上印着中印公路路线及通车日期。[2]1946年，还决定授予他“自由勋章”，但由于后来李温平的工作发生了较大变动，以及在很长一段时间内，中美两国的关系一直没有正常化，这枚勋章便一直在五角大楼“沉睡”了三十八年。直到1984年的夏天，在美国内布拉斯加州奥马哈市，已72岁高龄的李温平才肃然站在会场中央，接受美国政府为他单独举行的授勋典礼：高大魁梧的罗伯特·薛得乐将军亲自将一枚二战时期的“自由勋章”佩戴在老人胸前。勋章与主人得以在三十八年后相逢在大洋彼岸，着实令人唏嘘不已。

汤飞凡

汤飞凡，1897年出生于湖南醴陵，耶鲁大学医学博士，著名微生物学家、病毒学家，沙眼衣原体发现者，中国科学院院士，中国现代医学微生物学的先驱。他研发了中国自己的狂犬疫苗、白喉疫苗、牛痘疫苗，和世界首支斑疹伤寒疫苗，并将中国沙眼发病率从将近95%降至不到10%。对中国的生物制品事业的发展有不可磨灭的功绩，被认为是当时最有希望获得诺贝尔奖的中国人。

抗日战争爆发前，汤飞凡任上海医学院教授兼上海雷士德医学研究所细菌学系主任。日本的侵略彻底打破了他平静的研究生活，打断了他的工作进程。八一三事变爆发后，汤飞凡再也不能安心于试验室的生

① 陈静娴：《一枚迟到的二战勋章——记原农工党中央委员、滇缅公路总设计师李温平》，见石光树、李汉秋主编：《岁月如歌史如峰》，中国医药科技出版社2007年版，第303页。

② 段之栋：《“工兵团的总工程师”李温平：对修筑中印公路作出卓越贡献》，载2015年8月16日《云南日报》。

活，他走出试验室参加了上海前线救护医疗队，到离火线只有数百米的急救站抢救伤员，三个多月里只回过两次家。随后，汤飞凡接到国民政府卫生署的邀请，主持中央防疫处迁往内地后的重建工作。汤飞凡没有犹豫，携夫人奔往长沙，担任中央防疫处处长。汤飞凡到长沙时，防疫处已濒临解体。准备迁往内地，几经辗转迁徙，备尝艰辛，人员设备损失严重，1939年初抵昆明时只剩下二十多人。

中央防疫处迁到昆明后，面临无人员、无设备、无办公地点等严峻考验。在汤飞凡的主持下，中央防疫处先借用云南省昆华医院的部分房屋生产少量急需用品，以解燃眉之急，同时努力自救，在昆明西山下高镇购买田地，短时间内就建造了生产楼、马厩、牛棚和职工宿舍，补充了技术力量，使生产逐步走入正轨。

中央防疫处庆祝同盟国胜利大会全体职员合影

汤飞凡没有因条件困难而降低科学标准和对工作的要求。他彻底改造了旧防疫处，停止制造过时的或已被证明无效的产品，参考国外的经验，根据本国需要增加了新产品，又通过研究试验或引进国外技术，改革了旧工艺，使防疫处生产的疫苗和血清能满足大后方的防疫需要，并支援了抗战。同时，由于这些制品质量达到国际标准，也被在太平洋战区作战的英美盟军所采用。1943年，汤飞凡他们还制造出了中国第一批临床级青霉素，为抗战做出了巨大贡献。英国权威杂志《自然》在1943年一篇文章中对该防疫处做了特写：“这里还有一个小型的青霉素车间……汤博士的工厂保持了高水平，虽然没有自来水，但他的马厩和动物房都非常清洁。他有一个效率高的培养、分装和检定系统。尤其有趣的是，他有一个自己的玻璃厂，能制造各种中性玻璃器皿。”实际上防疫处不仅是个“工厂”，它还是当时大后方的一个绝无仅有的微生物学、免疫学研究基地。

长途跋涉为尽责

卢沟桥事变爆发后一周，蒋介石发表庐山讲话。中央大学校长罗家伦匆匆从庐山返回南京，命令工匠昼夜赶制木箱，做迁校准备。经过层层研究与讨论，学校最终确定迁址重庆。后来罗家伦回忆说："常常有人问我，为什么当时看定了重庆，一搬就搬来此地呢？我的见解是：第一，我断定这次抗战是长期的，文化机关与军事机关不同，不便一搬再搬。第二，所迁地点，以水道能直达者为宜，搬过小家的应当知道搬这样一个大家的困难。第三，重庆不但军事上为险要，而且山陵起伏，宜于防空。"①不久，淞沪会战爆发，8月15日和19日，日军两次空袭南京，中央大学遭日机疯狂轰炸，损失惨重。仅19日一日，就有七位校工被炸身亡，惨不忍睹。②遭受日机轰炸后，罗家伦校长一面派人前往重庆勘查校址，一面加紧与民生公司的总经理卢作孚先生商洽租用其公司的轮船将中央大学的图书、仪器运到陪都重庆。经过一番商洽后，卢作孚表示愿意无偿装运中央大学的图书、仪器等。

1937年12月初，战火燃到了南京市郊。中央大学农学院畜牧场里近千头(只)的鸡鸭羊猪牛马等，正在悠闲地散步吃草，丝毫未因战争的蹂躏影响"胃口"。罗校长在最后一次巡视中央大学校园时，发现畜牧场里的英国约克猪、美国火鸡、荷兰和澳洲的种牛还没有及时运走，这些动物都是国家花了大量外汇从国外进口的优良品种。罗校

---

①② 郑蔚：《"动物大军"西行四千里》，载2016年12月11日《文汇报》。

长一脸无奈，对畜牧场场长王酉亭说：“你们已经尽到自己的职责，但日军已经逼近南京，这些家禽家畜，你们可以赶到乡下送人，就是自己杀了吃掉，我也绝不怪罪你的。”然而，王酉亭为了保存畜牧研究的优良品种，决然地放弃了自己随校西迁的机会，召集畜牧场的全体职工，商议实验动物西迁之事。王酉亭说：“国家用外汇买来的猪牛，绝不能成为日本鬼子的盘中餐！”这句“绝不能成为日本鬼子的盘中餐”，让在场的吴谦、曹占亭、袁文明等人无比动容，他们告别家人，踏上了生死未卜的送动物西迁的重重险途。

面对西迁资金困难的窘境，王酉亭索性把自家的房子卖了，以作路费和饲料费。职工们把场内的良种畜禽用笼子装好，固定在牛背上，然后驱赶牛、羊、猪等离开南京。中大畜牧场的十六位职工抢在日寇入城的前三天，高价租用木船把牲畜运过江，再经过浦口和浦镇到达安徽，又从安徽的六安到河南信阳，再从河南辗转到湖北，最后由湖北宜昌转水路抵达最终目的地——重庆。在这一年多时间里，大家走过苏皖豫鄂川五省、长途跋涉四千里。其间，一位职工被日本轰炸机炸死；三位职工为掩护大队人马，引开鬼子，被鬼子乱枪打死，英勇牺牲。一路上，大家与土匪搏斗，躲日本轰炸机，轮流通宵值班，吃野菜山芋充饥，防野狼，和所有逃难的民众一样，朝不保夕，食不果腹。他们带着那些美国牛、荷兰牛、澳洲羊、英国猪、美国猪，还有装在笼子里放在它们背上的美国鸡等，经受日寇炮火，冒着动物们随时会被溃败下来的国民党残部吃掉的风险，走走停停，翻山越岭，一步一步跋涉，每天只能走十几里路，走一两天歇三五天，才最终到达目的地。当王酉亭的妻子夏淑哲听闻400多米长的动物西迁队伍成功抵达中央大学沙坪坝畜牧场时，便急迫地带着三个孩子出来迎接，但当三个孩子看到蓬头垢面、衣衫褴褛的父亲时，虽是日夜心心念念，却不敢上前叫声“爸爸”……

后来，罗家伦校长回忆：“在第二年（1938年）的深秋……这些牲口经长途跋涉，已经是风尘仆仆了。赶牛的王酉亭先生和三个技工，更是须发蓬松，好像苏武塞外归来一般。我的感情振动得不可言状，看见了这些南京赶来的牛羊，真是像久别的故人一样，我几乎要向前去和它们拥抱。”[1]南开大学校长张伯苓曾慨而言之：“抗战开始以后，有两个大学都弄得精光：南开大学被日本飞机炸得精光；中央大学却搬得精光，连畜牧场的牛羊都从南京赶到了重庆。”现在看来，当初的“动物大军”西迁，着实令我们敬佩不已。

① 刘敬坤：《抗战西迁中的壮举：三千里赶牛记》，载《世纪》2002年第4期。

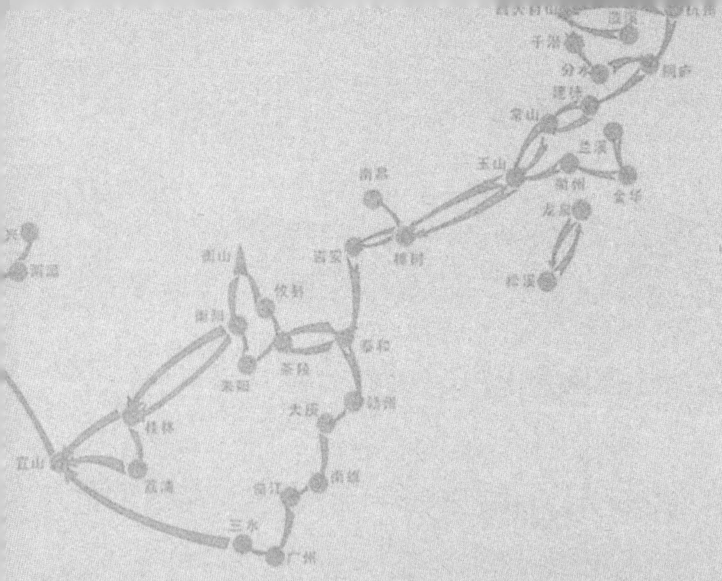

第八章

流寓大后方

“辛酸步步向西来，不到河清眉不开！身后声名留气节，眼前风物愧诗才。论人莫逊春秋笔，入世方知圣哲哀。四海飘零余一死，青天尚在敢心灰！”老舍的《述怀》展现了抗战大迁徙的辛酸。但四海飘零，流寓大后方，完全陌生的环境，持续不断的无差别轰炸，无休无止的通货膨胀，“衣”的简朴、“食”的匮乏、“行”的艰难、“住”的简陋、“活”的困苦，都没有动摇科学家们的爱国豪情和报国壮志。

艰难内迁

抗战爆发后，众多科研工作者踏上了内迁大后方之路。其中，石璋如和梁思成一家的内迁经历较为典型地反映了内迁的艰辛与困难。

史语所的石璋如，在全面抗战爆发之时，刚刚结束对绥远古迹的考察。回到南京后，石璋如获悉中研院正在内迁长沙，于是与同事那廉君一起先去下关买火车票，准备从下关乘火车到徐州，转陇海路到郑州，再从平汉路到汉口，再转粤汉路到长沙。在下关买完票时，石璋如匆忙间忘记带走钱包，幸亏发现及时加上售票员的帮助才没有造成损失。

到达湖南圣经学院三个多月后，因为局势恶化，史语所决定再迁徙，虽然当时尚未决定迁到哪里，但定下了一个先决原则：同人的家庭所在地没有沦陷的话，就先回家；已沦陷的话，可以跟着所走，若不想跟着所走，也可以自便。随后，石璋如所在的史语所第三组的“十兄弟”各奔东西。老大李景聃决定回安徽老家；老二石璋如准备回河南洛阳家；老三李光宇因为要管理古物，所以随所迁徙；老四刘燿决定去做抗战工作；老五尹焕章留在了河南古迹会；老六祁延霈打算前往重庆新家与家人团聚；老七胡厚宣决定随着所走；老八王湘决定跟着学生一起去抗战；老九高去寻决定随所走；老十潘悫押运古物到重庆。

离别之际，大家相约长沙清溪阁。大家志气激昂，举起第一杯酒，高喊“中华民国万岁”，第二杯喊“中央研究院万岁”，第三杯喊“史语所万岁”，第四杯喊“考古组万岁”，第五杯喊“殷墟发掘团万岁”，第六杯喊“山东古迹研究会万岁”，第七杯喊“河南古迹会万岁”，第八杯祝愿“李济先生健康”，第九杯祝愿“董作宾先生健康”，第十杯祝愿“梁（思永）先生健康”，第十一杯祝愿“十兄弟健康”。酒过三巡，石璋如已经醉得一塌糊涂。

告别史语所同人之后，石璋如先前往汉口朋友处寄存王湘、刘燿托为保管的衣物，而后返回河南老家。不久，他独自前往宝鸡调查相关遗址但没什么结果，随后便辗转到了西安。在西安周边做调研期间，他曾遭遇抢劫，幸无生命危险。之后，石璋如收到李济信函，叫他前往昆明归队。随后，石璋如与马振汉作伴一起前往昆明，他们经郑州先到长沙。到达湖南圣经学院后，从留守人员处得知，前往昆明有两条路：一条就是坐船先到广西，再转越南到昆明；一条是从长沙坐客运车到贵州，再到昆明。两条路各有利弊：前一条路较为舒适、安全，但要经过语言不通的越南，不太好办，且费时太长；后一条路用时虽短，但沿途治安较差，容易被打劫。两人经过一番衡量后，决定乘客运转到贵州至昆明。经过一番长途跋涉之后，石璋如顺利到达昆明，重新回到史语所（昆明青云街靛花巷）。没过多久，因为日机轰炸昆明，石璋如随史语所一起搬迁至昆明郊区的龙泉镇龙头村。一年多以后，随着抗战局势的恶化，史语所决定搬迁至四川李庄镇。于是，石璋如与同事们不得不再次踏上迁徙之路。

从云南龙头村到四川李庄镇板栗坳可谓长路迢迢。石璋如等人需几经换乘：从龙头村乘汽车出发北上出云南省境，先到陆路运输的终点蓝田坝，再到四川西南、长江北岸的泸州，到在此上货轮走水路到宜宾，再换小船到李庄。

从龙头村到蓝田坝要坐大约八天的汽车。史语所的人分批出发，每批约五车，眷属们坐有篷客车，押运货物的人坐无篷货车。石璋如等是最后一批出发的，预计第一天住昆明附近利国公司的招待所，第二天住曲靖，第三天住以火腿出名的宣威，第四天在黑石头或赫章停留，因为这两地都在山区，山路不好走，也不安全。第五天住威宁，在此休息一天，让因爬坡过热的轮胎恢复，以更好地走下坡路线。（编者注：以上内容均参考《石璋如先生访问纪录》第226页。按照前进方向其一行应先经威宁再经赫章。）车在威宁休息时，同行的那廉君先生突然严重腹泻，幸好石璋如在昆明出发前，到街上买了宣称可以救急，只要生病都可以吃的新药——阿司匹林带在身上，以备不时之需。那廉君服下阿司匹林后，第二天腹泻就奇迹般地好了。在黑石头、赫章、威宁一带的山区，夜晚时常有老虎出没，因而司机、副手会留在车内，锁上车门不出来。威宁地势稍微平坦一些，车子可以围在一块，司机还是留在车内，万一有老虎过来，可以打开车灯吓走老虎。第七天住毕节，第八天住叙永，然后到达蓝田坝。蓝田坝在江的南岸，过江就是泸州，南来车到蓝田坝停下，过江在泸州装船。

到了蓝田坝后，石璋如一行人就暂住中国旅行社的招待所休息，等待与其他车队合并后再出发。休息时顺便也品尝了大名鼎鼎的“泸州大曲酒”。晚上，李济先生前来告诉石璋如，所里有车辆掉进了赤水河，叫他们准备好拖车、绳索等相关工具，明天一早去捞车。到蓝田坝之前要经过的赤水河大桥是一个事故多发地，因为桥很高，车辆又是从山上迅速下坡上桥，若是刹不了车，就很容易冲下河，非常危险。另外，此桥太窄，车辆不能并行，要是碰着了，也会出问题。

第二天，石璋如就与开车技术还不错的王志维一起来到出事现场，庆幸的是，车子是在下山过桥转弯的地方出状况的，因路与河流之间还有小梯田，车只翻到桥头下，没有摔入很深的河里，有的箱子还在歪倒的车上，有的散落地上，只有几个滚到了河边，也没有人员伤亡。大家用绳子拴好货车，准备拖吊，但因为柴油货车的车身很重，他们请了二十多人拉车，车子却纹丝不动，不得不请拖吊车过来帮忙。可是，出事的地方没有路，所以在拖吊车子来之前还得先把道路修好。于是第一天先修路，第二天进行拖拉，没想到拖拉的干麻绳质地不怎么好，承受不住重量，断开了。幸好有经验的工人立马想到了办法，将绳子拿到河里浸泡后重新结绳再行拖吊。另外，有人发现车子还可以发动，这使大家极为振奋。于是，大家赶紧再修路，等泡软了绳子重新结绳拴好货车后，工人使出全力拉车，同时另叫人卸下货车载运的钢板，并发动引擎，经过多方设法，货车终于上来了。可是拖车力量不足，得让其他车拖动拖车前进，好在最终把货车拖到了预定位置，到此时再将钢板放回货车，把箱子分装其他车。经过两三天的折腾，拖吊作业总算完成。

之后，石璋如一行人在蓝田坝搭乘民生公司的货轮到宜宾，再转木船到木鱼石，再上板栗坳。因为货船通常不载客，并无专设客舱，所以石璋如等人就付钱给水手，寄住于他们的休息室。货船主人还答应到李庄时，用小船帮大家将行李直送板栗坳。最终，经过大半个月的艰难跋涉，石璋如等人顺利到达了李庄的板栗坳，就此安顿下来，直至抗战胜利。

全面抗战爆发后，梁思成一家也踏上了内迁的征程，长女梁再冰后来回忆了这一艰辛的历程：

一九三七年九月，父亲带领全家（包括外婆在内共五口）经天津、青岛、济南、徐州、郑州、武汉到达长沙，在火车站附近租了两间房子住。这是一所灰砖楼房，房东就住在楼下，后面有一个狭窄阴暗的天井。这同我们在北平住的那个院子中有丁香花的四合院（虽然也是租来的）相比，差别自然很大。父亲和母亲立即开始学习烧饭洗衣等家务劳动。给我印象最深的是，他们对于生活水平的明显下降毫不在意，而是带着兴奋和愉快的心情来迎接这种变化的。

使我更难忘记的是父亲教我们唱《义勇军进行曲》的情景。那时，父亲的许多老朋友们也来到了长沙，他们大多是清华和北大的教授们，准备到昆明去筹办西南联大。我的三叔梁思永一家也来了（三叔是考古学家，曾对河南安阳殷墟的发掘工作做出过重要贡献）。大家常到我们家来讨论战局和国内外形势，晚间就在一起同声高唱许多救亡歌曲。“歌咏队”中男女老少都有，父亲总是“乐队指挥”。我们总是从“起来！不愿作奴隶的人们！……”这首歌唱起，一直唱到“向前走，别退后，生死已到最后关头！”那高昂的歌声和那位指挥的严格要求的精神，至今仍像一簇不会熄灭的火焰，燃烧在我心中。

十一月下旬的一个下午，突然有大批日机来轰炸长沙。由于事先没有警报，父亲竟以为是中国飞机来了，用手遮额跑到阳台上去看，直到炸弹在他眼前落地起火才跑入房中抱起了我（八岁），母亲抱起了弟弟（五岁），并搀扶着外婆下楼，这时门窗已震垮，到处是玻璃碎片。我们走到楼梯拐角处，第二批炸弹落下，墙上砖头向外飞出，妈妈被震下几个阶梯，落到院中。等我们出门跑到大街上时，飞机再次俯冲，炸弹第三次呼啸而来，父亲这时估计我们一家人可能“在劫难逃”了，但这批炸弹竟没有爆炸。

当晚，我们无家可归了。后来，张奚若伯伯把他们租来的两间屋子让了一间给我们，他们全家五口则挤在另一间里。我们的东西后来都是从泥土瓦砾中掘出来的。

在这次轰炸后不久，我们就离开了长沙前往昆明。父亲是北方来的这批知识分子中第一个去昆明的。当时同路没有任何熟人，一家人颇有孤单之感。但是，父亲并没有丝毫犹豫。

我们是坐公共汽车走的，开始几天还比较顺利，湘西群山风景如画，常德、沅陵一带的山光水色和黄果树的大瀑布都很引人入胜。我们“晓行夜宿”。早上起床后，父亲很快地就把铺盖卷打起来了，晚上汽车到站后他立即同妈妈一起飞奔着去找那些“未晚先投宿，鸡鸣早看天”的小客店，让我们坐在行李上照顾晕车的外婆。

在离开北平前，父亲就常常背痛，医生诊断他患了脊椎间软组织硬化症，并为他设计了一副铁架子“穿”在衬衣里面以支撑脊骨。在旅途中这当然加重了他的负扭，但父亲并不把这放在心上。

当我们经过湘黔交界的晃县时，母亲突然感染了肺炎，高烧至四十度。当时还没有抗生素和其他特效药，肺炎是很可怕的病。县城中没有医院，旅馆拥挤而阴暗。但父亲并不慌乱。他找到同车一位留学日本又懂得中草药的女医生，请她替母亲治疗，根据她开的处方给母亲煎中药服用，使母亲在两周后退了烧。每天下午，他还带弟弟和我到小河边去“打水漂”。我记得他投掷的石子总是飞得很远，有时能跳跃一二十下。晚上他教我们看地图，帮助我们认识自己走过的路。所以至今我还记得沿途许多地名。

后来的旅途中，汽车经常“抛锚”。有一次，车开到一个地势险峻的大山顶上后，突然站住不动了。当时已是十二月份，气候很冷而且天色已晚。大病初愈的母亲快冻僵了。听说这一带常有土匪抢汽车，乘客们都很害怕。父亲会开车也会修车，就同司机一起研究车子出了什么毛病，并根据经验把他的手帕放入油箱，发现油已用光。但这里前不着村，后不巴店，怎么办呢？他只好同乘客们一起推着车慢慢走，突然有个村庄奇迹般地出现在路旁，使我们当晚得免于露宿在荒山野岭上。[①]

从这些叙述中，我们可以看到梁思成一家内迁的艰难，对此，林徽因也曾记述道：

我们在令人绝望的情况下又重新上路。每天凌晨一点，摸黑抢着把我们少得可怜的行李和我们自己塞进长途车，到早上十点这辆车终于出发时，已经挤上二十七名旅客。这是个没有窗子、没有点火器，样样都没有的玩意儿，喘着粗气、摇摇晃晃、连一段平路都爬不动，更不用说又陡又险的

① 林洙：《大匠的困惑——我与梁思成》，作家出版社1991年版，第60—63页。

山路了。

…………

又一次，奇迹般地，我们来到峭壁边上的一片房子，让我们进去过夜……此后，又有关于这些破车、意外的抛锚、臭烘烘的小客栈等等的一个又一个插曲。间或面对壮丽的风景，使人比任何时候都更加心疼。①

在经历了一个多月的跋山涉水后，梁思成一家终于在1938年1月到达昆明，暂时安定下来。可是，抵达昆明不久，梁思成的身体状况急剧恶化，大约有一年的时间，他都也不能在床上平卧，只能日夜半躺在一张帆布椅上。

1940年，梁思成为中国营造学社的生存和发展需要，决定跟随史语所一起迁往四川李庄。于是，梁氏一家人再次踏上了迁徙之路。但因为梁思成在临行前受伤，不得不暂留昆明进行治疗，所以此次迁徙是林徽因带着母亲和两个孩子上路，依然是困难重重，辛苦异常。后来，梁再冰回忆了路途中的艰辛与无奈：

根据我（十一岁）当时所记的一点日记，29日我上车离开昆明后因为晕车，就“倒在妈妈手上睡觉，有很多人都吐了。……后来困极就睡着了，醒来已到曲靖，在‘松花江旅馆’住下”。11月30日，我们从曲靖出发，当晚到达宣威，“住在‘中国旅行社’。小弟（从诫）发烧至39度多”，“半夜在床上听见小弟说胡话”。

12月2日我们继续坐卡车从宣威到威宁，“住在‘官商客寓’是个小店，很脏，老板抽鸦片烟”。

12月3日我们从威宁到达毕节，我至今仍记得沿途风景如画，但人烟稀少。在临近毕节城时竟看到背着狈的狼在离公路不远处奔跑。当时听同车的人说，晚上有狼在离我们的

① 林徽因：《致费正清、费慰梅》，见《林徽因作品精选》，长江文艺出版社2012年版，第237页。

> 卡车（停在城门附近）不远处嗥叫，使留在车里看守行李的人很害怕。
>
> 在毕节，从诚继续发烧，妈妈带我到街上的中药店为他买了药，回来按当地土法在煮药时放进一个鸡蛋，然后用药浸过的鸡蛋为他揉揉额头，使他逐渐退了烧。……
>
> 12月9日我们准备坐上水船从泸州去宜宾。同一卡车来的各家先把行李捆好，请挑夫挑到江边，再用小划子将行李运到靠近轮船处，结果发现轮船入口太小，大件东西进不去。于是，刘伯伯和中央博物院的曾昭燏小姐等人就押着行李绕道而行，刘伯母带着刘家兄妹们，妈妈带着我们坐在囤船上等待他们，直到天黑，我们才上船。这一天，大家都没吃晚饭，饿着肚子上了床。[①]

最终，经过半月左右的艰难跋涉，林徽因终于带着家人到达了李庄。但是，“舟车劳顿的辛苦和阴冷的天气终于使她早已透支的健康达到了一个临界点”，到达李庄不久，林徽因再次病倒，从此，病魔一直折磨着她的身体。

① 李喜所、胡志刚编著：《最后的贵族：梁思成的前世今生》，东方出版社2010年版，第225页。

遭遇空袭

全面抗战爆发后，日军利用其空中的作战优势对中国广大城镇实施了惨无人道的无差别轰炸。此时，大批文化机构和科研院所纷纷南迁至长沙。长沙，这座岳麓山下湘江之畔的千年古城一时人才云集，在战乱中人口骤然膨胀。但日军的空袭也如影随形，长沙就此笼罩在日机的轰炸阴影之下。身在长沙的杨钟健多次记录了日机对长沙的轰炸。11月24日，日机第一次轰炸长沙，杨钟健为外出寻觅新所址，与空袭擦肩而过。

> 天空有数机徘徊，但标识看不清，季瑜等尚以为是我们的飞机。前行到某烈士公园附近，看一块地皮，忽又来飞机数架，且飞得很低。不到一会儿，隆隆数声，起于河东，嗣见青烟数缕，自河东东部涌起，于是我们始知敌机来轰炸。此时才听到各处放出紧急警报的声音，那时我们的防空设备未免太幼稚。敌机肆虐后，尚有一二机在河西湖南大学上空侦察甚久，始随其他机逸去。……在中山马路上，看到人山人海络绎不绝，也有东去的，也有西来的，人声鼎沸，于是才知道敌机肆虐，很有损伤。事后打听，也得不到真正可靠的消息，无疑问的是投弹地点，在东车站附近，死伤有二百多人，据说有一家正在结婚贺喜，死了不少，新娘也死了。此次惨事，为敌人袭长沙之第一次，自然表示寇患日深和后方空防之重要。……事后传说敌人此次轰炸，目的在一批

正在转运的军火，当轰炸时，该列车即停于南门外不远的地方，只差数分钟未被殃及，也可算是天幸了。[①]

2月9日，杨钟健在外出考察的途中，“忽闻西部隆隆之声甚响，无何见有飞机多架自西而东飞去，很像敌机又来肆虐，惟听其声甚近，疑非长沙而为附近地方，后来打听才知实为炸长沙，百里左右，尚可听见，其威力可想，听说也有相当损失，在无量血债中，又加上一些血债”。[②]17日，杨钟健在考察返回途中，行至长沙郊外，再次目睹了长沙被炸，“距长沙十里左右的地方，即见天空飞机甚多，有的隐在云中，似为敌机。到前面打听，果然有警报。……不一会儿，机声响起，时掷弹声与高射炮声交作，形势严重。闹了有十几分钟，始解除警报，再前行，沿途行人如蚁，均来郊外避难，殊不知近郊之危险性，比之市内为尤大。走到快进市区，忽又有警报，一时无地可避，只有站在附近空地之墓旁，幸不一时即解除，仅为虚惊”。[③]4月10日，一个风和日丽的春日，日机再次来袭，“高射炮声与炸弹声交作……时炮声甚烈，爆炸声尤巨，仿佛很近的样子，过了十几分钟的静寂，又是一阵剧烈的爆声，前后闹了一点多钟，才解除警报”。在此次空袭当中，湖南大学被炸，“共炸二次。第二次见起火后始逸去。投弹不下二百枚，并用机枪扫射，所以损失甚重，除图书馆及科学馆与宿舍之一部被毁外，其他房舍倾倒者亦不少，人数死伤总在二百以上”。[④]

随着抗战相持阶段的到来，日军为摧毁中国军民的意志，快速消弱我们的抵抗，对重庆、昆明、桂林等后方城市进行了大规模轰炸。内迁科学工作者都经历过可怕的空袭，“跑警报”“躲防空洞”也成为他们日常生活的一部分。1938年7月31日，日军空袭桂林，环湖东路地质研究所与物理研究所办事处被炸，所幸无人员伤亡。李四光的学生之一孙殿卿回忆初到桂林的生活时说道：“桂林亦趋告紧，时有

① 杨钟健：《抗战中看河山》，生活·读书·新知三联书店2014年版，第29—30页。
② 杨钟健：《抗战中看河山》，生活·读书·新知三联书店2014年版，第39页。
③ 杨钟健：《抗战中看河山》，生活·读书·新知三联书店2014年版，第41页。
④ 杨钟健：《抗战中看河山》，生活·读书·新知三联书店2014年版，第48—49页。

空袭。我去看望李老师时，他们正在整理图书仪器准备装箱，一旦局势恶化，地质所即迁至桂北长安山区。……此后第三天桂林遭日寇空袭，环湖东路住处中弹，我仅有的一点生活用品，全部炸毁。”[①]1938年9月28日，日军首次对昆明进行无差别轰炸，因昆明人口密集，防空力量薄弱，日机如入无人之境。当天，9架日机飞临昆明，当场炸死190余人，重伤170余人。身在昆明的杨钟健亲历了此次日机的轰炸。

> 二十八日这一天，天气晴而空中云彩多，八点许我即由寓至通志馆，不到半点钟，即有警报之声，初尚以为仍为虚惊，乃不十分钟，即于飞机声外有炮声交作，嗣后又有隆隆轰炸机声现于西北，始知敌机真来肆虐，如此闹了十多分钟，再经过许久始解除警报。一会儿有同事自外来，据云敌机来者共九架，全为轰炸机，在小西门外潘家湾投弹，死伤甚多。[②]

此后，日机对昆明的轰炸愈发频繁，中研院化学研究所吴学周在日记中也生动地记录了自己“跑警报”的情形。1939年4月8日，“午餐方毕，警报忽作，同人及眷属均相继入防空壕。两女赴校未归，心甚悬念。4时余警报解除后，予急外出，拟迎两女，在圆通街相遇，同之返家。悉于警报时，渠等躲在桌下”[③]。1940年9月30日，“到棕树营实验馆，不久而警报忽作……与同人沿小道向西逃避，卧田埂上。警报解除后，与纪如（柳纪如）赶返灵光街，行至翠湖，而预行警报又作。……时因已近黄昏，全日饮食未进，腹饿口渴，精神疲竭，乃在茶馆中饮茶两杯，而后退回灵光街。一场噩梦，暂告结束”[④]。同年10月13日，“今日除敌轰炸机27架外，更有敌侦察机及战斗机数架。今日轰炸声特别猛烈，自灰烟起处，观之被炸地点，似在大西门

---

① 孙殿卿：《怀念李四光老师》，见李四光研究会筹备组地质学会地质力学专业委员会编：《李四光纪念文集》，地质出版社1981年版，第29页。

② 杨钟健：《抗战中看河山》，生活·读书·新知三联书店2014年版，第75页。

③ 王庆祥、园欣、李秀芬选编、整理、注释：《吴学周日记》，长春市政协文史和学习委员会，1997年，第66页。

④ 王庆祥、园欣、李秀芬选编、整理、注释：《吴学周日记》，长春市政协文史和学习委员会，1997年，第94页。

及大东门附近”[①]。同年10月26日，“今晨7时余尚在梦中，而为声传有预行警报所惊醒。正待起身，而警报即作，立即盥洗后，即与秀之出门。刚过清门寺环城东路及第一村庄后，即闻紧急警报，而敌机即已在市空，机枪声续发，急伏田稻中，见高射炮瞄准尚不坏，遥望东北处一股黑烟。敌机去后，又复前进，见一欧亚机坠波罗村田野中。予以恶寒，卧田中曝日光，静候警报之解除，至5时始归”。10月29日，“吾所宿舍外菜园内落有大炸弹，宿舍玻璃窗震坏一部，道明所用厨房顶穿一大可两尺见方之洞，余无损失”[②]。

1941年3月18日，日机轰炸重庆，竺可桢在重庆参加中研院院务会议，“十一点有警报，十一点半紧急警报，余等至英庚款委员会防空洞。此洞建筑甚佳，可容一二百人，费二万余元。四周均石，深三丈至五丈，四周均有木柱、木板，且有电灯两种，有三出口，虽炸弹落头上亦无所恐惧。至十二点半闻机声，一点左右闻炸弹声，后知系炸小龙坎云。二点半解除”[③]。8月4日，21架日机由越南进入桂林市区上空大肆轰炸，位于桂林环湖东路的中研院物理研究所仪器工厂被炸，图书、材料、生活用具、电力设备受损，直接经济损失4000余元。物理研究所研究员杨肇燫、施汝为及事务员赵介清三人的生活用品在轰炸中尽毁。

---

① 王庆祥、园欣、李秀芬选编、整理、注释：《吴学周日记》，长春市政协文史和学习委员会，1997年，第96—97页。

② 王庆祥、园欣、李秀芬选编、整理、注释：《吴学周日记》，长春市政协文史和学习委员会，1997年，第99—100页。

③ 竺可桢：《竺可桢日记》第1册，人民出版社1984年版，第497页。

不归的征途

全面抗战时期，中国科学事业内迁大后方对很多的科学工作者而言，是一场不归的征途。不少科学工作者客死异乡，可谓“南渡难北归、西迁未东回”。其中地质学界最为不幸，连年损兵折将，中国地质学界陆续有12名地质工作者死于非命。地质考察是一项艰苦异常的科学活动，正如徐霞客所说，“登不必有径，涉不必有津”，“受寒受跌且受饥”，风餐露宿是常态，有时还有生命危险。

1942年5月13日，中央地质调查所古生物研究室无脊椎古生物组主任计荣森因病英年早逝，年仅35岁。计荣森，祖籍浙江慈溪，1907年12月生于北平，1924年考入北京大学预科，1926年升入地质系，与李陶、潘钟祥皆为同学。大学期间，计荣森跟从葛利普（A. W. Grabau）、翁文灏、孙云铸等人学习。1930年自北大毕业后，计荣森进入北平研究院地质学研究所担任助理员，后在地质调查所服务，以迄于死，共计任职十一年九个月又二十一天。因在所成绩优异，累迁到技正兼古生物研究室无脊椎古生物组主任。在地质调查所工作期间，计荣森致力于古生物特别是无脊椎动物研究，发表论文31篇，书评25篇，另有未及发表或完成的文稿16篇，未发表的杂著两种。由于在地质学研究方面成绩颇丰，计荣森于1935年及1940年先后获得赵亚曾纪念奖金及丁文江纪念奖金。

在老师杨钟健眼中，计荣森“不大与人谈私事，亦不大谈别人的私事，工作时努力工作，不工作时力事修养与娱乐（如游泳、滑冰），办事具有坚韧毅力，不讲人情道歉”，“把科学的精神，也用到治事与做

计荣森

人的方面”，是一个具有科学精神的人，做事可谓“贤者多劳”，“荣名归人，实事归己”[①]。尹赞勋称赞计荣森治学有术，年轻有为，是不可多得的地质人才。杨钟健对计荣森为地质学会做出的贡献尤为感激，称“中国地质学会在计先生之下，推动了十年”。计荣森治学治事方法的特点有三：“一曰条理，即施用科学方法，注意分析。讲求系统，致力研究，处理事务，均能井井有条，所集普通地质、古生物、地层等参考书文目录卡片数以千计，用时一索即得。二曰持续，盖工作无论如何勤奋，非经久不为功，久则熟，熟则巧，此经验之足贵也。三曰专一，地质之外无旁骛，专而后精，故能以少年而享盛名。”[②]在地质调查所时期，计荣森在事务方面所消耗的精力丝毫不亚于学术研究上的：他整理地质调查所所有的植物及无脊椎动物化石标本，十年如一日；帮助徐光熙筹备1934年全国矿冶展览会；内迁之时整理图书馆及所中书物；内迁北碚后，重建地质调查所图书馆及陈列室；1930年，计荣森加入中国地质学会，于1935年、1937年至1941年任会志编辑，1938年还兼任评论编辑。计荣森为地质调查所及地质学会尽心尽力，只是他的兴趣在于研究，“但有这些所中及会中事情在他身上，当然感到不快”。杨钟健回忆道：“他常对我说，他的‘擦屁股’的工作，干的太多了。这一点我有同感，而无术以安慰之。在他以为他之不能照他预定计划进行他的工作，此当为其阻力之一，所以言下不胜悲怆。”[③]

初入地质调查所，计荣森抱着“百尺竿头更进一步”的期望，多

① 杨钟健：《自然论略》，商务印书馆1947年版，第198—203页。
② 尹赞勋：《计荣森先生传》，载《地质评论》1942年第6期。
③ 杨钟健：《自然论略》，商务印书馆1947年版，第203页。

次尝试出国深造而未能成行，成为困扰他余生的心结——1935年，计荣森参加清华大学第二届留美公费生考试，不幸未被录取。此后，他从未放弃出国留学的努力，但一再尝试却终成泡影，成为终生憾事。1941年冬，翁文灏、黄汲清及尹赞勋联名向中基会推荐计荣森赴美，计荣森多年的愿望行将实现，却因太平洋战争的爆发而再次落空。留学之梦近在咫尺，却像天边的月亮可望而不可即。计荣森郁郁不得志，因此一病不起。1942年3月9日，计荣森入江苏医学院附属医院，经检查患有肋膜炎、肺弱及心脏扩大等。“医治经过，尚称良好。在医院尚不时看书报，并对自己的病，有精密的观测。他对朋友常说：‘我这病可以好，但须久养，如若养不得法可有变化，随时可有意外……’”所谓“若与空王为弟子，莫教心病最难医”，友人的劝解也无法缓解他内心压抑的情绪。

壮志未随屡弦年，
孤苦坚贞凭谁怜。
伟业倾颓摧毁尽，
敛迹销声让俊贤。

计荣森壮志未酬的无奈与无助在他这首病床上所作的七言绝句中体现得淋漓尽致。4月下旬，计荣森又被诊断出有精神分裂症，“饮食日少，体力日弱”，5月13日晚10时，他与世长辞。[①]时任地质调查所代理所长尹赞勋写道：“他是我们地质界青年成材的学者，他的死不仅使我失去了一个臂膀，也是地质界的一个重大损失。”“计先生在地质调查所任职凡十二年，于野外调查、室内研究，无不勤奋有加，贡献累篇。凡有所托，必能完成使命，条理悉具。”[②]计荣森的病逝令老师杨钟健悲伤不已，因为他的死不仅“代表着学术界的大损失，国家的损失”，更反映了国家对“人才”漠不关心的态度。

我国近年来虽号称造就人才，而不知培养人才。一个

---

① 杨钟健：《自然论略》，商务印书馆1947年版，第203—204页。
② 尹赞勋：《往事漫忆》，海洋出版社1988年版，第43页。

人才到了可以发挥威力的阶段，便为病魔所扰，或者是因种种原因，不能充分工作，或者竟尔长逝。这个责任，不能由一个人去负，而应由社会与国家去负的。中国文章上向有“积劳成疾”或“积劳病故”的说法，以为这是形容一个人努力的好词句，而不知这正是国家与社会对不起努力工作者的自我供白。国家或社会如果瞧得起国家的人才，认为是必须的中坚分子，对国家有大的贡献之人，便应有种种措施与制度，如随时令他有增进他的进一步深造的机会，设立疾病及死亡保险制度，厘定每年休假办法等等，不要使他们牛马也不如的，工作了一生，“积劳成疾”，以至于死。因为一个农人对于他自己用的牛，一个战士对于自己的马，尚知随时加以必要的爱护与珍惜。就个人讲，这种鞠躬尽瘁死而后已的精神，个人应该奉为箴言，以求报效国家。然而就国家言，却不能存如是态度，坐令我国人才服务的年限与死亡率，一样成为全世界最可怕的纪录。

计先生是死去了，他所留的许多工作，短期内无人可接替。他家中老父寡妻幼子，均无所依，这都是为学术而牺牲的。他个人及他的家庭，对国家毫无对不起的地方。但若有人以为他的死和他身后的萧条景况是无关重要的，或只是像在戏院中看一幕悲剧，当场感叹而外，至多不过在脑海中有几天的回忆，那末计先生的死，尤为悲哀。因为他的牺牲，可以算是（白）牺牲了，并不会唤起社会上的共鸣，与国家对于人才态度的考虑。[①]

在这个意义上讲，计荣森确实是白白牺牲了，因为他的死并未能改变麻木不仁的政府及社会对于人才的态度。计荣森尸骨未寒，同年7月，另一位地质工作者朱森也因病去世。

---

① 杨钟健：《自然论略》，商务印书馆1947年版，第205页。

朱森

朱森，字子元，1902年生于湖南郴县，1922年考入北京大学理科预科班，1924年升入地质系本科，同班同学有黄汲清、李春昱、杨曾威、常隆庆等，他们同读一室，共游于山野，朝夕相处，情同手足。在北大期间，朱森师从李四光学习岩石学与地质构造学，跟随葛利普学习古生物学与地史学。1928年毕业后，朱森应李四光邀请进入中研院地质研究所任助理员，因成绩突出，一步步升为助理研究员、副研究员。1932年，朱森从湖南到广西，横越长界岭与城岭，“兼程而宿，并日而食，勇毅过人，严冬跋涉，致罹胃病”，这也成为他十年后病逝的祸根。1933年，朱森发表了古生物学代表作《金陵石灰岩之珊瑚与腕足类化石》，成为研究中国石炭纪地层的扛鼎之作。1934年，他在中基会的资助下，前往美国哥伦比亚大学，于1936年获硕士学位。

1937年11月，朱森回到中研院地质研究所。适逢重庆大学创办地质系，校长胡庶华求贤若渴，朱森体会到“中国地质人才缺乏，须广为培植后进”，在与所长李四光协商后，便于1938年1月应邀前往重庆大学任教，并于次年担任地质系主任。在重大期间，朱森备受学生爱戴，“学生读书兴趣，日渐浓厚，全系成绩，日新月异，使此国内后起之地质系，大有骎骎驾前者而上之之势”。1941年夏，应中央大学校长顾孟余之聘，朱森接任中央大学地质系主任，但仍在重庆大学兼课，重大地质系主任一职由俞建章接任。[①]按当时规定，教授每月优待平价米五斗，朱森的份额原本由重庆大学发给，但是在他应聘到中央大学后，中大总务处按规定发了五斗平价米给他，重庆大学却也未及时停止给他发

① 李春昱：《朱森先生传》，载《地质论评》1942年第6期。

评价米。此时，朱森正带领学生到南川白庙子一带进行地质考察，朱夫人就在朱森由重大转职中大的过渡期内，误领了重大发的五斗米。实际上，当时的平价米制度，既无定时，又无定量，“在发米时今日五斗，明日七斗，不知究竟是哪一个月份的，不但是教授的家属弄不清，即教授本人也无法弄得很清楚”[①]。但朱森邻居中有一位教育部的司长，其家属与朱家人有口角，两家关系紧张。他们将此事看在眼里，就出去散布“朱森家重复冒领五斗平价米”的流言。中大地质系教员中有人出于宗派观念对由重大新调来的系主任朱森有排斥之意，正好找到借口，向上告发。告发人同时向教育部和粮食部寄告密信，而又将两信交错装进信封，足见手段之毒辣。教育部在对此事的处理过程中，只凭他人的告发而未经过确切的查究，也没有给朱森任何申辩的机会，便通令以“重复冒领五斗平价米”的罪名给朱森记大过一次。中央大学校长顾孟余亲自致函教育部为朱森辩白，“信内提出三件事实，证明此事纯出一时疏忽，决非有意兼领”[②]。而教育部认为：“严惩贪污乃当前急务，砺清廉应严责于人师，所以虽则五斗米之细，亦决难稍微宽假。”[③]朱森得知此事后，含冤莫白，极度悲愤，以致胃溃疡复发并迅速恶化。1942年1月，朱森进入李子坝武汉疗养院治疗并于17日接受手术。手术过程较为顺利，“惟体力衰弱，浓（脓）水不干，输血数次，渐有起色。然以春暖，恐有警报，乃于四月一日迁入歌乐山中央医院，易地治疗，至能行走。惟终以温度不退，浓（脓）水不干不得不采医师建议，于六月二十二日再行开刀”。谁料手术之后，朱森病情急剧恶化，于7月6日溘然长逝。[④]

朱森之死，在重庆教育界及文化界引起了极大的震动，人们扼腕痛惜之余，对国家及社会这种践踏知识分子尊严的行为愤怒至极。《新华日报》发表题为《论朱森教授之死》的社论文章，一针见血地指出：

---

① 吴景祯：《朱森先生追悼会记略》，载《地质论评》1942年第6期。
② 吴半农：《悼朱森先生》，载《新经济》1942年第7期。
③《论朱森教授之死》，载1942年7月18日《新华日报》。
④ 李春昱：《朱森先生传》，载《地质论评》1942年第6期。

“在文化界，在知识分子之群里，未能获得社会应有之爱护的，实不只像朱教授那样的人一个。……我们一方面希望文化人能过清苦的生活，同时也要多多了解他们实际的苦痛到底达到了什么程度，而予以其不伤自尊心的援助。这不是为的救济某一文化人个人，而是为的善养文化人的志气与清廉。”1942年10月25日，朱森追悼会在重庆沙坪坝中央大学大礼堂举行。教育部长陈立夫赠挽联“情法终难两全”，显然是肯定教育部对朱森的“处分”，与追悼会的气氛格格不入。对此，朱森的同窗好友李春昱直言不讳地指出：“一块冷的玻璃放在冷水里，毫无影响；假若一块烧热的玻璃灯罩，滴上一滴冷水，便会炸裂。朱子元的生命便是这样炸坏了。”[①]“今天我们看见陈部长挽词‘情法终难两全’，好像陈部长以为他依然是犯法了。”[②]远在桂林的李四光得知学生病逝的消息，忆及朱森同他一起在南岭进行地质调查的情景，悲愤之情涌上心头，于是写下了这首《悼子元》：“崎岖五岭路，嗟君从我游。峰峦隐复见，环绕湘水头。风云忽变色，瘴疠蒙金瓯。山兮复何在，石迹耿千秋。”[③]翁文灏与朱家骅也一再强调朱森之死是不幸的事，是巨大的损失，不过却未揭示国家及社会对朱森之死应当承担的责任。翁文灏在致辞中谈到他写的排律《悼朱子元》，其中四句是“人生自古谁无死，死非其人太可怜。五斗折腰古所耻，君负此名真歉然”，称朱森之死“是分外悲伤的事，如这种不幸的事，发生在我们头等人才的身上，与不相干的人相较，真真是死非其人”。朱家骅则称朱森“未能尽其能，他今之死，是不能瞑目的……国家得朱先生，在多难需才的时候，而他死了，是如何大的损失，在公私两方面，都是令人非常悲伤的”。但史语所所长傅斯年以其一贯的风格，大肆抨击了国家对知识分子尊严的侮辱：

今天我们的处世经验，渐渐的感到，这个世界是个奇怪的世界，历来读书人，犯罪所得到的处罚，不是特别重，

①《论朱森教授之死》，载1942年7月18日《新华日报》。

② 吴景祯：《朱森先生追悼会记略》，载《地质论评》1942年第6期。

③ 李四光：《南岭何在》，载《地质论评》1942年第6期。

就是特别轻。在汉朝即有这种法度“士可杀不可辱”，或是“刑不上大夫”，这种法度是看重君子的道德。国家对读书人加倍的处罚或宽裕的两个极端，是因为读书人有一种自尊心，即是国家传统的有看重读书人的观念……教部五斗米的处置的侮辱，是对读书人的不尊敬，给好人一个打击。‘情法终难两全’这并不是持法，因为读书人，可杀而不可辱。

法不患严，而患不清，像这样的严办，是很好的，但必须彻底查一下，是否尚有很多虚报，及误领的事。各大学重领平价米的教授，不知凡几。但到现在，我们所知道的，却只从严处分了朱森这一个人。……

现在我国学术之前途，实在可悲，学术研究，亦不为重视，而中国之传统观念，以学问为贵，一方面被人摧残着，一方面也正是为这种自尊心，以学问为学问来维持着学术的研究。一般人以为这些无用的，国家也不以在此方面之努力者为可贵可敬。

中央大学法学院教授童冠贤在致辞中针针见血地指出：“朱先生如此致死，是整个学术界的一种侮辱，在这种困苦的情况下，奋勇造育人才，是如何的难，而况朱先生不单是国家的人才。我国的古训有曰‘万般皆下品，唯有读书高’，到今日却变为‘万般皆上品，唯有教书低’。读书明理，不是可贵的，有势是可贵的，有钱即有势，有势即可有钱，有势有钱，即可左右乾坤，使读书人受饥苦受侮辱。”①

可见当时有识之士对国家和社会的控诉。计荣森及朱森的去世固然与其所得疾病有关系，然而国家对后方科学工作者的漠不关心也显露无遗。

在社会环境动荡的民国时期，野外地质考察是一项非常危险的活动。抗战时期，科学家在野外调查之时遇匪被害的惨剧曾多次发生，许德佑、陈康、马以思三先生遇难事件即为其中之典型。1944年4月，中

① 吴景祯：《朱森先生追悼会记略》，载《地质论评》1942年第6期。

央地质调查所技正兼古生物研究室无脊椎古生物组主任许德佑、技佐陈康、练习员马以思，赴黔西调查地质情况，于24日行至普安晴隆遇匪抢劫，惨遭杀害。

许德佑，江苏丹阳人，1907年生。从上海复旦大学毕业后，许德佑去法国蒙伯里大学获得了硕士学位，之后在地质调查所任古生物研究室无脊椎古生物组主任。陈康，广东番禺人，家居香港，1937年入广东省立文理学院，1941年毕业，入两广地质调查所，随许德佑研究古生物，遭害时年仅28岁。马以思（女），原籍四川，生于黑龙江，幼年习日文；九一八事变后随家迁沪，入同济高中，学习德文，后入四川合川国立二中；1939年入中央大学地质系，又习法文与英文；1943年毕业，考入中央地质调查所任练习员，又学俄文。她掌握六国文字，随尹赞勋研究古生物，是当时中国唯一的女性地质工作者，遇难时年仅25岁。

据歹徒的供词称，此案的缘由，是许、陈、马的衣着及口音与众不同，沿途颇引人关注，加之他们一行在穷山恶水的贫困县使用新钞，让匪徒猜想其三人乃富贵门第，故起歹念，一路盯梢，伺机作案。由于当地匪徒贫穷，没有枪械，故匪首易仲三向其党羽发放了枪支。案发当天（24日）许君上午被匪徒由背射一枪，当场死亡，陈、马二人见状向左右逃，但仍被捉缚，至下午被击毙灭口。匪徒共劫得53000元国币，25日易仲二取回枪支并分得18000元。惨案发生时，适逢侯学煜在黔调查土壤，闻讯前往了解情况，料理后事。侯学煜到出事地点后，一方面雇木匠和漆匠制棺准备后事，另一方面协助警方查案。根据收集的线索，警方先将报案挑夫三人拘案审问，用巧计使其招供，当夜拘捕嫌疑人1名，次日捉到正犯7人，陆续又捕获多人，总计匪徒29名，6月底，包括元凶易仲三在内，已逮捕及伏法者20多。[①]三人均为学术牺牲，各界人士悉闻噩耗，莫不痛惜，学术界同人在6月11日举行追悼会，并积极筹募三君遗属赡养费及许氏遗孤教育金。6月21日，三人于贵阳花溪公

① 《许德佑、陈康、马以思三先生遇难记》，载《地质论评》1944年第3—4期。

祭后安葬。[1]真可谓："东山苍苍，黔水茫茫，登山四顾，涕泗滂滂。正当壮士风华茂，名山千卷文成章。匪徒愚昧伤天良，可怜三君死磺（黄）厂，萧萧风雨袭衣裳。高山为之低头，溪水为之呜咽，临风雪涕，怎解人间惆怅！"[2]

---

① 秦馨菱：《关于前地质调查所的片断回忆》，见程裕淇、陈梦熊主编：《前地质调查所（1916—1950）的历史回顾：历史评述与主要贡献》，地质出版社1996年版，第174页。

② 李钟模：《纪念许德佑、陈康、马以思先生遇难四十二周年》，载《贵州地质》1986年第1期。

死者如此，生者若何？

抗战时期，由于大后方经济动荡、物质匮乏、物价高涨，后方科学工作者无时不在困难中挣扎。正如卢于道先生在《抗战七年来之科学界》中说道："已有人才，因经济压迫，健康失调，心神不宁者，比比皆是；甚至于丧失生命者，亦时有所闻。"①数学家华罗庚在《平生三"劫"》里讲到这样一个故事：教授在前面走，要饭的在后面跟，跟了一条街，前面那个教授实在没有钱，回头说："我是教授！"那个要饭的就跑掉了，因为连他们也知道，教授身上是没有钱的。"在那个时候，日本人封锁我们，国外的资料，甚至杂志之类都看不到。不但封锁，而且还轰炸。在那种困境之中，许多教授不得不改行了，有的还被迫做买卖了，他们跑仰光去买点东西到昆明来卖。我住在昆明乡下，我住的房子是小楼上的厢房，下面养猪、马、牛，晚上牛在柱子上擦痒，楼板就跟着摇晃。没有电灯，就找了一个油灯使用。油灯是什么样的呢？就是一个香烟筒，放个油盏，那儿没有灯草，就摘一点棉花做灯芯。就是在这种微弱的灯光下，我从1940年到1942年完成了我的《堆垒素数论》，后来又跨到了矩阵几何。"②战时在西南联大任教的赵忠尧先生曾写道："随着战局紧张，生活变得很不安定。由于物价飞涨，教授们不得不想办法挣钱贴补家用，我想办法自制些肥皂出售，方能勉强

---

① 卢于道：《抗战七年来之科学界》，见杜元载主编：《革命文献》第59辑《抗战时期之学术》，中国国民党中央委员会党史委员会1972年版，第111页。

② 华罗庚：《平生三"劫"》，见卢嘉锡主编：《另一种人生——当代中国科学家随感》（上），东方出版中心1998年版，第213页。

维持。”①

知名教授尚且如此，普通科学工作者的日常生活更是难以为继。全面抗战爆发以后，由于国民政府财政困难，文化教育经费一律减成发放，这意味着科学工作者薪资的下降。以中研院为例，1937年12月，中研院长沙临时院务会议通过薪水紧缩办法，规定职员薪资在50元以下的照发不误，“五十一元以上者留五十元，再为八折、四折、二折”，即事务员助理员、专任编辑员及技师、专任研究员薪资超过50元以上的部分，分别按照“八折、四折、二折”来发放。②以此推算，原本500元月薪的专任研究员，仅能领取140元月薪。但此时，诚如傅斯年所说，“只能求工作，不能求舒服……以前在京之安闲、舒服、散漫，经此一击，皆属于历史矣”。③到1939年，中研院各研究所基本安定下来，职员薪资逐渐恢复到战前水平，并随着院中经费的增加而有小幅度上升，但由于大后方物价水涨船高，职员薪资的增加相比物价的上涨仍然是杯水车薪，部分科学工作者因薪资较低难以度日而另谋高就。史语所初到昆明之时，事务员吴亚农因家中人口众多，生活困苦，单纯依靠史语所所发工资，生活难以为继，转而去待遇更好的兵工署谋了职。迁往李庄之后，副研究员李景聃因眷属颇多，为养家糊口离开了史语所。人类学组的凌纯声也去教育部蒙藏教育司担任司长职务了。北平研究院因经费短缺难以为继，各研究所规模都在缩小，其中经利彬主持的生理学研究所被迫停办，他本人也另寻出路，受教育部部长陈立夫邀请主持国立中国医药研究所去了。

1938年秋，日机对昆明的轰炸愈演愈烈。地质调查所昆明办事处在中研院史语所傅斯年的帮助下，疏散到昆明郊外的黑龙潭瓦窑村。杨钟健在一袁姓人家后院内租赁小屋三间，屋内陈设简陋，“没

---

① 赵忠尧：《我的科研生涯》，见卢嘉锡主编：《另一种人生——当代中国科学家随感》（上），东方出版中心1998年版，第44页。

②《蔡元培致王敬礼函》（1938年1月10日），见朱琪选辑：《蔡元培等有关抗战初期中央研究院内迁诸事与王敬礼来往函》，载《民国档案》2007年第1期。

③《致仲揮、绍齐、梁思永》（1937年8月25日），见欧阳哲生编：《傅斯年全集》第7卷，湖南教育出版社2003年版，第166页。

有家具，除借用房东的一部分外，则用装煤油的木箱，东凑西凑，勉强凑合而成桌凳。此时多数人均利用空煤油木箱作沙发和书架等，自出心裁，亦不以为简陋。但我之做饭问题仍无法解决，于是商得房东同意，在院内以代价三百元建立厨房两小间，此为我独立建筑之第一所房屋，虽十分简陋，亦可为纪念”。此时，昆明已为大后方重镇，中央机关数量迅速增加，物价飞涨，生活日渐为一般人所不能忍受。1938年秋，办事处同人对现状不满，纷纷要求加薪数元，这也是为生活所迫，而重庆总处却迟迟不予批准。杨钟健虽为办事处负责人，无奈有职无权，只有一面向重庆方面争取，一面向工友表示支持，如“风箱里的老鼠”两头受气。杨钟健深感自己工作能力之差，“乃想专以研究为目标，不再过问行政事务”，于是生活艰苦、心情苦闷的杨钟健挥笔写下了这首《关帝庙即事》：

三间矮屋藏神龙，闷对枯骨究异同。
且忍半月地上垢，姑敲一日份内钟。
起接屋顶漏雨水，坐当脚底空穴风。
人生到此何足论，频向残篇泣路穷。①

昆明的生活如此，重庆的生活也是每况愈下以至难以为继。施雅风回忆抗战时期他在重庆地质调查所的岁月时道：

当时物价飞涨，科技人员生活差，有些人到了非常困难的地步。当时土壤室就在图书馆旁一幢平房里办公，室主任侯光炯先生整日在研究室工作，一天下午，他女儿来找他说：“爸爸，你怎么不回去，家里已断粮，今天中午就未能举炊，全家已饿了一顿，你快想办法。”这时侯先生才从学术的思维中清醒过来，临时从食堂里借了几升米，带回家去做晚饭。“家无隔宿之粮”是通常议论极穷困人家的话，想不到一个高级科学家也贫困至此，事后，听同事们议论，人

① 杨钟健：《杨钟健回忆录》，地质出版社1983年版，第107页。

口稍多的家庭，如尹赞勋、李善邦先生等生活上也很困难。[①]

由于大后方物价在抗战时期迅猛增长，科研经费的发放已十分困难，更不要说人员工资，许多人生活异常拮据。1944年1月，竺可桢在沙坪坝民权路购买“甘油一斤（550元），女短裤两条（840元），牙刷一打（384元），毛巾二块（170元）。此数样物战前不过二十元可购，而竟花去二千元，正一百倍也”[②]。1944年4月，地质调查所所长李春昱在致友人函中抱怨：“重庆物价近日猛涨甚速，猪肉已每斤九十元矣。不惟工作不易推动，即同人生活不易维持矣，为之奈何。”[③]为解决生计问题，内迁科学工作者可以说使出了浑身解数。地质调查所人员组织消费合作社，从批发商处购买布匹、毛线等物资，以比市面略低的价格分销给同事们。“在物资分配方面地调所的做法是较民主合理的。他们的办法是来了东西大家平等抽签，从所长、职员到工人都一律平等抽签，谁抽着了谁买。因为东西少，有些人没抽着，则等下一次再来东西时，由他们优先抽签（叫作优先权）。如这次抽着了这次买了东西了，则下一次再来东西时他们得让别人先抽，待东西有剩余时他们再抽（这叫作优后权）。当然两次来的东西可能不一样，也许这次来的是布匹，下次来的是毛线，第三次来的是布鞋，那就只能看各人的运气了。”[④]北平研究院植物学研究所所长刘慎谔转而经营农场，先后加盟经济部与云南省政府所办的滇池农场、大普吉农场，将收入所得用于补充所中经费之不足。[⑤]

战时的通货膨胀，使有固定收入者吃亏，奸商囤积居奇，这增加了社会不公平的程度。尽管如此，科技工作者也是自己想尽办法，不仅维

① 施雅风：《受益与向往——感念中央地质调查所》，见程裕淇、陈梦熊主编：《前地质调查所（1916—1950）的历史回顾：历史评述与主要贡献》，地质出版社1996年版，第180—181页。

② 竺可桢：《竺可桢日记》第2册，人民出版社1984年版，第730页。

③《李春昱致朱夏函》（1944年4月22日），中国第二历史档案馆馆藏档案，全宗号375，案卷号479。

④ 秦馨菱：《关于前地质调查所的片断回忆》，见程裕淇、陈梦熊主编：《前地质调查所（1916—1950）的历史回顾：历史评述与主要贡献》，地质出版社1996年版，第173—174页。

⑤ 胡宗刚：《北平研究院植物学研究所史略（1929—1949）》，上海交通大学出版社2011年版，第129—130页。

持自己的生活还继续为科研工作做贡献。

当时，不少人放下知识分子的清高变卖家产。中央地质调查所许德佑偕妻带儿，工作努力却生活困窘，无奈之下只能忍痛割爱将其在留法时期所购外文书籍出售，知者无不叹息“斯文扫地矣”。就连代理所长尹赞勋也借赴渝之便，将美制英文打字机、皮大衣等物品交拍卖行出售以换钱买米。1943年，中研院气象研究所的涂长望在重庆染上了斑疹伤寒，急需入院治疗，妻子王回珠身怀六甲，情急之下，被迫出售从德国购买的、精心保管多年的打字机。

除了变卖自家的物件外，大家也是想尽办法自力更生，比如自己种菜、养鸡、养猪，还有不少职员利用一技之长在外兼课，以获取收入。

李善邦卖猫的故事生动说明了抗战时期科学工作者生活的困顿。李善邦，广东省兴宁县人，1902年生，1925年毕业于南京东南大学物理系，1929年冬入地质调查所工作，负责筹建北平鹫峰地震台，并任鹫峰地震研究室主任，后长期在中央地质调查所任技正兼研究室主任，是中国地震学研究的开拓者，中国地球物理探矿工作的开拓者之一。据秦馨菱回忆：

> 有一天，李善邦很高兴地对我说：“猫在我家里生了四只小猫，母子均安。”这不仅对我是个好消息，就是对全所的同事也是个振奋人心的喜讯。大家互相转告一会儿全所都知道了。接着即有人络绎到我办公室来订猫：“听说你的猫在李善邦家生了四只小猫，等小猫断奶之后可否送给我家一只？”我答：“小猫是在李善邦家生的，理应先给他家一只，剩下的三只全所同事们可分享。”于是对首先来到的三家各答应了一只，后来者只好婉言谢绝了，有人很惋惜地说：“咳，我就是晚来了一步！”为了照顾大猫给小猫哺乳，还叫大猫在李善邦家多住了几个星期。过了些日子，有一天清早李善邦对我说：这四只小猫长的都很好，昨天我的小女儿抱着一只小猫在离家不远的马路上玩，有一路人走过

来问她，“咳，小孩，你的猫卖不卖呀？”小女儿听了吓的抱着猫跑回家中。我说：“当然不能随便卖。最好以后也别叫她抱着猫到外边去玩了。如非抱出去玩不可，也要抱好，不要松手，免得小猫跑走或叫别人把它拣走。”

过了几天，李善邦颇不大好意思地对我说：“这个月我为孩子们交学费等，弄的一个钱也没有了，连每日的青菜钱也都拿不出了，小猫我给你卖一只行吗？”我答：“我本打算把一只小猫送给你们，其余三只分赠所里同事们，你说要卖，你就卖一只罢，那将来大猫还得在你家和在所里两处轮流驻防了。”过了几天，李善邦对我说：“昨天小孩抱着一只小猫在马路上把它卖掉了，卖了三元钱。这样我家中买青菜吃的菜钱，算是解决了。”①

其生活之困窘由此可见。1943年，李约瑟曾这样描述后方科学工作者的生活境遇：

普通科学工作者现在的生活与以前相比差距更显著，有重大成果的男女科学家也住在院子周围摇晃的旧房子里，无法保持清洁。工资只涨7倍，而云南的生活费用上涨了103倍。我只能作这样的比喻，就像一个人有了一套舒适的公寓并担任了年薪1000镑的职务，后突然变成每年不到70英镑，因此要生活在阿盖尔郡的海岸上，就要节省每一个先令。一些在欧美名声显赫的人常常难以填饱肚子。②

战时的居住及办公条件更是简陋。1939年春，地质调查所迁入北碚，因新建大楼所需钢筋水泥已无法购买，就用木梁代替。到秋季刮大风，楼房被吹倒。昆明办事处撤销后杨钟健来到北碚，起初住在距离北碚五六里的天生桥，职员宿舍“白天漆黑，空气不畅”，办公室“四面

① 秦馨菱：《李善邦与猫的故事》，见程裕淇、陈梦熊主编：《前地质调查所（1916—1950）的历史回顾：历史评述与主要贡献》，地质出版社1996年版，第223—224页。

② ［英］李约瑟：《中国西南部的科学（二）》，载《自然》1943年第152卷，第36页。

通风，地方小的转不过身来”。[1]1940年前后，地质所供电不足，大家用菜油灯照明，在一个小碟内注以菜油，用灯芯点着，整理野外记录、撰写调查报告。[2]而更寒碜的是中研院设在重庆的办事处。重庆市周边山连着山，波澜壮阔，山上林木蓊郁、风景优美，但办事处所在的小山村却是破烂不堪，房子低矮、简陋，简直就像是个贫民窟。这里没有公共厕所，街道上屎尿点点斑斑；自来水管裸露着，洗衣、洗菜、洗尿布，刷锅、刷碗、刷马桶，都在同一水管下；空气里弥漫着酸腐味、屎尿味；到处是积水，到处是肮脏的水洼，污水肆流，泥浆陷脚；多雨多雾，被褥衣物潮湿得能拧出水来；孩子哭，大人骂，乱得像个农贸市场。一批高级知识分子就落难此地。

即使如梁思成、林徽因夫妇这样的社会名流也不得不放下身份，事必躬亲，过清苦的日子。梁家除梁思成作为史语所研究员所得到的固定薪资之外，更必须依赖稿费来补贴家用。林徽因也不得不亲自操持家务。1940年，林徽因在龙头村设计、修建房屋三间，并且为了所需的每一块木板、每一块砖头和每一颗钉子而奋斗，还得运送材料，做木匠活和石匠活。而新居落成不久，梁思成、林徽因便又随史语所迁往李庄，这对于本已困难的梁家更是雪上加霜。战时物价的上涨也使梁家感到前所未有的艰难，“现在我们已经完全破产，感到比任何时候都惨。米价已涨到一百块钱一袋——我们来的时候是三块四——其他所有的东西涨幅差不多一样。今年我们做的事没有一件是轻松的”[3]。抗战后期物价上涨如脱缰之马，每月薪金到手后如不立即去买油买米，则会迅速化为废纸一堆。食品愈来愈贵，饭食也就愈来愈差，梁氏夫妇身体日渐消瘦，后来几乎不成人形。为了稍微变换伙食花样，梁思成在工作之余不得不学习蒸馒头、煮饭、做菜、腌菜和用橘皮做果酱等等。那时，

---

① 杨钟健：《杨钟健回忆录》，地质出版社1983年版，第112页。

② 秦馨菱：《关于前地质调查所的片断回忆》，见程裕淇、陈梦熊主编：《前地质调查所（1916—1950）的历史回顾：历史评述与主要贡献》，地质出版社1996年版，第173页。

③ ［美］费慰梅：《梁思成与林徽因——一对探索中国建筑史的伴侣》，曲莹璞、关超等译，中国文联出版公司1997年版，第136页。

中研院部分科学工作者每日往返于城市与农村之间，利用城市米贵盐贱、农村米贱盐贵的情况来赚取差价，而卖物补助生活也成常态。家中实在无钱可用时，梁思成也只得把家中值钱的物品拿去商行典当，诚如费慰梅所说，“战争、通货膨胀和原始的生活方式已把梁家变成了穷人家”[①]。

屋漏偏逢连夜雨，船迟又遇打头风，各种沉疴痼疾也纷纷向梁家袭来。内迁之初，梁思成已积劳成疾，身患严重的脊椎关节炎，肌肉痉挛，卧病在床六个月之久。1940年前后，林徽因不幸身染肺结核，因大后方医疗条件落后，虽医治数年，花费甚多，仍不见好转，真可谓贫病交困。对于梁氏一家的境遇，史语所所长傅斯年看在眼里、急在心头，曾亲自致函所长朱家骅：

> 梁思成、思永兄弟皆困在李庄。思成之困是因其夫人林徽因女士生了T.B.（肺结核），卧休二年矣。思永是闹了三年胃病，甚重之胃病，近忽患气管炎，一查，肺病甚重。梁任公家道清寒，兄必知之，他们二人万里跋涉，到湘、到桂、到滇、到川，已弄得吃尽当光，又逢此等病，其势不可终日……弟之看法，政府对于他们兄弟，似当给些补助。……总之，二人皆今日难得之贤士，亦皆国际知名之中国学人。今日在此困难中，论其家世，论其个人，政府似皆宜有所体恤也。……而名人之后，如梁氏兄弟者，亦复甚少！二人所作皆发扬中国历史上之文物，亦此时介公（即蒋介石——笔者注）所提倡者也。[②]

尽管如此，来自中国东部的科学工作者在西部落后的科研条件、艰苦的生存环境中依然坚守着科学第一线。在嘉陵江畔、缙云山下的小镇北碚，地质工作者们钻研着石油、煤矿的开采技术；“在嘉定，人们在

---

① ［美］费慰梅：《梁思成与林徽因——一对探索中国建筑史的伴侣》，曲莹璞、关超等译，中国文联出版公司1997年版，第136页。

②《致朱家骅》（1942年4月18日），见王汎森、潘光哲、吴政上主编：《傅斯年遗札》第2卷，社会科学文献出版社2015年版，第945—946页。

可以遥望西藏山峰的宗祠里讨论原子核物理；在广西的山洞中，外人会发现有大型发电厂，工程师们争相同来自外部世界的技术专家交谈；在大理的土著部落，有人帮助一位浮游生物学家把小船推入五华塔下的洱海。”[①]许多海外的游子抛弃了国外优越的研究和生活条件，回到祖国的怀抱，以科学救国为己任，一起铸就了战时中国科学事业的辉煌。

① ［英］李约瑟、李大斐编著：《李约瑟游记》，余廷明、唐道华、滕巧云等译，贵州人民出版社1999年版，前言第1—2页。

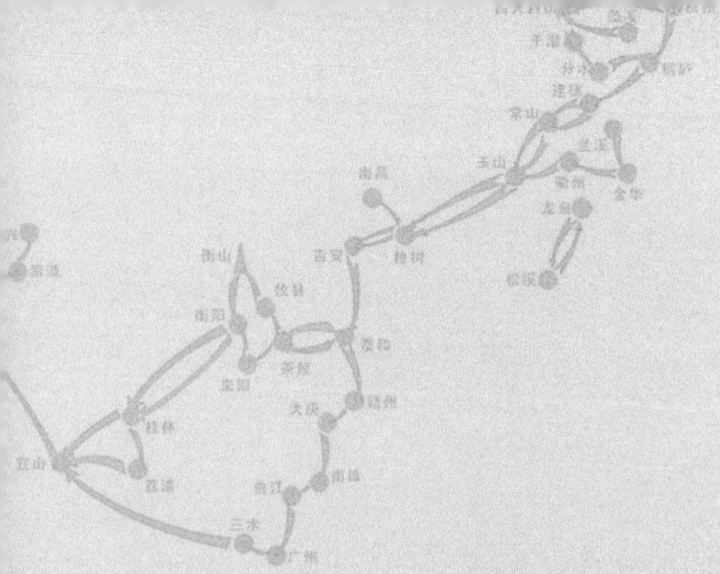

第九章 青史永流芳

多难兴邦，正如翁文灏在抗战之初所言，“当此国事特别艰危之日，更是我们精力需要加倍发挥之时。岁寒然后知松柏之后凋”。内迁大后方的科研机构和广大科技工作者没有被困难吓倒，在极其艰难的环境下，创造了彪炳史册的伟大成就。

中国科学事业的“诺亚方舟”

1930年10月，卢作孚在重庆北碚创建了中国西部科学院，这是抗日战争爆发前中国西部第一个也是唯一的综合性科研机构。因所处地理位置的关系，西部科学院以川康为重点开展了一系列生物、农林、理化、地质的调查研究，取得了令世人瞩目的成果。[①]而且卢作孚并没有因地理的局限性闭门造车，而是积极与东部地区各国立或私立科研机构建立联系。1933年，卢作孚介绍赵锡鹏前往中研院气象研究所实习。1935年，中研院气象研究所在贵阳设立气象测候所，卢作孚在仪器、人员的运输等方面提供诸多便利，如此种种，不胜枚举。

全面抗日战争爆发后，国民政府内迁重庆。北碚风景秀美，距市区仅数十千米，并有嘉陵江水路和碚青公路，被划为重要的迁建区，而卢作孚对于科学事业的热心已为中国科学界所共睹，众多科研机构慕名而来。一时间，在北碚及其附近的乡镇，迁进了上百家的政府机关、科研机构、大专院校、文化单位，云集了上千名的政治家、科学家、教育家、文学家、艺术家。中国科学文化精华得以保存和延续，北碚也因此成为大后方科技文化中心，中国西部科学院成为大后方科技事业的“诺亚方舟”，永载史册。

各科研机构在北碚恢复重建的过程中，卢作孚为其提供土地、房屋、水电等诸多方面的便利。高孟先的遗稿《卢作孚与北碚建设》中就讲道：“抗战期间，国内公私学术机关迁来北碚者达二十余单位，

① 蔡元培：《中央研究院与中国科学研究概况》（1935年11月4日），见高平叔编：《蔡元培论科学与技术》，河北科学技术出版社1985年版，第268页。

多借用科学院房屋，利用其各种设备，以继续各自的研究工作。科学院予以最大协助，并与之密切合作……”[①]时任中央大学工学院院长、中央工业试验所所长的顾毓琇1938年1月致函卢作孚，中央工业职业学校内迁，寻觅建新校址，请卢作孚给予帮助，[②]卢作孚立即批复“当相助觅得附近空地”。中央化学工业社来北碚，科学院为其“布置办公地点”[③]；实业部地质调查所“函科学院代觅办公地址”[④]；航空委员会油料研究所所址“觅定西部科学院”；科学院“让一部”为清华大学无线电研究所真空管制造部“办公地点”；中央工业实验所化学部“迁此间科学院”[⑤]；清华大学航空研究所“所址觅定科学院”[⑥]。中国西部科学院每年补助中央地质调查所四千元。[⑦]卢作孚对迁来北碚的科学家、教授的家眷也尽可能给予帮助。正是因为卢作孚及西部科学院的鼎力支持，这些来北碚的平、津、沪等地的科研机构才能尽快恢复工作。据不完全统计，当时由卢作孚的民生公司协助搬迁，或受到他领导的北碚地方政府和西部科学院资助、支持的学术单位还有：中央历史博物馆、清华大学雷电研究室、中研院气象研究所、中央农业试验所、经济部中央矿冶研究所、复旦大学、江苏医学院等。这都使战时的北碚集中了相当一批科研学术教育机构，其中在全国具有重要影响的学校有复旦大学、中国乡村建设学院、汉藏教理院等，科研机关有中研院近一半的研究所，即动物、植物、气象、物理、心理五个研究所，中国科学社生物研究所、经济部矿冶研究所、经济部中央地质调查所、农林部中央农业试验所、经济部中央工业试验所、中国地理研究所、军事委员会资源委员会国民经济研究所、航空委员会油料研究所、清华大学航空研究所及雷

---

① 高孟先：《卢作孚与北碚建设》，见中国人民政治协商会议全国委员会文史资料研究委员会编：《文史资料选辑》第74辑，文史资料出版社1981年版，第108页。

②《顾毓琇致卢作孚函》（1938年1月16日），见黄立人主编：《卢作孚书信集》，四川人民出版社2003年版，第618页。

③《中央化学工业社十日可抵碚》，载1937年12月1日《嘉陵江日报》。

④《实业部地质调查所将迁来峡》，载1938年1月9日《嘉陵江日报》。

⑤《航空会油料研究所迁移科学院内》，载1938年1月10日《嘉陵江日报》。

⑥《清大航空研究所将迁来碚》，载1938年1月27日《嘉陵江日报》。

⑦《李春昱致卢作孚函》（1938年3月28日），见黄立人主编：《卢作孚书信集》，四川人民出版社2003年版，第650页。

电研究室、军政部陆军制药研究所等。

当时正是日本全面侵略中国之时，科研学术机构不得不内迁，此为“天时”；北碚是中国西部科学院所在地，有浓厚的科学研究氛围，而且相对幽静秀美，此为地利；当时国民政府迁都重庆，也要求全国的经济、文化等一系列机构团体内迁，此为人和。这“天时”、地利、人和成全了这些科研学术机构的内迁北碚。如果没有中国西部科学院的“研究工作，成绩尤多”，如果没有卢作孚和中国西部科学院的热忱欢迎和帮助，很难想象这一大批科研学术机构能够迁来北碚，并以西部科学院为依托继续进行科学研究。也很难想象其他一些没有直接受到西部科学院帮助的科研学术机构会被中国西部科学院及北碚巨大的魅力所吸引而迁来。如此众多的科研学术教育机构集中于一个小小的城镇，无数科研成果在北碚取得。于是北碚集合了科技文化的精英，与市区的沙坪坝、江津的白沙坝及成都的华西坝并称为大后方的“文化四坝”。1943年，李约瑟参观北碚时不无感慨地说，“最大的科学中心是在一个小镇市上，叫作北碚……此镇有不少于十八所科学团体与教育机关，其中大多数都很重要的。”[①]20世纪40年代，美国一家媒体也认为，在北碚“很多专家和学术团体的专门知识和经验都得到了利用。明白了这一点，就很容易理解这个城市今天的繁荣兴旺……科学气氛形成了中国历史上任何一个城市中教育和学术机构的最高度的集中”[②]。

正因为北碚是卢作孚创办的中国西部科学院所在地，如此多的科研机构和科技工作者才会被吸引而迁来。卢作孚和西部科学院盛情相邀、鼎力帮助，为战时科研学术机构的内迁创造了便利条件。无偿地将西部科学院所属四个研究所的设备、仪器、图书、标本和药品提供给他们使用，倾其所有支持各研究机构西迁后继续开展科研活动，使战时的北碚呈现出一派科技文化繁荣的景象，这也为后来重庆，乃至全国科学事业的发展奠定了基础。

---

① [英]李约瑟：《战时之重庆科学界》，载《新中华》1946年第1期。

② 孙恩山：《卢作孚和他的长江船队》，载《亚洲与美洲》1944年第6期。

服务民族抗战

抗日战争时期，中国广大科学工作者“先天下之忧而忧”，怀着科学救国的爱国主义情感，与千千万万的国人一起，构筑起一道坚不可摧的抗战长城。他们或投笔从戎、义无反顾地走上血雨腥风的抗日战场；或锲而不舍，将科学研究的神圣事业与抵抗侵略相结合，针对国家建设的现实需要开展目的鲜明、注重本土实践的应用科学研究，直接或间接服务于民族抗战。严济慈、叶孙企、茅以升、钱临照、翁文灏、陈凤桐、殷希彭、阎裕昌、汪德熙等科学家为国家的前途和民族的命运奉献出全部的智慧、鲜红的热血乃至宝贵的生命，也将自己的名字镌刻在不朽的抗战丰碑上。

科研机构如何能更好地为民族战争服务，是当时广大科技工作者必须首先解决的问题。正如杨钟健所说：“我们希望个个知识分子，全应该发挥他所有的效能，平比常还要增进才好。倘在此期间，尚虚耗国币，无所事事，甚或以身家性命为重，以国家利害为轻，馁士气，扰人心，岂不是于国无益，反而有害吗？至于我们地质界同人，当然均为知识阶级中的一员，其应有责任，自然相同。况且地质并不是太平时代仅仅供我们满足求知欲的科学，而为于国计民生，甚至战时也有需要的科学，其责任当更为严重，毫无疑义。”[①]抗战时期，各内迁科研机构的工作重心转移到注重本土实践的应用科学研究，重点解决军需民用物资

① 杨钟健：《我们应有的忏悔和努力——中国地质学会第十四次年会理事长演说辞》，载《地质论评》1938年第2期。

生产中的关键技术，以适应战时的需要，直接或间接服务于民族抗战。针对战争需要大量的粮食，敌人对我国搞经济、物资封锁的现实情况，农业科研着重培育良种，改进耕作技术；国防方面的科研，着重枪、炮和弹药的仿制；交通方面，着重研制代替汽油的燃料；地质方面，着重对矿产资源进行勘查。1939年，中国地质学会第十五届年会在重庆大学开幕，黄汲清要求中国地质工作者在此“国难严重长期抗战之时，欲求最后胜利早日获得，端赖全国上下共同努力。吾等习地质者，此时惟有竭其智能，夙夜匪懈，尽全力以贡献国家”[①]。

经济部中央工业试验所以研究和试验工业原料，改良制造方法，鉴定工业制品等为主要工作内容。内迁重庆以后，该所努力开展工业试验、机械设计和新产品开发，承担并完成了大量科研项目，成为后方工业科研的主干机构，在工业技术改良及推广方面，均颇有贡献。例如，受航空委员会与战时生产局委托，分析矿产工业原料、成品、半成品及工业材料等；主持制订了110多项分析标准与分析方法；分析与检验的项目共5489项[②]。1942年，王应格发现耐火材料高镁白云石矿；魏寿昆等将高镁白云石矿成功地提纯为99%—99.5%的氧化镁。中工所还设计出材料试验机、油料黏度试验仪、纸张拉力试验仪、陶瓷高温抗压试验仪等多种试验仪器，试制出锅炉、纺纱机、机床、轻工机械等产品。[③]又将研究试验工作与后方工业生产实际需要结合，于1939年试制成6米余长的Lancashie式锅炉，装备自流井盐场，大大提高了井盐的产量。

中研院自建立之时即坚持“以纯粹学理为主，但对国家建设上之重要问题，亦酌加注意”[④]的原则，在抗战时期则全面服务于抗战。物理、化学、工程、地质等研究所的研究几乎都转为了应用科学，力

① 王弭力主编：《中国地质学会80周年记事》，地质出版社2002年版，第15页。

② 刘国良：《中国工业史》（近代卷），江苏科学技术出版社1992年版，第959页。

③ 顾毓瑔：《十年来之工业试验》，见谭熙鸿主编：《近代中国史料丛刊续辑》第9辑《十年来之中国经济》（中），文海出版社1974年版，第764—765页。

④ 国立中央研究院编：《国立中央研究院概况（民国十七年六月至三十七年六月）》，国立中央研究院办事处，1948年，第90页。

求研究工作本土化，因地制宜，就地取材，深入地方建设。譬如，物理研究所针对战时各种精密仪器短缺的问题，进行经纬仪、显微镜、望远镜、手摇发电机、晶片滤波式外差收报机、无线电收发机、干电池电解电容器、振子整流器的制造；工程研究所针对国家金属工业发展滞后、金属制品严重依赖进口的问题，开展对特种合金钢、钨铁合金、轻金属合金及汽车发动机、机件、燃料等的研究，改善了战时国家钢铁工业严重落后的境况；化学研究所为解决战时各种工业用品严重不足的问题，先后开展铝铁的试制、蓖麻油试制润滑油、松节油制造甲苯、云南四川矿盐的开发等方面的研究，为解决战时药品紧缺且严重依赖进口的问题，开展天然药物提炼、人工合成药物的研究。部分研究所更利用其专业特长直接深入地方建设的前线，最为典型的莫过于地质研究所进行的对广西、湖南等地煤铁等矿产资源的调查与开发；物理研究所在广西进行的无线电建设，使广西成为实现全省无线电通讯网覆盖的中国西部第一省；工程研究所为云南省资源委员会提供人才及技术支持，合作建设中国战时最为先进的钢铁企业——“中国电力制钢厂”，所产钢铁材质精良，可直接用于制造汽车轴承，是今日昆明钢铁公司的前身。此外，各研究所也应其他机构的要求进行若干服务性的研究，如化学研究所为中央农业实验所制造碳酸铜杀虫剂，为昆明市医院制造生理食盐等；物理研究所为学校及军队制造玻璃制品及精密仪器；气象研究所为航空委员会提供气象情报等，都直接服务于国防建设及国家工业建设。甚至如社会科学研究所这样的人文社会科学类研究所，也非常注重研究工作的实用价值与现实意义。如其所开展的后方金融业工业考察、沦陷区经济调查、云南财政概况调查、广西省地方财政概况调查、租税理论探讨、1936—1940年中国埠际贸易统计，以及对我国关税自主后进口税率水准之变迁、战时物价变动、战时损失、十年来的中日贸易等方面的研究，现实意义不言而喻。

抗战时期大后方最为活跃的科技社团之一——中国工程师学会，每年均有学术会议，集思广益，献计于后方建设。例如其1938年在重庆的临时大会，为重工业和交通事业提供了的发展意见；1939年在昆明讨论了计划经济和促进工业化的问题；1940年在成都研究了孙中山先生提出的建国方略的实业计划；1941年在贵阳探讨了中国三年建设计划和贵州建设问题；1942年在兰州的大会则集中讨论了西北建设问题。1943年，中国工程师学会第十二届年会及各专门学会年会上，有不少论文论及广西相关问题，如开发广西矿产，制订柳州水力发电计划，建立广西轻工业基础等。会议还对开发广西矿产组织了专题讨论。[①]1945年重庆年会则集中讨论了战时生产和战后交通问题。从这些议题可以清晰地看出工程师学会的活动与抗日战争和大后方建设的密切关系。

各科技社团还针对抗战时期面临的一些实际问题，积极地进行考察和研究，及时提出一些解决方案。陈遵妫受中国天文学会的委托编纂《普通军用天文学》一书[②]；中国科学社的生物研究所进行了对可应用于国防军备的动物保护色的研究[③]；中国工程师学会专门组织了军事工程团[④]，战地工程师团，前往前线，解决战争中的工程问题[⑤]。抗战时期，汽车以酒精代替汽油作为燃料，酒精需求量大增，但酒精的主要原料——四川产的糖蜜中缺少含氮化合物，而生产硫酸铵的永利工厂被日寇破坏，货源断绝。中国微生物学会的方心芳等人试着用人尿代替硫酸铵，获得成功，使得用糖蜜生产的酒精在抗战中大大发挥了作用。[⑥]中华医学会迁到昆明后，更多西医专家云集云南，在昆明先后建立了云南大学医学院及附设医院、昆明市市立医院、昆华医院等10余所医院。一

① 广西壮族自治区地方志编纂委员会编：《广西通志·科学技术协会志》，广西人民出版社1996年版，第63页。

② 《科学新闻：编纂天文学丛书》，载《科学》1939年第2期，第102—103页。

③ 《中国科学社生物研究所概况》，载《科学》1943年第1期。

④ 重庆抗战丛书编纂委员会主编：《抗战时期重庆的科学技术》，重庆出版社1995年版，第223—224页。

⑤ 茅以升：《中国工程师学会简史》，见《文史资料精选》第13册，中国文史出版社1990年版，第438页。

⑥ 何艾生、梁成瑞：《中国民国科技史》，人民出版社1994年版，第168页。

些州县也相继建立了公立医院或卫生院，使当地医疗水平有所提高，推动了云南西医科技的发展。[①]1939年3月3日至4日，中国地质学会第十五届年会上宣读的70余篇论文中，多数论文为研究川滇黔桂湘赣等省之地质结构的，详尽地讨论了各地的矿产资源情况，对于西南经济和战时经济建设贡献甚大。[②]中国矿冶工程协会，在其会刊《矿冶》上发表了很多针对大后方的调查报告，仅会员王恒源就发表有《西康宁雅两属之金矿》《西康荥经之铜矿》《西康宁雅两属之铁矿》《西康宁雅两属之汞、硫、煤及食盐》《巴县大石鼓协力煤矿调查简报》等。这些都是围绕着大后方建设进行的调查、讨论，为战时建设和大后方的开发提供了可贵的资料和科学依据。

在抗战内迁科研机构及科学工作者的集体努力之下，大后方的经济很快走上战时轨道，从而使大后方的工业产量迅速提高。如各机器制造厂原来都是制造各机器设备、工具机及其配件，或从事机器设备的维修，这时通过技术开发，转而生产军工武器了。1938年至1939年间，大后方已能每天制造30万枚手榴弹、7万枚迫击炮弹、7万枚其他各式炮弹与足够的炸弹引信、6000余枚飞机炸弹、1000套机枪零件、30余万把大小园锹、20余万把大小十字镐、1000多个水雷引信、500万个军用纽扣，并能自主生产陆军测量仪、军用炮表、子弹机等。[③]同时也通过新技术使桐油等各种植物油裂变为汽油、煤油、柴油、润滑油，将酒精变为液体燃料，大大提高了锑、钨、锡、铝的冶炼技术和其他各种矿产品的洗选和冶炼技术，不仅克服了大后方的汽油等能源供应的困难，使锑、钨、锡、铝的纯度大大提高，达到甚至超过了国际市场的标准要求，保证了战争年代对外贸易的供货需要，也大大提高了煤炭炼焦的质量，满足钢铁和各有色金属的冶炼要求，提高了钢铁和各有色金属的产

---

① 云南省科技志编委会编：《云南省志》卷七《科学技术志》，云南人民出版社1998年版，第3页。

②《科学新闻：中国地质学会第十五届年会》，载《科学》1939年第3—4期，第213—215页。

③ 欧阳仑：《十年来之机器工业》，见谭熙鸿主编：《近代中国史料丛刊续辑》第9辑《十年来之中国经济》（上），文海出版社1974年版，第279页。

量，确保了大后方这些基本金属品的供应。至1942年，大后方已初步建立起重庆地区的综合工业区，川东沿江一带的水电、榨油工业区，湘西沅陵、辰溪地区的电力电器、水泥、煤炭工业区，广西柳州、桂林、全州一带的电力、纺织和有色金属工业区，川中岷江、沱江一带的化学工业区，贵州中东部地区的电力、水银、煤炭工业区，西康康宁、道孚一带的有色金属矿业区，昆明地区的电力电器、机械、金属冶炼工业区，陕西西安、宝鸡一带的电力、纺织工业区和甘、青二省的电力、石油工业区。[①]发电量从1938年的7362万度逐年增加到1945年的19,669万多度，增长了1.5倍以上。总之，大后方的科技开发大大提高了工农业产品的产量和质量，初步实现了各军需民用物资的供应，为坚持长期抗战，并最终取得抗战胜利，提供了最基本的物质保证。

① 齐植璐：《十年来之经济建设》，见谭熙鸿主编：《近代中国史料丛刊续辑》第9辑《十年来之中国经济》（下），文海出版社1974年版，第1219—1220页。

促进西部开发

抗战时期中国科学事业的内迁是战时中国政治、经济、文化重心向西转移的重要组成部分。1937年全面抗战爆发之前，中国科研机构主要集中在北平和上海、南京、天津等东部沿海发达城市，形成了北平、上海、南京三大科学重镇。而在中国广大西部地区，由于经济、文化发展长期滞后，科研机构寥寥无几，在国内科学界有较大学术影响力的科研机构恐怕只有卢作孚的中国西部科学院，这与中国西部地区广袤的土地面积，丰富的自然、文化资源极不相称。

国民政府西迁重庆，带动了中国东部地区的工厂、企业、高校、科研机构的大规模内迁，由此掀起了近代以来中国第一次西部开发的浪潮，内迁科研机构也不可避免地卷入这一时代浪潮之中，先后内迁的科研院所有中央研究院、弹道研究所、航空兵器技术研究处、中央水利实验处、中央农业试验所、中央工业试验所、中央矿冶研究所、中央地质调查所、陆军制药研究所、应用化工研究所、中国科学社生物研究所、中国地理研究所、水利工程示范处、中央林业试验所、中国卫生实验所、中国特效药研究所、中央畜牧试验所、经济部资源委员会矿产测勘处、中国农业银行江津柑桔推广示范场、黄海化学工业研究社等。战时大批科研机构云集大后方，改变了战前中国科研机构主要集中在东部沿海地区的布局，主要集中在重庆、昆明、成都等地。因为这些大城市本来就是西部地区政治、经济、文化中心，对外交通比较方便，又远离战场，比较安全。全面抗战爆发后，重庆北碚除原有的中国西部科学院以外，又迁入了中研院的动植物与气象两研究所、中央工业试验所、中央农业试验所、经济部地质调查所、中国科学社生物研究所、中国自然科学社等许多著名科研机构、社团和中央大学、复旦大学、上海交大等25所高校，成为大后方的“一大科学中心”。

“抗战年代的西南各大城市，聚集着中国那个年代大多数的学者和文化人。重庆、成都、昆明、桂林，乃至一些县城和乡村，集中各种科学家和各类学者密度之高，是前所未有，今日也难再现的。”[①]大批科研机构及科学工作者内迁西部各省，给西部地区自然资源、文化资源的开发以及后方科学事业的发展提供了千载难逢的机遇。而抗战时期大后方建设对于人才和科技的需要，广大西部地区所蕴藏的富饶的矿产资源、千姿百态的动植物物种、绚丽多彩又极富地方与民族特色的历史文化，也使内迁科研机构在战时西部开发之中大有用武之地。

工业是战时后方经济建设的支柱产业，发展战时大后方工业生产，解决支撑抗战必备的军需民用物资严重短缺的问题，无疑是当时大后方开发最重要的内容之一。战前中国西部的四川、贵州、云南、西康、广西、甘肃、宁夏、青海等省的地质情况，除偶有个别中外专家调查外，大部分均不为人知。抗战中的研究工作，大大增加了世人对西部诸省地质的了解和认识。[②]抗战期间，内迁各地质调查及研究机构纷纷致力于后方地质、矿产资源的调查与开发。地质调查所成为国内矿产资源调查研究的中心。根据国民政府的要求，战时的地质调查所将精力集中在矿产资源的探勘上。先后调查勘探了后方煤、铁、石油、钨、锑、锰、铬、镍、铜、铅、锌、锡、铝、金、银、磷、硫、石膏、盐等二三十种重要矿产资源的蕴藏和分布，并绘制了各省的地质和矿产分布图。“说到矿产的调查，则玉门油田之发现，云南磷矿之发现，宁夏铬矿之发现，广西铀钍矿之发现，云南贵州福建铝土矿之发现，新疆煤铁

① 侯外庐：《韧的追求》，生活·读书·新知三联书店1985年版，第126—127页。

② 李春昱：《十年来之地质调查》，见谭熙鸿主编：《近代中国史料丛刊续辑》第9辑《十年来之中国经济》（中），文海出版社1974年版，第716页。

矿的认识，江西湖南白钨矿之鉴别，云南锡矿、湖南贵州汞矿之研究，安徽淮南新煤田之寻获，四川云南新疆盐矿之研究，都是重要贡献，值得记述。但是亦因为经费的窘迫，和设备的不够，不能精细的研究和探勘。”[①]从地质调查所所长李春昱的这段总结来看，战时地质调查所矿产调查的足迹遍布后方各省，而且在各个方面都有涉及和重要发现。为开发西北矿产，1942年地质调查所与甘肃省合作组成地质矿产调查队，对甘肃省的地质矿产特别是煤、石油及石膏等进行调查。后又于1943年正式组建西北分所，进一步在西北各省开展大面积的地质矿产调查工作。1941年和1942年黄汲清等又对新疆地质情况展开综合调查。抗战时期大后方的威远油矿、自流井盐矿、天府煤矿、綦江铁矿、云南铜矿、江西钨矿、甘肃油矿等皆为当时地质工作的重要目标，地质调查所在人员不多且空袭不断的艰难条件下完成了室内或野外工作。同人相聚，集中生活与工作，嘉陵江畔有此一群地质工作者，精神奋发，努力工作，不倦不怠，先进提携后学者不遗余力，如师如友战时景象十分感人。[②]经过大后方地质工作者的不懈努力，短短数年之间，大后方煤产量从1938年的470万吨增至1943年的662万吨，增长了40%多。汽油、煤油、柴油则完全是从无到有，到1944年已能生产汽油404.6万加仑，煤油216万加仑，柴油15.5万加仑。生铁和钢分别从1938年的5000吨和900吨，逐年增加到1942年的96,000吨和18,234吨，分别增长了18倍和19倍以上。[③]部分矿产资源如四川攀枝花含钛磁铁矿等在抗战时期未得到开发，也为中华人民共和国成立后钢铁工业的发展奠定了基础，可谓功在当代，利在千秋。

在国民政府的积极倡导和广大科技工作者的发奋努力之下，抗战时期大后方的科学团体将科学技术直接应用于大后方资源的开发当中。

---

① 李鸣龢、汤克成、杨允中等：《十年来之金属矿业》，见谭熙鸿主编：《近代中国史料丛刊续辑》第9辑《十年来之中国经济》（中），文海出版社1974年版，第750页。

② 徐铁良：《从北碚到北投》，见程裕淇、陈梦熊主编：《前地质调查所（1916—1950）的历史回顾：历史评述与主要贡献》，地质出版社1996年版，第178页。

③ 齐植璐：《十年来之经济建设》，见谭熙鸿主编：《近代中国史料丛刊续辑》第9辑《十年来之中国经济》（下），文海出版社1974年版，第1223、1237—1243页。

中研院各研究所结合已有的研究成果，发挥既有的研究优势，建立以注重本土实践的应用科学研究为主的科学研究体系，对有关国家建设的重要问题予以特别关注。在中研院内迁的十个研究所中，物理、化学、工程、地质研究所都与抗战有着直接关系，能为抗战助力，各研究所将科学研究与西部开发相结合，其理论科学研究和应用科学研究都与后方自然资源的开发密切相关。各自然科学类研究所进行的调查与研究，如地质研究所进行的广西、湖南各省煤铁等矿产资源的调查；化学研究所对云南矿盐、药材等资源的研究；动植物研究所对西康九龙县洪坝森林、雅砻江森林和甘肃森林进行的调查；工程研究所对云南钨矿的开发，以及在此基础之上开展的钨铁合金的研究制造，对昆明及邻近各县进行的玻璃原料的调查分析，并因前线军事工作的需要为中央防疫处制造大量中性药用玻璃器皿；气象研究所在西部地区增设测候所，推进西部气象事业的发展；动植物研究所进行的四川淡水原生动物调查，嘉陵江食用鱼的生长率研究，鲤鱼鲫鱼杂交试验，广西经济作物病害研究，四川工艺作物、农艺作物、果树病害研究，川康森林调查及树木病害研究，将科学技术用于战时后方渔业、农业、林业建设等，如此种种，直接促进了西南地区矿产、林业等资源的开发。

同时各科研机构也开展了对各种工业生产技术和自然科学的研究，解决了许多工艺流程中的关键技术，开发了一大批新产品、新技术，使过去全国不能生产或不能大批量生产的如石油、坩埚、表用指针、热电偶式高温计、制革工业的辅助材料鞣料、黄血盐，等等，得以大批量生产，部分产品质量已达到了世界先进水平。云南锡业公司采用加油结晶法、低熔法和加铝法炼锡，十分成功，精炼的滇锡纯度达到99.95%以上，创造了“世界火法纯度最高纪录”，使云南滇锡在1943至1944年间大后方锡业很不景气的情况之下，仍畅销美国市场，使其“以黄金向我国易锡”[①]。矿冶研究所的龙丕炎博士在1942至1944年间，先后进行

① 李鸣龢、汤克成、杨允中等：《十年来之金属矿业》，见谭熙鸿主编：《近代中国史料丛刊续辑》第9辑《十年来之中国经济》（中），文海出版社1974年版，第462页。

了纯氧化铝提炼和用荷尔升热电解法提炼纯铝的试验，均获得成功，前者使氧化铝的成分达到99.75%，并取得了冰晶石副产品，后者所提炼的铝纯度达到98.88%，从而获得了两项专利。[①]像这样的获得专利权的新发明新创造，在1938至1945年有512件之多，平均每年有64件。而自1913年农商部依据《奖励工艺品暂行章程》正式实行专利制度以后，至1937年，除1931年情况不明外，其他二十四年间，总共核准专利权的才281件。[②]

内迁大后方的各科研机构，并未因为条件的困难而放松科学考察。这一时期，各机构在大后方诸省进行了大量的实地考察。如中国工程师学会组织军事工程团、四川考察团、广西考察团、康西旅行团等，对大后方诸省进行了深入的调查。[③]1938年，中国科学社组织了对西南、西北为期三个月的考察。[④]中华自然科学社所组织之西康科学考察团，一行二十余人，分为地理气象、农林畜牧、药物、工程四组，入康考察，费时三个月，遍历西康各重要区域，搜集标本甚多。[⑤]

中研院作为民国时期国家最高学术研究机关，先后组织了众多大规模的科学考察活动。1941年，中研院史语所、中国营造学社联合组织川康古迹考察团，重点考察中国古代文化在四川显示之特点以及四川文化与中原文化之关系[⑥]，并对彭山江口镇汉墓进行了大规模的考古发掘。1942年春，史语所与动植物研究所，会同中央博物院筹备处、中基会下辖之地理研究所共同组织西北史地考察团，其中历史组重点考察敦煌莫高窟、榆林窟，调查阳关、玉门关等地的风土人情；地理组、植物组足迹遍布青海、新疆、宁夏、甘肃一带，对陇西黄土

---

① 朱玉仑：《十年来之冶炼事业》，见谭熙鸿主编：《近代中国史料丛刊续辑》第9辑《十年来之中国经济》（上），文海出版社1974年版，第318—319页。

② 吴承洛：《十年来之工业专利》，见谭熙鸿主编：《近代中国史料丛刊续辑》第9辑《十年来之中国经济》（下），文海出版社1974年版，第956—958页。

③ 茅以升：《中国工程师学会简史》，见《文史资料精选》第13册，中国文史出版社1990年版，第433页。

④ 何艾生、梁成瑞：《中国民国科技史》，人民出版社1994年版，第97页。

⑤ 卓韦：《科学新闻：西康文物展览会》：载《科学》1940年第6期，第506—507页。

⑥ 陈存恭、陈仲玉、任育德访问，任育德纪录：《石璋如先生访问纪录》，中央研究院近代史研究所2002年版，第244页。

高原区、湟水河谷区、青海湖盆地区、茶卡盆地区、都阑地槽区、大通河河谷、祁连山区、河西走廊区等地进行地质地貌勘查，地质矿产图、地形图测绘，动植物标本采集，民族文化调查等考察工作。[①]1944年，中研院组织西北科学考察团，史语所、社会科学研究所、中央博物院、中国地理研究所、北京大学及云南大学参加，调查了酒泉汉长城烽燧遗址，对敦煌佛爷庙墓地、月牙泉墓地、大方盘长城遗址进行了考古发掘，并在玉门关外发掘出汉简三十余片。[②]本次西北科学考察新增经济组，对新疆地区经济、财政、金融进行了全面调查，并撰写考察报告《新疆之经济》一书，全面、系统地介绍了新疆的地理、经济、财政、金融等方面情况。[③]西北史地考察团及西北科学考察团开创了中国学者独立进行西北科学考察的新纪元，其足迹遍布青海、新疆、宁夏、甘肃一带，对我国西北地区经济状况、自然地理环境、人文历史进行了全面的考察，对于促进中国西部地区开发具有重要意义。这些考察不仅摸清了大后方的资源状况，而且还有针对性地提出了建设性的方案，为大后方的经济开发提供了科学的依据。

抗战时期内迁科研机构的西部开发活动不仅是对自然资源的开发，同时也是对大后方社会文化资源的一次前所未有的开发。广大科学工作者从繁华的大城市来到西部贫穷落后地区，言传身教，移风易俗，对于促进当地社会文化风气的转变发挥了重要作用，也在无形中促进了科学思想的传播和科学知识的普及，因此对于中国西部地区来说也是一场科学思想的启蒙运动。

① 李承三、周廷儒：《甘肃青海地理考察纪要》，载《地理》1944年第1—2期。

② 岱峻：《李济传》，江苏文艺出版社2009年版，第205—208页。

③ 张之毅：《国立中央研究院西北科学考察团报告——新疆之经济》，中华书局1945年版。

为战后科技奠基

“抗战时期，是纯粹科学的严冬。我们目前的责任，便是准备好优良的种子，细心地加以栽培维护，不使它遭受任何损害，静待着和煦的春风。”[①]1931—1945年的抗日战争是中国近代科学史上生死攸关的十四年。留得青山在，不怕没柴烧，抗战时期中国科学事业的内迁使其战前的科研成果基本得以保全。内迁四川北碚的中央地质调查所、中国科学社生物研究所、中央农业试验所等，分处云南、四川、广西等省的中研院各研究所等各科研机构及其科学工作者在漫长的科学严冬中，经历了冰与火的洗礼，在抗战烽火中茁壮成长。以中研院为例，该院在全面抗战期间不断搬迁，虽然受到战争环境的影响，但是工作人员的数量大致维持了抗战前的规模——二三百人，到抗战胜利之时，中研院基本实现了建成14个研究所的计划。中研院在战火纷飞的年代中一直没有停下脚步，即使在艰苦的环境中，仍然取得了足以与战前相媲美的科研成果并得到了一定程度的发展。1941年，中研院在昆明增设了数学研究所筹备处，1944年，在重庆增设了医学研究所筹备处，在南溪李庄增设了体质人类学研究所筹备。

抗战时期中国科学事业呈现出以注重本土实践的应用科学研究为主的特点，但是，广大内迁科学工作者对基础理论科学研究仍然很重视。1941年3月，朱家骅在中央研究院第二届评议会一次年会上致辞，其中

① 张宪文等：《中华民国史》，南京大学出版社2012年版，第313页。

有云："科学问题之研究，无论其属于实验科学，或记录科学，或人文科学，仅应以其问题自身之重要性，定工作程序之先后，未可泛然浅然，但以立见功效及直接应用等标准约束之。……纯粹科学之发展为一切文明之基础。失此基础，则一切应用科学无从附丽，更不论宏大。故为建国久远之大计，本院不能不探本寻源，注重于纯粹科学之研究，以求真知真理也。……应用科学，实亦辅助纯粹科学之发展，但以应用论应用科学者，浅之乎其言之矣。盖科学之应用，不能认为仅以适合国家社会之需要为已足，两者兼而有之。"①1941年，吴学周在《科学研究与工业建设》一文中，也同样强调了理论科学研究的重要性："有些纯粹学理的研究，表面看来，似乎与工业建设没有什么关系，可是研究出来的结果，尽是工业上应用的泉源。"②然而，科学工作者们的主观愿望并未完全实现。究其缘由，正如吴学周所说："学科学的之于科学，好似儿女之于慈母，至爱出于真诚，而极无功利参乎其间。及至儿女长成，或因个人生活关系，或因国家社会服务关系，有时须离开慈母，但是永远不能忘怀慈母。自抗战以来，吾人离开慈母怀抱固已年余，在此抗战期间，吾人固应努力应用工作，以尽个人对国家之义务，但是对我们的慈母——纯粹科学也究竟不能忘怀。"③地质学家杨钟健也提出了他对于应用科学与基础理论在战时的关系的思考："在国家危急的现在，自以实用为唯一目的，并不是赶时髦。但所谓求实用者，并非是求速效之谓。……若如此，至少要紧的纯粹的研究，也就不能忽视。……因为许多实用上的问题，要凭借纯粹研究解决的。而且谁能保那种目前认为不适用的东西，将来不大用而特用呢？"④内迁科学工作者只是由于抗战需要，"尽个人对国家之义务"，不得已而偏重于应用科学的研

① 王聿均、孙斌合编：《朱家骅先生言论集》，中央研究院近代史研究所1977年版，第74—75页。

② 吴学周：《科学研究与工业建设》，载《广播周报》1941年第196期。

③ 王庆祥、园欣、李秀芬选编、整理、注释：《吴学周日记》，长春市政协文史和学习委员会，1997年，第42页。

④ 杨钟健：《我们应有的忏悔与努力——中国地质学会第十四次年会理事长演说辞》，载《地质论评》1938年第2期。

究。而国民政府出于需要异常重视对应用科学研究，不惜用大量金钱增添若干新的研究机构。以重庆为例，1942至1943年便先后成立了市政工程学会、中国自动机工程学会、中国发明协会、战后建设研究会、中国工矿建设协进会等专门从事应用科学研究机构。而随着抗日战争的持续进行，各科研机构经费短缺，大后方物价飞涨、物资匮乏，对外交通一度中断，仪器及图书、杂志补充困难，基础理论科学研究缺乏客观条件。正是在这些主客观因素的作用之下，抗战时期中国科学事业才呈现出应用科学发展迅猛而基础理论科学发展较为缓慢的特点。

尽管如此，一批具有远见卓识的科学工作者也意识到了，应用科学与基础理论科学密不可分。没有纯粹科学，应用科学就不可能繁荣，片面发展应用科学将会导致其生命力枯竭。于是他们着眼于中国科学发展的长远目标，潜心学问，从事基础理论科学研究。1942至1946年，大后方科学工作者在李约瑟及中英科学合作馆的帮助下，先后在《皇家学会会刊》《自然》《伦敦物理学会会报》《法拉第学会学报》等西方顶级学术刊物上发表科学论文200余篇，涉及数学、物理学、气象学、化学、生物学等各方面，其中约80%均为基础理论科学研究成果。由此可见，抗战时期大后方的基础理论科学研究得到了国际学术界的广泛认同。纵观抗战时期中国基础理论科学研究，以数学研究的成果最为突出。1938至1949年间中国科学工作者发表的数学104篇论文中，大部分是在抗战时期完成、发表的，也大多发表在西欧学术刊物上。而在1928至1937年的十年中，全国仅发表30多篇相关论文，还不到抗战时期的三分之一。[①]其中尚在筹备之中的中研院数学研究所在1942至1944年的三年之中即完成论文74篇。华罗庚一人在抗战期间完成了20多篇论文和一部专著《堆垒素数论》。陈省身在微分几何学方面也取得了杰出成就，使“微分几何学进入一新时代”。苏步青从射影曲线和射影曲面入手，吸收英、美、法、德、意、日诸国研究成果，独辟蹊径，在射影曲线理

① 中国第二历史档案馆编：《中华民国史档案资料汇编》第5辑第2编，江苏古籍出版社1997年版，第648页。

论方面多有建树，国际数学界称苏步青是“东方第一个几何学家”。在化学方面，吴学周在溶液吸收光谱方面取得了突出成就，先后发表《乙炔的近紫外镜光谱带》《甲基乙二醛的吸收光谱》等数篇文章，均刊载于美国《化学物理杂志》、英国《法拉第学会学报》等世界顶级化学刊物，得到了国际化学界的高度认同。制碱工业方面，黄鸣龙“还原法”和侯德榜的“侯氏碱法”，已进入世界先进行列。前者是为了节省还原化学实验的成本，提高实验成果的有效成分，减少实验时间。后者则是为了就地利用四川井盐制碱，并提高盐的利用率，将制碱和制造氯化氮的工艺流程结合，变两个独立的生产过程为一次连续的生产过程，从而减少了工艺流程，节省了成本，也避免了氯化钙废液的大量产生，不仅使盐的利用率达到95%以上，而且使纯碱制造的成本降低到使用苏尔维法的40%。[①]气象学方面，赵九章从理论上推导大气长波的发生发展，得到了大气长波的临界波长，指出由于水平温度梯度的存在，当大气长波大于临界波长时，该波动是不稳定的，即大气长波能够得到发展。这一研究成果，使大气长波的理论向前大大发展了一步，得到了国际气象学界的高度赞扬。地质学方面，黄汲清与潘钟祥在大量调查和缜密研究的基础上提出的“陆相生油”石油地质理论，为以后石油地质勘探东移及中国石油工业发展等奠定了基础。这是中国近代地质学理论中的一项重要成果，展示了中国石油工业发展的光明前景。古生物学方面，最重要的发现莫过于杨钟健对云南禄丰三叠纪脊椎动物化石群的发掘与研究，杨钟健就研究成果发表了《原始哺乳类动物的研究》，还在这些化石中修复了一具完整的恐龙骨架，命名为“许氏禄丰龙”。“许氏禄丰龙”是第一个由中国科学家描述并命名的恐龙化石，使禄丰成为世界上研究早期恐龙和哺乳类动物的一个经典和标准的化石地点。建筑学方面，梁思成根据多年走访（15个省、200个县）、测量、摄影、分析、研究的2000余项古建筑和文物，开始撰写《中国建筑史》，按中国历史

① 吴熙敬主编：《中国近现代技术史》（上），科学出版社2000年版，第229页。

的发展，将各时期的建筑，从文献到实物，从城市规划、宫殿、陵墓到寺庙、园林、居民，都做了详细的叙述，并对各时期的建筑特征做了分析和比较，远远超过外国人对中国古建筑的研究，达到前人所没有达到的高度。

“战争过去之后，中国科学将有巨大而重要的发展，不只在中国自己，而且遍及全世界……即使现在还有许多困难，在受到战争创伤的中国将迸发出奋发有为的力量。”[①]1945年抗日战争胜利之后，各内迁科研机构陆续迁回南京、上海、北平等地。1949年中华人民共和国成立前夕，除部分科研机构及科学工作者迁往台湾，绝大部分科研机构及科学工作者都选择留在大陆服务于新中国的科学建设。以中研院为例，1948年该院选举产生的81名院士当中，陆续赴台者仅有朱家骅、王世杰、王宠惠、傅斯年、李济、董作宾、凌鸿勋、李先闻、吴敬恒9人；李书华、吴大猷、陈省身、汪敬熙、吴宪、林可胜、赵元任、李方桂、胡适、袁贻谨、萧公权、陈克恢、萨本栋留在海外；其余59名院士都留在大陆。中华人民共和国成立之后，以中研院及北平研究院为主体，另行组建中国科学院，任命中研院院士、著名甲骨文学者郭沫若为院长，副院长则分别由中研院地质、气象、社会科学研究所前所长李四光、竺可桢、陶孟和担任。1955年中国科学院学部委员选举之时，中研院留在大陆的59名院士当中有46人当选，分别是许宝騄、华罗庚、苏步青、吴有训、叶企孙、赵忠尧、严济慈、饶毓泰、吴学周、庄长恭、曾昭抡、李四光、黄汲清、杨钟健、谢家荣、竺可桢、周仁、侯德榜、茅以升、王家楫、伍献文、贝时璋、秉志、陈桢、童第周、殷宏章、张景钺、钱崇澍、戴芳澜、罗宗洛、张孝骞、汤佩松、冯德培、蔡翘、俞大绂、邓叔群、金岳霖、汤用彤、冯友兰、杨树达、陈垣、陈寅恪、郭沫若、梁思成、马寅初、陶孟和。由此可见，没有战时中国科学事业的内迁，便没有中国现代科学事业的传承与发展。回望历史，饮水思源，正是战时中国科学事业的艰难内迁，在寒冬中保住了科学的树苗，才有今日中国科学事业的累累硕果。

---

① 钱临照：《记李约瑟与〈科学前哨〉》，载《自然辩证法通讯》1995年第5期。

精神的丰碑

抗战时期，中国各科研机构及其科学工作者，历经艰辛，跋山涉水，辗转江西、湖南、湖北、广西、香港等地，陆续迁往云、桂、川等西南各省。内迁后的各科研机构，面临着经费短缺、大后方物资缺乏、对外交通断绝、通货膨胀等诸多困难。在此诸多困难之中，以经费紧缺为最。以中研院为例，1928年中研院成立之时，国民政府准予提供“每月十万元经费之预算，并令财政部按月直接拨付”，全年经费达银圆120万元，1929年又增加到银圆132万元，另有10万元临时建设费。然而自抗战爆发之后，国民政府财政困难，包括中研院在内的科研机构的教育经费一律减成，按照六三折发放，其他费用一律取消。在总干事朱家骅多方争取之下，1939年中研院经费预算又恢复至130万元，但这依然未能填补中研院经费缺口，各研究所辗转内迁之际，也没有足够的迁移经费。1940年，代院长朱家骅就曾致信教育部部长陈立夫称，“此项迁移费，不敷太巨，必须增加，否则弟惟有即时隐退，以谢国人”①。1941年，随着物价上涨，130万元的经费根本无法维持中研院的日常运作，朱家骅被迫请示蒋介石，认清破例增加预算基数。时任化学研究所所长吴学周在1941年3月举行的第二届评议会一次年会上报告称：“惟此百物稀贵，设备艰难之际，此款仅足维持职工薪资，订购国外图书杂

① 杨仲揆：《中国现代化先驱——朱家骅传》，近代中国出版社1984年版，第140—141页。

志，供给实验馆水电消耗及行政等费之用。”①在1944年3月召开的中研院院务会议上，吴学周再次呼吁：“本所设备方面需费颇多，试验用之燃料及其他消耗，数亦不赀，希望本年能在费用方面代为设法。”②作为国家最高学术研究机关的中研院尚且如此，其他民营科研机构的研究经费更无以为继。据统计，抗战时期民营科研机构年度总经费不足300万元，“这个数目，若在国外还不够一个研究机关的经费”，在国民政府历年财政支出中所占比例微乎其微。③

广大内迁科学工作者们更面临着生存与发展的双重压力。诚如李约瑟所说：

> 中国人民在四川找到了天然的大本营。古代的蜀国是群山环抱的高原，其东部有着天然屏障的掩护。在这高原的西北部和东南部分别是陕、甘与黔、滇的荒山野地。
>
> 问题是如何将中国的科技人才和设备撤离到这些边远的高地，并在那里重建整个设施。科学家们、科研工作者和学生们都得在极其原始的环境中工作，没有像样的房子和设备，还常常缺水。当时整个自由中国的生活费用水平已远远高于大多数人的实际收入，通货膨胀带给成千上万的人民贫困和苦难。成就卓越的男女科学家们，就是工作与生活在这样的环境之中。至于饥饿，则是司空见惯的事。④

抗战时期，大后方生活费用指数增加了103倍，工资却只增加了7倍。广大科学工作者每月领到的只是混有糠壳、沙子的糙米，过着半饥不饱的生活。⑤即便如此，广大内迁科学工作者依然能够专心学术。张香桐先生曾描述当时的情形；“我从南京到汉口、长沙、衡阳、桂

① 《第一、二届评议会有关史料》，中国第二历史档案馆馆藏档案。转引自孙宅巍：《抗战中的中央研究院》，载《抗日战争研究》1993年第1期，第144页。

② 《中央研究院一九四四年院务会议记录、报告》，中国第二历史档案馆藏档案。转引自孙宅巍：《抗战中的中央研究院》，载《抗日战争研究》1993年第1期，第144页。

③ 任鸿隽：《抗战后的科学》，载《东方杂志》1940年第37卷第13号。

④ [英]李约瑟、李大斐编著，《李约瑟游记》，余廷明、唐道华、滕巧云等译，贵州人民出版社1999年版，第323—324页。

⑤ [英]李约瑟：《战时中国西南部科学之发展》，载《新中华》杂志复刊1945年第12期。

林、柳州……整整五年时间，我在逃难的路上度过。那时，我随身带着一架显微镜、一套刺猬脑切片，一有可能就在油灯下观察、研究、描绘。”[①]1945年侯光炯先生带队进行北碚农业区划工作时，大家都早出晚归，不住旅店，不进饭馆，中午吃点零食如花生米等，就充当午餐。[②]据1940年进入中央地质调查所的曾鼎乾先生回忆，当时的生活条件是十分艰苦的，然而我们的老一辈地质学家没有在困难面前退却，依然在两根灯草一盏桐油灯下孜孜不倦地坚守在岗位上。黄汲清先生完成了他的名著《中国主要地质构造单元》，还和杨钟健、程裕淇、周宗海和卞美年先生等远征天山南北麓顺利完成了石油地质情况普查，还发现了轮藻化石并经卢衍豪先生鉴定为在我国发现首次。程裕淇先生创建了我国混合岩的机理学说。叶连俊先生在极端困难的条件下，排除干扰胜利地完成了《甘肃中南部地质志》。[③]地质所有着极浓厚的学术气氛，让人最难忘的是“点煤油灯夜读”的场景，那时地质所没有电灯，晚间这些珍惜宝贵时光的地质工作者们，各备一盏油灯，寻找一处僻静角落，夜以继日地钻研自己想知道的知识。黄汲清则每晚都提着一个马灯从家里踏着四川特有的红黏泥路回到办公室继续写他的著作，即使星期日也照常来。此外，经常出现的“夜读人”还有李孝芳、秦馨菱、程裕淇、陈秉范、秦鼐等人。

全面抗战时期，中国物理学会先后召开了六次年会。由于抗战之中，会员分处各省，交通不便，因此从1942年起年会分散在各地区举行。1942年和1943年的年会分别在昆明、重庆等六个地区举行。1942年，牛顿诞生三百周年，重庆和贵州的物理学工作者分别举行了牛顿三百周年诞辰纪念会。1942年正值抗战最为艰苦的时期，中国物理学工作者在频遭敌机轰炸的重庆和僻远的贵州，还能聚首纪念牛顿，这种追

---

① 张香桐：《霜染鬓华　壮心愈迫》，卢嘉锡主编：《另一种人生——当代中国科学家随感》（上），东方出版中心1998年版，第53页。

② 程伯容：《回忆地质调查所所风二三事》，见程裕淇、陈梦熊主编：《前地质调查所（1916—1950）的历史回顾：历史评述与主要贡献》，地质出版社1996年版，第206页。

③ 曾鼎乾：《难忘的年代》，见程裕淇、陈梦熊主编：《前地质调查所（1916—1950）的历史回顾：历史评述与主要贡献》，地质出版社1996年版，第166页。

思前贤、探索学问的精神可称难得。1937年，中国物理学会学报出版至第三卷第一期，之后便停了两年，至1939年又续出第三卷第二期，但至1940年第四卷第一期出版之后，因太平洋战争的影响，该学报再次停出，直到1944年才出版第五卷第一期与第二期，1945年出版第六卷第一期，共得六期学报。其中后三期学报因经费紧缺，用的是粗糙的土纸，印刷质量低劣，但是却凝结着不少人的心血。1941年后，原来承印学报的印刷厂不能继续承印了，正在为难时刻，在成都华西协合大学执教的物理学会会员李珩在成都找到一家小印刷厂愿意承担印刷学报的工作。但是，那时学报委员会的委员以及负责学报编辑和出版发行的工作人员都在昆明，学报出版的其他工作甚难进行。李珩就积极主动一人负担起定稿、校对、出版、发行的一切琐碎而繁忙的工作，克服了印刷中及其他方面的种种困难，才使得那两年的物理学报得以继续出版和读者见面。[①]

由于日军对中国的封锁，从1941年以来，除了仅有的公路和航空联系，大后方科学界与西方学界的联系几乎断绝，这不仅影响到科研仪器、设备的输入，更影响到中外科学的交流。而这种交流不仅仅关乎中国基础科学研究的发展，更关系到作为一个国家战争力量基础的应用科学的发展。

尽管如此，不少留学生抛弃了国外优越的研究和生活条件，回国效力，在大后方过起了半饥不饱的生活，一些科学工作者“名闻欧美，尚不得一温饱”[②]。有机药物化学博士黄鸣龙于20世纪30年代末留学德国归来，前往位于昆明的中研院化学研究所从事化学研究工作。他在给任鸿隽的一封信中说：“弟此次归来，立志为国服务，待遇多寡本不置念，况困难时期，更不当论薪资厚薄。”[③]年方而立的曾昭燏

① 钱临照：《中国物理学会50年》，见钱临照著、朱清时编：《钱临照文集》，安徽教育出版社2001年版，第568页。

② ［英］李约瑟：《战时中国西南部科学之发展》，载《新中华》复刊1945年第12期。

③ 转引自孙宅巍：《抗战中的中央研究院》，载《抗日战争研究》1993年第1期，第155页。

应史语所李济邀请，放弃伦敦大学考古学院助教职位，于1938年从香港经越南到达昆明，投身西南地区考古调查工作。20世纪40年代初，梁思成所主持的营造学社薪金减半，梁思成贫病交加，美国四所大学和几所博物馆请他去讲学，并可带妻子林徽因去治病，他经过考虑，毅然表示："国难当头，决不离开国土。"梁思成和营造学社研究人员在困境中坚持古建筑研究，在昆明至大理的10余县，四川嘉陵江、岷江流域和川陕公路沿线的30余县，进行古建筑调查。抗日战争结束，梁思成应美国耶鲁大学的聘请前去讲学。他带着《中国建筑史》和同时完成的《中国雕塑史》的书稿和图片，无比自豪地将中华民族的文化珍宝展示在国际学术界面前。中国古建筑这一瑰宝，终于拂去尘埃，重放异彩于世界文化之林。

对中国科学工作者而言，中国的抗日战争不仅是中日两国之间军事力量的较量，更是中日两国学术之间的战争。日本人占领了中国半壁河山，在刺刀的牵引下，日本的学者也犯下了文化掠夺的罪行。1937年秋天，陈遵妫与李鉴澄二人押运图书与仪器先行内迁。候船之时，紫金山天文台的工友孔祥林送来十余封公函。陈遵妫大致翻了一下，发现其中有一封信是日本人山本一清写给余青松所长的，内称国际天文学联合会要搜集中国古代天文学史料，这项工作由山本一清负责，因此请天文研究所给予协助。陈遵妫看后深感不快。到了中研院工作站临时所在地湖南衡阳南岳圣经学院后，陈遵妫又重读了这封信，愈加觉得愤懑：整理中国的天文史料，国际天文学联合会竟要让我们民族的敌人来越俎代庖，这对于中国天文界不是莫大的耻辱吗？此时的陈遵妫便萌生了要写一部资料性的中国古代天文学读物的念头。就这样，在炮火纷飞的年代里，陈遵妫开始潜心研究中国古代天文学史。[①]1938年春，日本庆义应塾大学组织了三支"支那学术调查团"，对中研院史语所被迫撤离后的

① 洪韵芳：《奋斗、探索、奉献一生——记著名天文学家陈遵妫》，见福建省政协文史资料委员会编：《福建文史资料》第29辑《天文之星——福建籍著名天文学家》，福建科学技术出版社1992年版，第70—71页。

安阳后冈、高楼庄等处，进行大肆盗掘；同年秋，日本“东方文化研究所”的水野清一、岩间德也等人又去安阳侯家庄进行破坏性发掘。1940年至1941年，日本东京帝国大学考古教研室又到安阳进行盗掘；同年，和岛、后藤等人在内蒙古浑善达克地区盗采到大批细石器和陶器。原来的学界同行，而今已是趁火打劫的仇寇。蛰居山乡，李济时常以此警醒中央博物院年轻的研究人员，他说，军国主义把日本变成了一部疯狂的战争机器，“我们现在的‘抗日救国’，这不是一句口号，要知道，敌人的‘强’不是一方面的。我们的兵与敌兵抗、农与敌国的农抗、工与工抗、商与商抗，所以我们中央博物院要与日本的东京或京都等那些博物馆抗，我们不要问在第一线的忠勇将士是否抵抗得了敌人，应当问我们的科学或一般学术是否敌得过敌人。”[①]表现出中国科学工作者诚挚的爱国情怀。

① 索予明：《烽火漫天拼学术——记李庄时期的中央博物院》，载《故宫文物月刊》2006年第275期。

后　记

日本侵华战争给中国人民造成了无穷的灾难，也给中国科技事业带来了巨大的创伤。著名词学家唐圭璋在《雨霖铃·流亡图》中曾有这样的描述："风狂雨急。向前途去，不辨南北。乡关极目何处？但迷雾里、千山遥隔。负老怀婴，浑不管衣履都湿。只念念，白骨谁收？庐舍成灰火犹炽。　　茫茫四野天如漆，问无村一饭何能觅？荒庐败苇深处，凝泪眼、几星磷匿。忍死须臾，伫望三军，扫荡腥迹。会有日，万井腾欢，相伴还京邑。"面对山河破碎，兵荒马乱，广大科技工作者和一切不愿做亡国奴的中国人民一样，在混乱的战争环境下，离乡背井，流离失所，物质匮乏，生活艰难，"无时不在困难中挣扎"，科研环境和条件也极其艰难。但他们忠贞爱国，坚守岗位，克服困难，努力奋斗，不畏牺牲，为抗战胜利做出了巨大的贡献。抗战时期科技事业的西迁，不仅为战时后方经济建设特别是国防和现代工矿业的发展提供了重要支撑，促进了极其落后的广大西部地区科技事业的发展，同时也为战后科技的发展和经济建设奠定了重要基础。

本书是重庆市抗战大后方历史文化重大委托项目"抗战时期科技事业内迁"、中央高校基本科研业务费专项资助创新团队项目"中国抗战大后方研究"（SWU1709101）、重庆市研究生科研创新项目"抗战时期中央研究院内迁与西部开发"的阶段性成果，得到国家社科基金抗日战争研究专项工程项目"中国抗战大后方历史文献资料整理与研究"（19KZD005）的支持，由潘洵主编，高佳副主编。潘洵教授负责全书的总体设计和写作大纲，具体的写作分工为：序言，潘洵；第一章，潘洵、周狄；第二章，高佳；第三章，向倩；第四章，邓怡迷；第五章，赵淑婷；第六章，高佳、向倩、邓怡迷、赵淑婷；第七章，张天力、谢若兰、潘洵；第八章，高佳、程亚运；第九章，高佳、潘洵；后记，潘洵。初稿完成后，潘洵和高佳对部分章节内容进行了改写，最后由潘洵教授统稿定稿。

在该书的写作过程中，作者参阅和借鉴了国内外众多学者的研究成果和已出版的文献，在书稿注释中多有反映，但限于篇幅没有一一列出，在此深表歉意。该书的出版得到了陕西师范大学出版总社的大力支持，特别是郭永新主任，编辑胡杨、王西莹对此书的关心和建议，让我们获益匪浅，剑桥大学李约瑟研究图书馆员约翰·莫弗特先生授权使用李约瑟《战时中国》摄影集中的照片在此一并表示衷心的感谢。由于时间匆忙、学识水平有限，错误与不足在所难免，敬请专家学者和广大读者不吝赐教。

编　者

2020年6月